高 等 院 校 程 序 设 计 新 形 态 精 品 系 列

U0647196

C Programming Language

C语言 程序设计基础

|通识版 慕课版|

苏小红 张彦航 李东 ◉ 编著

人民邮电出版社

北 京

图书在版编目（CIP）数据

C 语言程序设计基础：通识版：慕课版 / 苏小红，张彦航，李东编著. -- 北京：人民邮电出版社，2025.（高等院校程序设计新形态精品系列）. -- ISBN 978-7-115-65645-2

Ⅰ．TP312.8

中国国家版本馆 CIP 数据核字第 20240UK989 号

内 容 提 要

本书是国家精品在线开放课程"C 语言程序设计精髓"和国家级一流本科课程"程序设计基础"的参考教材，适合作为高等院校各专业计算机公共基础课教材。本书主体部分共 10 章，具体包括：程序设计的计算机基础、基本 I/O 和基本运算、基本控制结构、模块化程序设计与函数、常用的问题求解策略、数组和排序查找算法、指针及其应用、字符串和文本处理、结构体和动态数据结构、文件读写和综合应用。

本书力求以通俗易懂、简洁明快的语言，从现代视角解读 C 语言的神韵，帮助读者快速掌握能够以不变应万变的"编程之魂"，达到灵活使用 C 语言解决实际问题的目的。此外，本书还为任课教师免费提供多媒体课件、例题和习题源代码，以及程序设计远程在线考试平台等教学资源。

本书可作为高等院校 C 语言程序设计类课程的配套教材，还可作为各类计算机培训、自学人员的参考书。

◆ 编　著　苏小红　张彦航　李　东

　　责任编辑　刘　博

　　责任印制　胡　南

◆ 人民邮电出版社出版发行　　北京市丰台区成寿寺路 11 号

　　邮编　100164　电子邮件　315@ptpress.com.cn

　　网址　https://www.ptpress.com.cn

　　北京天宇星印刷厂印刷

◆ 开本：787×1092　1/16

　　印张：18.25　　　　　　　2025 年 6 月第 1 版

　　字数：443 千字　　　　　2025 年 6 月北京第 1 次印刷

定价：59.80 元

读者服务热线：(010)81055256　印装质量热线：(010)81055316

反盗版热线：(010)81055315

每个人都应该学习给计算机编写程序的技术,因为这一过程能够教你如何去思考!

——史蒂夫·乔布斯

程序设计语言数以千计,能够风光超过 50 年的屈指可数,C 语言就创造了这样一个奇迹。很多流行语言、新生语言都借鉴了 C 语言的思想和语法,能轻松驾驭 C 语言几乎是"高手"必备的素质之一,但掌握 C 语言是一个充满挑战的过程。当然,经过"昨夜西风凋碧树,独上高楼,望尽天涯路""衣带渐宽终不悔,为伊消得人憔悴"的痛苦锤炼之后,必然也会顿悟和体会到"众里寻他千百度,蓦然回首,那人却在灯火阑珊处"的快乐。

作为面向不同高等院校各专业计算机公共基础课的教材,本书力求化繁为简,避开陈旧和不常用的语法,淡化繁杂琐碎的语法细节,将初学者无论学习哪种语言都应掌握的,以及对计算思维和数据思维训练极为重要的核心内容提炼出来,以实用为根,以编程为魂,以问题求解为核心,以数据表示和处理为主线,聚焦程序设计思维的建立,将重点放在如何将问题抽象为算法、再将算法转化为程序的问题求解上,通过介绍隐含在语言背后的思想和方法,使读者具备灵活使用这些思想和方法编程解决实际问题的能力。

本书采用统一的规范编写程序代码,每章开头都有内容导读,为学生学习和教师授课提供参考,每章(除第 1 章)结尾以思维导图的形式对本章内容进行总结和梳理。在程序案例的选择上,本书选择具有代表性的案例,将任务逐层分解,由易到难,由小到大,以实现为读者阶梯化赋能。此外,本书还介绍了如何借助 AI 辅助学习者学习编程。

与本书配套的教学资源如下。

(1)配套课程,登录国家高等教育智慧教育平台,搜索"苏小红",可查看在爱课程(中国大学 MOOC)平台及学堂在线平台上线的配套课程,并学习完整的慕课课程。扫描本书的二维码,可浏览教学课件和算法演示动画,以及观看部分教学视频。

(2)程序设计远程在线考试平台,有意使用的教师请与编者联系。

(3)基于 B/S 结构的 C 语言题库与试卷管理系统。

(4)面向读者自主学习的高级语言程序设计能力训练平台,刮开封底的刮刮卡(明码是账号,初始密码是 123456),读者可进行在线编程训练,扫描右侧二维码可以查看网址和使用方法。

平台使用方法

（5）实践课程，登录头歌实践教学平台，学习配套的实践课程。

（6）智慧共享课程，登录智慧树网课程平台，搜索"高级语言程序设计"，学习配套的知识图谱课程。

以下是 C 语言题库与试卷管理系统、作业系统、机考系统之间的关系。

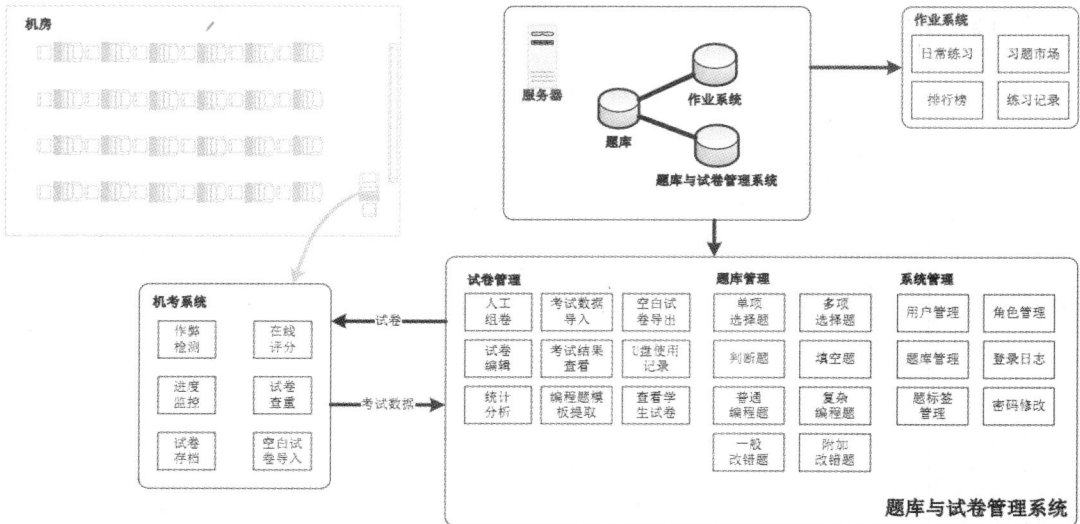

与本书配套出版的《C 语言程序设计基础实验和学习指导（通识版）》，主要包括集成开发环境简介、习题解答和实验指导三部分内容。

本书由苏小红、张彦航、李东编著，第 1 章由李东执笔，第 2～10 章由苏小红执笔，张彦航、魏宏巍和陶文鑫参与了部分章节的编写，赵玲玲、王甜甜、袁永峰、叶麟、单丽莉、郭勇、江俊君、朱聪慧、傅忠传、骆功宁、武小荷、国宏哲、马丁等参与了书稿和习题的校对工作。

因编者水平有限，书中不足之处在所难免，欢迎读者给编者发送邮件，提出意见和建议。编者的 E-mail 地址为 sxh@hit.edu.cn。读者可以从人邮教育社区（www.ryjiaoyu.com）下载教学资源。

编者

2024 年于哈尔滨工业大学计算学部

目录
Contents

第 3 章

基本控制结构

第 4 章

模块化程序设计与函数

第 5 章

**常用的问题
求解策略**

第 6 章

**数组和排序
查找算法**

第 10 章

文件读写和
综合应用

第1章 程序设计的计算机基础

内容导读

必学内容：计算机的工作原理，程序设计语言分类，编译执行与解释执行，编写程序的基本步骤，AI 编程。

1.1 计算机与人工智能

制造出代替人劳动或工作的机器并让机器像人一样思考，一直是人类的梦想。英国数学家、计算机科学奠基人之一艾伦·麦席森·图灵在 1950 年发表的题为 "Computing Machinery and Intelligence"（计算机器和智能）的论文中，首次提出 "机器思维" 的概念，并从 "机器能否思考" 这一问题出发，提出一个衡量计算机是否具备类人智能的测试标准，即**图灵测试（Turing Testing）**。图灵测试的内容可以概括为：如果计算机能够在 5 分钟内回答出人类测试者提出的一系列问题，并且其中超过 30%的回答能够迷惑测试者，使其认为是人类所答，就可以认为该计算机通过了图灵测试，具备一定的思考能力。图灵形象化地将这项测试称为 "模仿游戏"。

自 1956 年起，科研人员一直致力于解决用机器模拟人类智能的问题，这就是所谓的**人工智能（Artificial Intelligence，AI）**，即让计算机具有执行某些与人类智能活动有关的复杂活动（如判断、推理、识别、理解、学习、规划和问题求解等）的能力。我们之所以通常将计算机俗称为电脑，就是期望计算机有朝一日能像人脑一样聪明。很多科幻电影［如 *AI*（《人工智能》）、*The Matrix*（《黑客帝国》）］描绘了计算机真正成为 "电脑" 时的情景。

博弈（Game Playing）被认为是智能的活动，下棋程序曾是 AI 领域的一项重要研究内容。1997 年，IBM 公司研制的超级计算机深蓝（Deep Blue）在一场 "人机大战" 中打败了国际象棋大师加里·卡斯帕罗夫，被誉为 "人工智能的一大胜利"，五届世界国际象棋棋王维斯瓦纳坦·阿南德曾说："这是一场像人一样的机器同一个像机器一样的人之间的战斗。" 但从专业人士的角度来看，这场胜利其实靠的只是计算机不知疲倦地高速检索演算及其海量的存储能力，并非我们想象中的 "人工智能"。2016 年，韩国棋手李世石与谷歌公司的 AI 系统 AlphaGo 交战，最终以 1∶4 落败，这场比赛被誉为 AI 与人类智慧的一次巅峰对决，引起了全球范围内的广泛关注和讨论。

近年来，虽然以 ChatGPT、GPT-4 为代表的 AI **大语言模型（Large Language Model，LLM）**在语言理解和翻译、文本/语音/图像/视频生成、语音/图像识别、聊天对话等许多特定的任务上表现出色，但其能否真正通过图灵测试仍有争议。尽管目前 AI 取得了令人瞩目的研究进展，但要实现真正的通用 AI 仍面临安全、隐私等许多方面的挑战。不过，我们有理由乐观地相信，随着科学技术的进步，通用 AI 终将能够实现。

1.2 计算机系统

计算机系统由硬件和软件两部分组成，它们协同工作来运行应用程序，实现接收和存储信息、按程序快速计算和判断并输出处理结果等功能。

硬件（Hardware）是计算机系统中所有实体部件和设备的统称，由中央处理器、存储器和输入输出设备等核心部件组成，在软件的配合下完成输入、处理、存储和输出等基本操作。

中央处理器（Central Processing Unit，CPU）是计算机的运算核心和控制核心，其功能主要是解释计算机指令以及处理计算机软件中的数据。CPU 由运算器、控制器和若干寄存器及实现它们之间联系的数据、控制及状态的总线构成。

存储器（Memory）用于存储程序、数据和文件，它使计算机具有记忆能力。存储器包括内存储器和外存储器。内存储器简称**内存**，是执行程序时的临时存储区，存取速度快，但是容量小，且断电后保存的数据会全部丢失。外存储器，简称外存，是外部存储设备，包括硬磁盘、软磁盘、光盘、移动存储器等，存取速度相对内存慢得多，但容量大，且断电后数据不会丢失，适合长期保存数据。外存也属于输入输出设备，它只能与内存交换信息，不能被计算机系统的其他部件直接访问。

输入输出（Input/Output，I/O）设备是人机间信息交换的通道，即计算机与外界联系的通道，由输入输出控制系统管理外部设备与主存储器之间的信息交换。最基本、最常用的 I/O 设备包括：用于输入信息的键盘和鼠标，用于显示信息的显示器，用于输出信息的打印机，用于长期存储数据和程序的磁盘驱动器（简单地说就是磁盘）。

软件（Software）用于指挥系统按指定的要求工作，是程序、文档和数据的总称。**程序（Program）**是为了实现特定目标或解决具体问题而用程序设计语言编写的计算机能识别的指令序列的集合。计算机的一切操作都是由程序控制的，但程序并非软件的全部，软件还包括文档和数据。国标中对软件的定义为：与计算机系统操作有关的计算机程序、规程、规则，以及可能有的文件、文档及数据。**文档（Document）**包括开发文档、管理文档、用户文档等。**数据（Data）**是能够由计算机处理并存储的全部符号，包括声音、图像、文字等各种类型的数据。如果把软件开发人员比作厨师、软件比作一道菜肴，那么制作菜肴所需的食材就好比是软件中的数据，菜谱就是软件的文档，而烹饪的流程就好比是执行软件的程序。

软件包括系统软件和应用软件两类。系统软件是计算机系统中供用户使用的操作系统环境和控制计算机系统按照操作系统要求运行的软件，它为用户使用计算机提供最基本的功能，位于软件系统的最内层，使得计算机使用者和其他软件将计算机当作一个整体而无须顾及底层每个硬件是如何工作的。一般地，系统软件可分为操作系统和支撑软件，其中操作系统是最基本的软件。**操作系统（Operating System, OS）**的主要功能是作为用户与计算机硬件系统之间的接口，管理计算机系统的各种软、硬件资源，使得它们可以协同工作，同时提供良好的人机界面，方便用户使用计算机，提供一个让使用者与系统交互的操作接口，因此操作系统是计算机里最重要的软件。每当计算机启动时，计算机就已经处在操作系统的控制之下了。

系统软件并不针对某一特定应用领域，而应用软件则相反，它是为了满足用户在不同领域、不同问题上的实际需求而开发的直接面向应用的软件，不同的应用软件根据用户和所服务的领域提供不同的功能，它位于软件的最外层，是计算机系统支持下面对实际问题和具体用户群的应用程序，包括各种信息处理软件、辅助设计软件、文字处理软件、图形软件以及各种程序包，例如 Office、Photoshop 等。支撑软件是介于操作系统与应用软件之间的软件，它起着工具与接口的作用，并支撑各种软件的开发与维护，也称**软件开发环境**（Software Development Environment，SDE），主要包括环境数据库、各种接口和服务软件以及工具组。

没有安装软件的计算机称为"裸机"，穿上不同的衣服（软件）可以扮演不同的角色，满足不同应用和不同用户的需求。因此，如果将硬件比作计算机的肉体，那么软件就是计算机的灵魂、思想和智慧。人驾驭计算机的手段之一就是编制程序，程序可以指挥计算机做各种事情。

1.3 计算机的基本工作原理

计算机的工作过程，其实就是执行程序的过程。怎样组织存储程序，涉及计算机体系结构问题。1946 年，美籍匈牙利数学家冯·诺依曼在总结前人工作的基础上，率先在数字计算机中采用二进制，并提出"程序存储"的概念，这一理论被称为冯·诺依曼体系结构。

在冯·诺依曼体系结构中，计算机由控制器、运算器、存储器、输入设备和输出设备5 个部分组成。控制器对输入的指令进行分析，并统一控制计算机的各个部件以完成一定的任务。它是计算机的神经中枢，负责有条不紊地指挥计算机自动执行程序。运算器又称**算术逻辑部件**（Arithmetic Logical Unit，ALU），其主要任务是执行各种算术运算和逻辑运算。控制器和运算器集成在一起，组成 CPU。

如果说 CPU 相当于计算机的大脑，那么存储器就是计算机的记忆装置，而 I/O 设备则相当于计算机的眼睛和耳朵。输入设备（如键盘、鼠标）是人给计算机发送指令的工具；输出设备（如显示器、打印机）是计算机给人反馈结果的设备。如果我们想运行某个程序，只需在命令行输入程序名，或者在窗口双击该程序的图标即可。那么程序在计算机内部究竟是如何被执行的呢？

图 1-1 所示为简化了的计算机工作原理示意，尽管计算机的实际工作过程要复杂得多，但该图还是完整地体现了计算机的基本工作原理，尤其体现了"软件指挥硬件"这一根本思想。首先，用户从键盘输入程序和数据，程序和数据被计算机读入内存；然后，CPU 自动地按顺序从内存中逐一取出每条指令（指令是对计算机进行程序控制的最小单位），按指令对读取的输入数据在运算器中进行运算；运算完成后，CPU 将运算结果写回内存并通过输出设备显示给用户，或者将其存入外存备用。如此循环，直到遇到程序结束指令停止执行。其工作过程就是不断地取指令和执行指令，最后将计算的结果放入指令指定的存储器地址中。

冯·诺依曼体系结构突出的几个特点如下。

（1）存储程序。预先要把指挥计算机如何进行操作的指令序列（程序）和原始数据通过输入设备输送到计算机内存，并且指令和数据不加区别地存储在内存中。

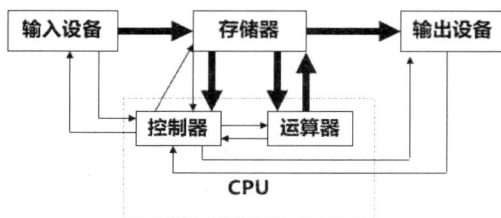

图 1-1　计算机内部的工作原理（图中粗箭头表示数据流，细箭头表示控制流）

（2）存储器是按地址访问的线性编址的一维结构，每个单元的位数是固定的。

（3）计算机处理的数据和指令一律用二进制数表示。

（4）程序控制。在存储器中，指令按其执行顺序存放。计算机执行程序时，按顺序将指令逐一取出并一条条地自动执行，以完成指令规定的操作。所有操作都是由控制器控制的，而控制器赖以控制的主要依据是存放于存储器中的程序。

1.4　数据在计算机中的表示与存储

在程序运行时，程序和数据都要加载到内存中。计算机存储和处理的信息（程序和数据）都是以**二进制（Binary）**形式保存在内存中的。计算机之所以用二进制而不是我们熟悉的十进制来存储数据，主要原因有以下两点。

（1）二进制在电子元器件中容易实现。二进制只有 1 和 0 两个数字，这正好与电路的通和断相对应。在实际应用中，具有两种稳定状态的元器件很多，例如电容器的充电与放电、晶体管的导通与截止等；而具有 10 种不同稳定状态的元器件却很难找到或制造出来。

（2）计算机实现二进制运算比实现十进制运算要简单得多。二进制数的加法运算公式只有 $2^2=4$ 个，而十进制数的加法运算公式共有 $10^2=100$ 个（从 0+0=0 到 9+9=18）。所以采用二进制有利于简化计算机的内部结构，从而提高其运行速度。

从某种意义上讲，二进制很好地诠释了计算机的哲学，即任何复杂的事物都是由简单的事物构成的。

在十进制数中，用 0、1、2、3、4、5、6、7、8、9 这 10 个数中的一个表示十进制中的一位数，按"逢 10 进 1，借 1 当 10"的原则进行计数。不同的十进制位所代表的数值是不同的，自右向左以 10 为单位递增，每个十进制位数字都有一个权值，这个权值是 10 的幂次，以小数点为基准，向左按幂次 0、1、2……n，向右按幂次–1、–2……–m，构成一个 $n+1+m$ 位的十进制数。十进制表示的数值可以写成按位权展开的多项式之和。例如，十进制数 123.45 可以表示为 $1×10^2+2×10^1+3×10^0+4×10^{-1}+5×10^{-2}$。

同理，二进制数用 0 或 1 表示二进制中的一位数，按"逢 2 进 1，借 1 当 2"的原则进行计数，自右向左以 2 为单位递增。二进制数的不同位所代表的数值也是不同的，每个二进制位数字的权值是 2 的幂次。二进制表示的数值可以写成按位权展开的多项式之和。例如，二进制数 101.11 转换为十进制数就是 $1×2^2+0×2^1+1×2^0+1×2^{-1}+1×2^{-2}$，即 5.75。

一般地，用于表示某种数制（也称进位计数制）的不同数字符号称为**数码**。数制所用的数码个数，称为**基数**。如果基数为 R，则称为 R 进制，其进位规律是"逢 R 进 1"。数制中某一位上的 1 所表示的数值大小，称为权。R 进制的权是 R 的幂次。

在计算机内保存的整数有有符号和无符号之分。有符号整数和无符号整数的区别在于怎样解释整数的**最高位**（**The Most Significant Bit，MSB**）。对于无符号整数，其最高位被 C 语言编译器解释为数据位。而对于有符号整数，C 语言编译器将其最高位解释为符号位，若符号位为 0，则表示该数为正数；若符号位为 1，则表示该数为负数。负数在内存中都是以**二进制补码**（**Complement**）形式存储的。如何计算补码以及为什么负数在内存中采用补码表示，详见附录 E。

1.5 程序设计语言

1.5.1 机器语言、汇编语言与高级语言

机器语言（**Machine Language**）是计算机能直接读懂和执行的语言，用机器语言编写的一组机器指令的集合，称为**机器代码**（**Machine Code**），简称机器码。机器代码用一系列二进制的 0 和 1 组成的二进制代码来代表不同的机器指令，因为计算机只能识别二进制指令。

例如，下面是用 x86 计算机（Intel 兼容的处理器，俗称 x86）的机器语言编写的计算 1+1 的程序。

```
10111000
00000001
00000000
00000101
00000001
00000000
```

这种程序不仅写起来难，读起来也难，一旦有了错误，修改起来就更难。为了解决机器语言难记、难用的问题，人们最早想到的是用符号代表机器指令，于是诞生了**汇编语言**（**Assembly Language**）。在汇编语言中，用**助记符**（**Mnemonic**）代替机器指令的操作码，用**符号**（**Symbol**）或标号（**Label**）代替指令或操作数的地址。例如，用"ADD"代表加法，用"SUB"代表减法，用"MOV"代表数据转移等。用汇编语言编写的计算 1+1 的程序代码如下：

```
MOV AX, 1
ADD AX, 1
```

像这种符号化的程序设计语言就是汇编语言，也称符号语言。相对于机器语言，使用汇编语言编写的程序易被人学会和读懂，但因机器不能直接识别，所以还要由**汇编程序**（**Assembler，也称汇编器**）专门负责将这些符号翻译成机器可识别、可执行的二进制指令，这一转换过程称为汇编过程。

因汇编语言更接近机器语言，能够直接对硬件进行操作，比较容易翻译成机器代码，生成的目标代码简短，占用内存少，执行速度快，因此最初的操作系统等系统软件都是用汇编语言编写的。现在汇编语言常被应用在底层硬件操作和运行效率要求高的大型程序的核心模块以及设备驱动程序、嵌入式操作系统等应用领域。

不过，汇编语言通常是为特定的计算机或系列计算机专门设计的，不同的 CPU 有不同

程序设计的计算机基础　　第1章

的汇编语言语法和编译器，编译的程序无法在不同的 CPU 上执行，对硬件的依赖性较强，这使得汇编程序缺乏可移植性。此外，汇编程序的可维护性较差，即使是完成简单的工作也需要大量的汇编语言代码，很容易产生 bug，难于调试，开发效率很低。

汇编语言和机器语言对机器的过分依赖要求使用者必须对硬件结构及其工作原理十分熟悉。人们希望能设计出更接近人类自然语言的程序设计语言，并且希望用这种语言编写的程序不依赖硬件。于是，**高级语言（High-level Language）**诞生了。现在汇编语言也常与高级语言配合使用，以提高程序的执行速度和效率，弥补高级语言在硬件控制方面的不足。

汇编语言和机器语言都属于低级语言，这里所说的"低级"，是指它与计算机（硬件）的距离的级别较低，是面向机器的语言。在此后发展起来的高级语言，之所以称为"高级"，是指可以在一个更高的级别上编程，不像低级语言那样依赖硬件，更贴近人类的自然语言，易学易用，功能也更强大。目前比较流行的高级语言有 C 语言、Python、Java、C++等。

1.5.2　高级语言的分类

从程序执行方式的角度，高级语言可以分为**编译型语言**和**解释型语言**两类。编译型语言采用编译执行方式，其典型代表是 C 语言、C++、Go 等。如图 1-2 所示，用这些语言编写的**源代码（Source Code）**需要利用**编译器（Compiler）**将其翻译成逻辑上与之等价的用机器语言表示的目标代码后才能被计算机识别和执行。修改源代码后，需要对其重新编译才能运行。

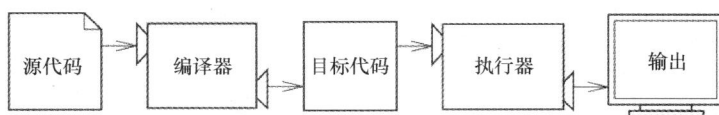

图 1-2　编译执行方式

解释型语言采用解释执行方式，其典型代表是 Python、Ruby、JavaScript、PHP、ASP、Perl 等。如图 1-3 所示，用这些语言编写的程序在机器翻译时并不是直接产生目标代码，而是产生易于执行的中间代码，然后通过另一个可读懂中间代码的解释程序［也称为**解释器（Interpreter）**］来执行程序。与编译器不同的是，解释器的任务是将源代码的语句一条条地解释成可执行的机器指令，而不是直接将源代码一次性翻译成目标代码后再去执行，即不产生目标程序。这种解释执行的方式类似于我们日常生活中的"同声传译"。因为解释器把计算机的复杂性隐藏起来了，所以这类语言比较简单、易学，在 Web 开发和应用软件脚本扩展等领域中发挥了巨大作用。有趣的是，解释型语言的解释器几乎都是用 C/C++开发的。

图 1-3　解释执行方式

编译型语言与解释型语言各有利弊。编译型语言的主要优点是因运行时无须再翻译，所以程序执行效率高，因此适合开发操作系统、数据库系统、工业控制系统等大型软件。而解释型语言因需要边翻译边执行，每执行一次就要翻译一次，所以用解释型语言编写的程序运行速度较慢。像一些网页脚本、服务器脚本及辅助开发接口这样的对执行效率要求不高、对不同系统平台间的兼容性有一定要求的程序则通常使用解释型语言开发。

脚本语言（Scripting Language）是一种特殊的解释型语言，如 Perl、Python、Ruby、JavaScript 等，用脚本语言编写的程序不需要编译，可以直接运行，一般都由相应的脚本引擎来负责解释执行。脚本语言的主要特征是：程序代码就是脚本程序，也是最终可执行文件。脚本语言便于快速开发程序，但由于其开发的程序通常是解释执行的，因此执行速度可能较慢，且运行时更耗内存。

有些解释型语言（如 Java 和 C#）采用"先编译、后解释"的方法来提速，此时编译器并不把程序编译成机器代码，而是在运行程序之前进行一次预编译，生成的代码是介于机器代码和 Java 源代码之间的一种中间代码，即字节码。字节码必须在其支持的平台上运行。例如，Java 提供的运行平台为 **Java 虚拟机（Java Virtual Machine，JVM）**，可视为解释器。字节码既保留了源代码的高抽象、可移植的特点，又因完成了对源代码的大部分预编译工作，执行起来比"纯解释型"程序快很多。类似地，Python 的字节码会交由 PVM（Python 虚拟机）去执行。JVM 和 PVM 这两个虚拟机可以将不同平台 CPU 的指令集差异屏蔽，所以程序在不同平台运行，比如从 x86 处理器迁移到鲲鹏处理器时，就不再需要重新编译，这也是解释型语言可移植性好的原因。

不同于解释型语言，用编译型语言编写的程序在不同平台上运行时，比如从 x86 处理器迁移到鲲鹏处理器时，必须要经过重新编译才能运行。例如，用 C 语言编写的源代码首先会由编译器编译成汇编语言代码，再由汇编器汇编成机器代码。如果程序中用到了其他库函数，也需要通过编译器汇编成相应的机器代码，再由链接器链接在一起，最后加载到内存中去执行。所以用编译型语言编写的程序经过编译后才能变成可执行程序。

从数据类型是在编译时还是在运行时确定的角度，高级语言还可分为**静态类型语言（Statically Typed Language）**和**动态类型语言（Dynamically Typed Language）**，分别简称为静态语言和动态语言。

静态语言的数据类型是在编译期间检查的，即变量在使用前一定要声明其数据类型。C/C++是静态语言的典型代表，其他的静态语言还有 C#、Java 等。

与静态语言刚好相反，动态语言在程序运行期间才做数据类型检查，在用动态语言编程时，无须给变量指定数据类型，变量的类型是在第一次给变量赋值时确定的。动态语言因取消了对变量类型的限制，能让人们可以集中精力思考业务逻辑实现。Python 和 Ruby 就是典型的动态语言，其他的各种脚本语言也属于动态语言。动态语言一般都属于解释型语言。

静态语言的优点在于其结构规范，便于调试，方便类型检查，开发大型复杂系统比较有安全保障，且因具有相对封闭的特点，使得第三方开发包对代码的侵害性降到较低；缺点是为此需要写更多的类型相关的代码，不便于阅读。动态语言的优点在于方便阅读，无须写非常多的类型相关的代码；缺点是不方便调试，命名不规范时会造成读不懂、不利于理解等。

此外，高级语言还可分为**强类型语言（Strongly Typed Language）**和**弱类型语言（Weakly Typed Language）**。相比于动态/静态的分类，强类型/弱类型更多的是一个相对的概念。强类型语言是强制数据类型定义的语言，即变量的类型必须在源代码中明确定义，称之为变量定义，一般情况下需要编译执行，例如 C/C++、C#、Java 都属于强类型语言；

弱类型语言中的变量同样有类型，但其类型是无须声明的，即数据类型可以忽略，多数弱类型语言需要由解释器来解释执行，例如 Python、Ruby、Perl、JavaScript、SQL 就是弱类型语言。强类型语言的变量类型是不能改变的，它的这种严谨性能使其有效避免许多像类型不匹配这样的错误。而弱类型语言则相反，一个变量可被赋予不同数据类型的值，其类型是按需改变的，可由其应用上下文确定。

从面向机器的语言到面向用户的语言，从非结构化语言到结构化语言，从面向过程的语言到面向对象的语言，这些语言的更新和发展为软件产业的发展注入了源源不断的动力和能量。

总之，世界上没有最好的语言，只有最适合的语言。每种语言都有其独特的神韵和内涵。唯有以包容的心态去面对，以客观的手段去选择，才能将各种语言触类旁通，融会贯通。

1.5.3　C 语言简介

虽然高级语言程序更容易编写，但一般高级语言难以实现汇编语言的某些功能，例如直接对硬件及接口进行操作。人们设想能否找到一种兼具高级语言特性和低级语言特性的语言呢？C 语言就是在这种情况下应运而生的。C 语言是在 1972 年由美国贝尔实验室的丹尼斯·里奇（Dennis Ritchie）设计发明的。1978 年，丹尼斯·里奇和布赖恩·克尼汉（Brian Kernighan）合著了影响深远的经典之作 *The C Programming Language*（《C 程序设计语言》），其后 C 语言先后被移植到大、中、小及微型计算机上。1982 年，为了统一 C 语言的标准，美国国家标准化学会（American National Standards Institute，ANSI）成立了 C 标准委员会。1989 年，C 标准委员会发布了第一个完整的 C 语言标准 ANSI X3.159—1989，简称 C89，也称为 ANSI C（标准 C），1990 年该标准被国际标准化组织（International Organization for Standardization，ISO）采纳，官方名称为 ISO/IEC 9899:1990 也称为 C90，1999 年修正和完善之后，ISO 发布了 C99。2011 年，ISO 发布了 C11，C11 引入了泛型机制、线程同步和并发控制等一些新的特性，使 C 语言更加强大和灵活。2018 年发布的 C17（也被称为 C18）没有引入新的特性，只对 C11 进行了补充和修正。C2X 是 C 语言的下一代标准，其目标是提供更多的功能和性能改进，以应对现代软件开发的挑战。

为什么要学习 C 语言

C 语言诞生于 20 世纪 70 年代初，成熟于 20 世纪 80 年代。如图 1-4 所示，尽管出现了 Python、Java、C++等后起之秀，但 C 语言至今依然拥有众多的"铁杆粉丝"。程序设计语言数以千计，能广为流传的不过几十种，能够风光 50 年之久的更是屈指可数。时至今日，C 语言仍然是各行各业使用非常广泛的语言，可谓是"俏也不争春，只把春来报。待到山花烂漫时，她在丛中笑"。

无从考证究竟有多少软件用 C 语言编写，但与我们学习、生活息息相关的软件中确实大多数都是用 C 语言编写的。运行在计算机中 90%以上的程序，从操作系统、E-mail 客户端到网页浏览器和文字处理器等，都是用 C 语言或它的升级版本 C++编写的。设备驱动程序和多数机器人底层控制软件也都是用 C 语言编写的。C 语言是嵌入式设备广泛使用的语言，这些嵌入式设备包括冰箱、洗衣机、空调以及各种可穿戴设备。

从 C++到 Java，再到 C#，很多流行语言、新生语言都借鉴了 C 语言的思想和语法，其中 C++几乎完全兼容 C 语言的语法，且所有流行的 C++编译器都能编译 C 语言程序。C

语言是系统编程的首选语言，由于 C 语言的强大功能和可移植性，很多跨平台设计语言和脚本语言，如 C++、Java、Python、Perl、Ruby、PHP 等都是由 C 语言实现的，或借用了大量 C 语言的语法和功能，并且几乎所有的语言都能与 C 语言相连接。因此，学好 C 语言是学习很多流行语言的基础。C 语言是修炼"内功"的不二之选，能轻松驾驭 C 语言几乎是"高手"必备的素质之一。

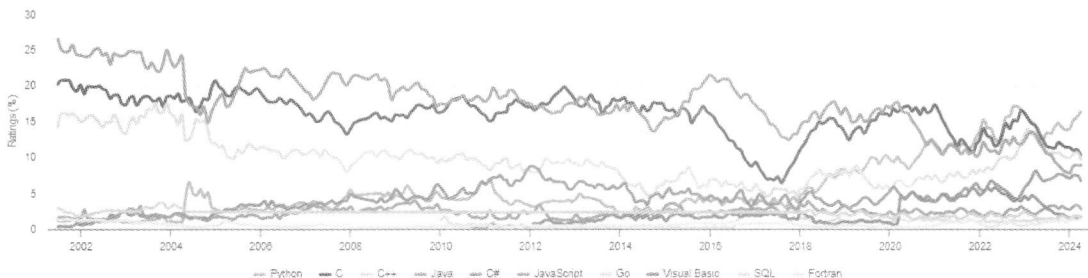

（图片来源：Tiobe 网站）

图 1-4　Tiobe 给出的当前十大流行语言的流行趋势

　　C 语言作为一种介于高级语言和低级语言之间的语言，诸如程序设计语言、计算机体系结构、操作系统、网络通信、数据库等许多信息技术和计算机科学的工作原理都是基于 C 语言实现的。因此，学好 C 语言能让我们更直接地体会计算机最基本的工作模式，透过 C 语言语法的表象窥探计算机底层的工作原理，并站在程序员的角度去了解底层计算机系统是如何工作的，以及它是如何影响程序的。

1.6　编写程序的基本步骤

　　编程不只是"coding"，还是一种思维方式。美国卡内基梅隆大学计算机科学系前系主任周以真教授在其 2006 年发表的文章《计算思维》中谈到"计算机科学的教授应当为大学新生开一门称为'怎么像计算机科学家一样思维'的课，面向非专业的，而不仅仅是计算机科学专业的学生""计算思维代表着一种普遍的认识和一类普适的技能"。用更通俗的语言解释计算思维，就是"如何像计算机一样思维"，即让人类去理解或模拟计算机所形成的工作方式（思维方式）。以计算机的思维去描述问题、求解问题，对物理世界中的各类问题进行抽象，将其转化为计算机能够处理或善于处理的问题。编程就是学习这种计算思维能力的最佳途径。

　　使用编译型高级语言编写程序，需要经过如下几个基本步骤。

　　（1）编辑（Edit）

　　所谓编辑，就是程序员通过**编辑器（Editor）**输入用高级语言编写的**源代码**，也称源程序。按照 C 语言的语法规则编写的源代码，一般保存在扩展名为.c 的源文件（例如可以取名为 f.c）中。**程序员（Programmer）**就是编写源代码的人。如果将计算机比作乐队，那么程序员就是指挥家，程序就是乐谱。如果将计算机比作军队，那么程序员就是总司令，程序就是作战计划。

　　（2）预处理（Preprocess）

　　通常 C/C++预处理器会在编译器工作之前根据源代码中**编译预处理指令（Preprocessor**

Directive）的内容完成一些预处理工作。例如，对 C 语言而言，会根据文件包含、宏替换和条件编译等编译预处理指令修改原始的 C 语言程序，得到另一个 C 语言程序。

（3）编译（Compile）

用高级语言编写的程序，人是可以读懂它的，但计算机是不能直接读懂的，计算机的 CPU 只能执行二进制的机器指令。因此，为了在计算机上运行用高级语言编写的程序，必须把它翻译成逻辑上与之等价的用机器语言表示的目标程序。用来将代码编译成目标代码的程序，称为**编译器（Compiler）**。如果程序员编写的源代码有语法错误，那么编译器会报错，并停止编译。因为对于这样有语法错误的代码，编译器读不懂，不知道该将其转换成什么。此时，程序员应该返回到步骤（1）去修改源代码。如果编译成功，则程序以二进制文件（非文本文件）的形式保存起来，这个文件称为**目标文件（Object File）**。对 C 语言而言，通常以.obj 或.o 作为目标文件的扩展名（例如 f.c 的目标文件为 f.obj）。

每种高级语言都至少对应一种编译器。虽然程序的编译过程很复杂，但用户完全可以不必去关心它的实现细节，只需要发出编译指令，其余的事情就交给编译器去完成。不过，了解一些编译器的工作原理，对于我们编写高质量的代码和更深入地理解高级语言是很有益处的。如果读者想深入了解有关编译器的工作原理，请参阅编译原理方面的书籍。

（4）链接（Link）

源代码可能包含对系统函数库中的库函数（例如 C 标准库等）的调用，由于这些函数不是由程序员自己编写的，因此编译产生的目标代码并不会包含被调用的函数实体，而链接过程就是完成对这些调用实体的填充。

在链接阶段，**链接器（Linker）**把用户程序和支持它运行所必需的其他程序（例如程序调用的库函数）"合成"在一起，生成可被操作系统执行的**可执行目标文件（Executable Object File）**，简称**可执行文件（Executable File）**。在 DOS 和 Windows 下通常用.exe 作为文件的扩展名。例如，foo.c 程序调用了 C 标准库中的函数 printf()，函数 printf() 的预编译目标文件必须合并到 foo.obj 中，才能生成可执行的目标文件 foo.exe。用户最终实际运行的程序就是 foo.exe 这个可执行文件。初学者常因标准库函数的函数名拼写错误而导致程序发生链接错误。

（5）运行（Run）

程序能运行并不算大功告成。运行时还可能出现**运行时错误（Run-time Error）**，程序员必须根据程序测试时所发现的错误征兆，诊断并分析错误产生的原因，定位错误所在的具体语句位置，通过修改源代码排除错误，将程序重新编译、链接，最终交付没有错误的可执行文件，这一过程称为**程序调试（Debug）**。无论是出现编译错误、链接错误，还是运行时错误，都需要修改源代码，并对它重新编译、链接和运行，反复上机调试程序，直到修正所有的错误。使用调试器进行代码调试，可以帮助程序员更快地发现运行时错误。

1.7 如何学习编程

程序设计语言层出不穷，能以不变应万变的奥秘何在？答案就是"编程之魂"。因此，相对学习语言的语法而言，领会语言的神韵才是最重要的。各种语言的语法大同小异，我们真正需要掌握的是以不变应万变的"编程之魂"。冰冻三尺非一日之寒，学习编程没有捷径，唯有实践、实践，再实践。

1.8 何为 AI 编程

AI 编程是指利用 AI 技术辅助编程工作的过程，旨在借助 AI 编程工具帮助程序员编写、审查、调试和优化代码，提高软件开发效率和代码质量，减少程序员的重复性工作，缩短软件开发周期，使程序员能够专注于解决复杂问题。

AI 编程工具，也称 **AI 编码助手**，是一种 AI 自然语言大模型驱动的工具，通过将其集成到现有的开发环境中，提供代码生成、代码智能补全、错误检测与修复、代码优化、代码解释、注释生成等功能。常用的功能说明如下。

（1）代码生成：根据程序员的指令或部分代码自动生成完整的函数或类。通过支持基于自然语言形式的功能描述来生成实现指定功能的代码，显著降低了编程的入门门槛。

（2）代码智能补全：在编码过程中，根据已有的代码片段预测并补全后续的代码片段，减少手动编码的工作量。

（3）错误检测与修复：识别代码中的错误，提供修改建议或自动修复代码。

（4）代码优化：通过分析代码结构、语义和性能，提供优化建议。

随着 AI 大模型的突破性进展，通过自然语言交互实现 AI 辅助编码的工具如雨后春笋。目前，国内外主流的 AI 编程工具主要包括以下几种。

（1）ChatGPT：由 OpenAI 公司开发的生成式 AI 领域的代表性工具，能够根据用户输入的提示词快速、智能地生成回答，应用广泛。

（2）GitHub Copilot：由 GitHub 和 OpenAI 公司共同研发，可以作为代码编辑器插件集成到开发环境中，与 VS Code、Visual Studio 和 JetBrains 等流行的 IDE 无缝集成。通过学习大量代码库，可以将自然语言转换为编码提示，能够根据程序员的输入实时生成代码建议，从而帮助程序员提高编码效率和质量，堪称 AI 辅助编程领域的标杆产品。遗憾的是，它不是免费的。

（3）AlphaCode：DeepMind 公司推出的专注于编程任务的 AI 工具，能够理解编码问题的背景并生成高效的代码解决方案。

（4）Gemini：由谷歌公司提供的先进 AI 平台，提供从文本生成到数据分析的广泛生成功能，擅长处理复杂任务。

（5）CodeWhisperer：由亚马逊公司开发的 AI 编程工具，基于机器学习，使用来自公共代码仓库的数十亿行代码进行训练，可以提供与用户的编码风格和约定相匹配的整个函数或逻辑块，提供实时、全面的代码建议，支持多种 IDE 和程序设计语言。

（6）CodeGeeX：由清华大学和智谱 AI 公司联合打造的基于多语言代码生成模型的 AI 编程工具，提供代码生成与补全、自动添加注释、代码翻译及智能问答等功能，适配多种主流 IDE，支持多种主流程序设计语言。

（7）文心快码（Baidu Comate）：由文心大模型 ERNIE-Code 提供技术支持，基于百度公司多年积累的非涉密代码数据和 GitHub 头部公开代码数据进行训练，为程序员自动生成完整且符合实际研发场景的代码行或整个代码块，帮助程序员轻松完成研发任务。支持 C/C++、Java、Python、Go、JavaScript、TypeScript、Rust、PHP、Kotlin、Object-C 等 100 多种程序设计语言。目前，文心快码正处于推广期，个人用户可以免费使用该产品。

（8）豆包 MarsCode：字节跳动公司基于豆包大模型研发的 AI 编程工具，提供智能代码补全、生成、优化、注释生成，代码解释和错误修复等功能，支持多种程序设计语言和主流 IDE。

（9）腾讯云 AI 代码助手：腾讯公司基于腾讯混元代码大模型研发的 AI 编程工具，提供代码补全、技术对话、代码诊断、单元测试生成等功能，支持多种程序设计语言和框架。

（10）通义灵码（TONGYI Lingma）：阿里云公司基于通义大模型研发的智能编程助手，提供行级/函数级实时续写、自然语言生成代码、单元测试生成、代码注释生成、代码解释、研发智能问答、异常报错排查等功能，并针对阿里云 SDK/API 的使用场景调优，为程序员带来高效、流畅的编码体验，支持 Java、Python、Go、C/C++、C#、JavaScript、TypeScript、PHP、Ruby、Rust、Scala 等 30 多种程序设计语言和 VS Code、Visual Studio、JetBrains 等主流 IDE，且对个人程序员免费开放使用，降低了使用门槛。

（11）iFlyCode：科大讯飞公司基于讯飞星火大模型研发的智能编程助手，支持多种程序设计语言，提供代码补全、解释、文档注释、单元测试等功能。

（12）代码小浣熊 Raccoon：商汤科技公司开发的 AI 编程工具，支持多种主流程序设计语言，提供代码生成和补全、代码翻译、代码重构、代码纠错、代码问答、测试用例生成等功能。

无论是经验丰富的程序员，还是初出茅庐的编程新手，都能从 AI 编程工具中汲取属于自己的"养分"，AI 编程体现出了传统编程无可比拟的优势。例如，新手可以通过 AI 编程工具学习程序设计语言的语法和最佳实践；通过自然语言生成代码的方式快速掌握编程技能；利用代码解释、注释生成等功能加深对编程知识和代码逻辑的理解；利用代码优化和自动审查等功能检测并修复代码中潜在的安全漏洞，以编写更高效、更安全的代码，弥补初级和高级程序员之间的经验差距。再如，借助 AI 编程工具，不仅可以快速生成基础的代码框架，辅助程序员快速开发原型系统，帮助企业快速推出产品并占领市场，还可以帮助团队成员统一代码风格，提高代码的可读性和可维护性，根据代码自动生成文档和代码注释，降低团队成员之间的沟通成本，提高团队的协作效率。

有研究显示，在 AI 编程所带来的生产力提升中，仅有一小部分来自代码的自动生成，更多的是在人机交互中激发了程序员的创造性思维。例如，程序员可以通过分析 AI 生成的代码，学习到新的编程思路和方法，或者受到启发而产生新的创意和想法。

总之，AI 编程为编程行业带来了新的机遇和挑战，让每一个想成为程序员的人都能成为程序员变得不再遥远。随着 AI 编程工具的不断发展，越来越多的基础编程工作将由 AI 完成，这促使程序员将更多的时间和精力投入高层次的设计中，如整体架构设计、系统性能优化和需求分析等。不过，在如航空航天、医疗设备等对安全性、稳定性要求极高的特定领域，出于安全可信性的考虑，传统编程可能依然是首选。在未来，传统编程将与 AI 编程互为补充，虽然 AI 不会完全取代程序员，但是不会应用 AI 工具的程序员有可能被会应用 AI 工具的程序员取代。

习题 1

1.1　在冯·诺依曼体系结构中，计算机的基本组成部件是什么？

1.2　为什么计算机用二进制而不是我们熟悉的十进制来存储数据？

1.3 编写程序的基本步骤是什么?

1.4 列举几种你所了解的程序设计语言，并说明它们是编译型语言还是解释型语言。

1.5 从高级语言的范型的角度，高级语言可划分为过程式语言（Procedural Language）、面向对象语言（Object-Oriented Language）、函数式语言（Functional Language）、逻辑式语言（Logical Language）4 种类型，请查阅相关资料了解这 4 类语言的特性。

第2章 基本 I/O 和基本运算

内容导读

必学内容：变量的定义和变量的数据类型，宏常量和 const 常量，单个字符的输入输出，数据的格式化屏幕输出，数据的格式化键盘输入，运算符的优先级和结合性，算术运算，赋值运算，增 1 和减 1 运算，强制类型转换。

进阶内容：变量的数据类型决定了什么，自动类型转换。

2.1 认识 C 语言程序从 Hello World 开始

本节主要讨论如下问题。

（1）如何向屏幕输出 "Hello World!"？

（2）C 语言中的主函数 main() 有什么作用？

C 语言没有提供专门的键盘输入和屏幕输出语句，实现键盘输入和屏幕输出需要调用 C 语言标准库函数。例如，使用 printf() 函数向屏幕输出数据，使用 scanf() 函数从键盘输入数据。下面，一起来认识第一个 C 语言程序。

【例 2.1】向屏幕输出 "Hello World!"。

```
1    #include  <stdio.h>
2    int main(void){
3        printf("Hello World!\n");
4        return 0;
5    }
```

在**集成开发环境**下，编译运行这个程序，在控制台即屏幕上会出现下面一行信息：

```
Hello World!
```

这行信息是由第 3 行的 printf() 函数调用语句向屏幕输出的。printf() 中双引号引起来的内容为要向屏幕输出的内容，例如这里是向屏幕输出 Hello world!，最后的\n（newline）表示换行，即输出完前面的内容后将光标移到下一行的起始位置。一般情况下，C 语言中的**语句（Statement）**都是以分号结尾的。

第 1 行以字符#开头的代码 `#include <stdio.h>` 是一条**编译预处理指令**。

这里，扩展名.h 中的 h 是 head 的首字母，表示这是一个**头文件（Header File）**。文件名 stdio.h 中的 std 代表 standard，i 和 o 分别是 input 和 output 的首字母，stdio 表示"标准输入输出"。

要使用 C 语言提供的标准输入输出函数时，必须在程序的开头加上这条编译预处理器指令。C 语言程序中使用的编译预处理器指令均以#开头，编译器在编译程序之前，先对程序中的这些指令进行"预处理"。C 语言中的编译预处理指令主要有 3 种形式：宏定义、文件包含和条件编译。宏定义将在 2.3.2 节介绍，条件编译将在第 4 章介绍。

#include 表示将包含该库函数定义和声明的头文件包含到当前源文件中，以便编译器能够正确地"识别"它们。

程序第 2 行定义的**主函数** main()是 C 语言程序的入口，所有的 C 语言程序都是从主函数开始并在主函数中结束的。一个 C 语言程序必须有且只有一个用 main 作为名字的函数，主函数在 C 语言程序中只能出现一次。

第 3～5 行就是 C 语言程序主函数的函数体，所有函数的函数体都是用一对花括号括起来的，主函数中的最后一条语句 return 0;用于结束函数的执行并返回操作系统，因为该函数返回的是一个整型数据，所以 main()函数的返回值被定义为 int 型。

如果不是在命令行方式下执行程序，main()函数通常不需要函数参数。当 main 后面的圆括号内为 void 时，表示明确声明不需要函数参数。

2.2 变量及其数据类型

本节主要讨论如下问题。

（1）如何定义变量并初始化变量？

（2）变量的数据类型决定了什么？

本节主要介绍基本数据类型中的整型、浮点型和字符型，数组、结构体、共用体、指针等其他数据类型将陆续在后面章节中介绍。

变量的定义

2.2.1 变量的数据类型和变量的定义

不同于 Python 等**动态语言**，C 语言是**静态语言**，因此 C 语言中的变量必须遵循"先定义，后使用"的原则。变量定义语句的一般格式如下：

类型关键字 变量名;

类型关键字代表声明的变量的数据类型，它可以是 C 语言支持的任何数据类型。C 语言的基本数据类型包括整型、浮点型、字符型和枚举型。**整型**包括 3 种：**基本整型**（类型关键字为 **int**）、**长整型**（类型关键字为 **long int** 或 **long**）、**短整型**（类型关键字为 **short int** 或 **short**）。**C99** 还引入了 **long long int**，但它仅适用于在硬件或软件上对 64 位字长兼容的系统。**浮点型**主要有 3 种：**单精度浮点型**（类型关键字为 **float**）、**双精度浮点型**（类型关键字为 **double**）和**长双精度浮点型**（类型关键字为 **long double**）。这 3 种浮点型的主要区别在于表数范围和精度有所不同。**字符型**的类型关键字为 char。枚举型将在第 9 章介绍。

C 语言允许在一条语句中同时定义多个相同类型的变量，多个变量之间用逗号作为**分隔符**（**Separator**）。例如，可按如下方式同时定义两个 int 型变量：

int a, b;

C 语言还允许在定义变量的同时对变量进行**初始化**。例如，

```
int   a = 0;
int   b = 0;
```

等价于

```
int   a = 0, b = 0;
```

但是不能写成

```
int   a = b = 0;
```

C99 不要求一个语句块内的所有变量必须在该块的开始处声明，即变量可以在使用该变量的可执行语句前的任何位置声明，其好处是可以增强代码的可读性，降低无用变量出现的可能性，但很多程序员还是喜欢在一个程序段的开始处将要用到的所有变量一起声明。

变量名（Name）用于标识编译器为变量分配的具体存储单元，在这个存储单元中存放的数据称为**变量的值（Value）**。通过变量名即可访问变量的值。对变量进行写操作时，变量中原有的值将被新写入的值覆盖。在定义变量但未对其进行初始化时，该变量的值是一个随机数（静态变量和全局变量除外，将在第 4 章介绍）。

在基本类型前加**类型修饰符（Type Modifier）**关键字可以更加准确地对类型进行声明，类型修饰符主要有如下 4 种。

➤ signed：表示"有符号"，仅可以修饰整型和字符型。
➤ unsigned：表示"无符号"，仅可以修饰整型和字符型。
➤ long：表示"长型"，仅可以修饰整型和双精度浮点型。
➤ short：表示"短型"，仅可以修饰整型。

例如，整型数据有**无符号整型**和**有符号整型**之分，声明无符号整型变量需要在类型关键字前面加上 unsigned。整型变量声明默认是使用 signed 修饰符，即有符号整型。

2.2.2 变量的数据类型决定了什么

在高级程序设计语言中，引入**数据类型（Data Type）**的主要目的是有效地组织和规范地使用数据。在 C 语言中，变量的数据类型决定了编译器为其分配的内存单元的字节数、数据在内存中的存储形式、合法的取值范围及可参与的运算种类。

变量的类型决定了什么（上）　变量的类型决定了什么（下）

（1）不同类型的数据可参与的运算类型是不同的

例如，在 C 语言中，求余运算仅适用于整型数据，而不能用于浮点型数据。

（2）不同类型的数据所占的内存空间大小是不同的

由于 ANSI C 并未规定整型数据在内存中所占的字节数，只要求长整型数据的长度不短于基本整型，短整型数据的长度不长于基本整型，因此同一类型的数据在不同的编译器和计算机系统中所占的内存字节数可能是不同的。

为了增强程序的可移植性，计算某种数据类型或变量占内存空间的字节数时建议使用 **sizeof** 运算符。sizeof 是一个一元运算符，用于返回其操作数（变量或类型）对应的数据类型占内存空间的字节数。例如，计算 int 型数据所占内存的字节数用 sizeof(int)即可。在 GCC（GNU Compiler Collection，GNU

变量占内存的字节数——实际操作

编译器）下，基本数据类型在内存中所占的字节数请参见附录 B。

（3）不同类型的数据在内存中的存储形式是不同的

整型数据在内存中是由多个字节来表示的。如图 2-1 所示，如果先存放低位字节，后存放高位字节，则称为**小端次序（Little-endian）**，这种存储方式便于计算机从低位字节向高位字节运算，Intel 公司的 x86 系列计算机采用的都是小端次序。而如果先存放高位字节，后存放低位字节，则称为**大端次序（Big-endian）**，这种存储方式便于从左到右处理字符串，IBM 公司的计算机大多采用大端次序。

低位字节	高位字节

高位字节	低位字节

小端次序　　　　　　　　　　大端次序

图 2-1　多字节整型数据在内存中存储的两种方式

对于实数，通常有两种表示方法：一种是小数点位置固定不变的**定点数（Fixed-Point Number）**；另一种是小数点位置不固定的**浮点数（Floating-Point Number）**，即小数点在逻辑上是可以浮动的。将实数表示为小数和指数两个部分，通过改变指数的值，即可实现小数点位置的浮动。例如，十进制数 1234.56 既可以表示为 0.123456×10^4，也可以表示为 1.23456×10^3 或 12345.6×10^{-1}。显然，随着 10 的幂次的变化，小数点的位置也会发生相应的变化。

定点数的表数范围是有限的，例如 32 位定点整数的绝对值不会超过 $2^{31}-1$，否则会产生数值溢出。而浮点数的小数点位置可随其指数的变化而变化。对于同样的小数部分，若指数部分的值越大，则浮点数所表示的数值的绝对值就越大。反之，若指数部分的值越小，则浮点数所表示的数值的绝对值就越小。这就使得浮点数更适用于表示绝对值很大或者很小的数，能够满足数值变化范围更大的实际问题的需要，因此计算机采用浮点数而非定点数来表示实数。

正因如此，浮点数在内存中是以阶码和尾数来存储的。实数的小数部分，称为**尾数（Mantissa）**。实数的指数部分，称为**阶码（Exponent）**。浮点数的值可由尾数乘以某个基数（例如，二进制的基数是 2，十进制的基数则为 10）的整数（即阶码）次幂得到。

假设浮点数 N 的绝对值为 $m \times r^e$，则浮点数 N 在内存中的存储格式如图 2-2 所示。

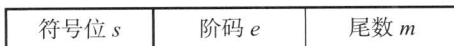

符号位 s	阶码 e	尾数 m

图 2-2　r 进制浮点数在内存中的存储格式

其中，m 为尾数，一般用原码二进制纯小数表示，这是因为有单独的一位（最高位 s）作为浮点数的符号位，也相当于尾数的符号位，所以这里的 m 一定是正数；e 为阶码，用补码二进制整数表示；r 是**基数**，对二进制而言，$r = 2$。当符号位为 0 时，N 为正数，即 $N = m \times 2^e$；当符号位为 1 时，N 为负数，即 $N = -m \times 2^e$。关于二进制补码的计算方法请参见附录 E。

显然，阶码所占的位数决定实数的表数范围；尾数所占的位数决定实数的精度，尾数的符号决定实数的正负。如果使用更多的位存储小数部分（尾数），则相当于增加了数值的有效数字位数，可以提高数值的表数精度，但表数范围会缩小。如果使用更多的位存储指数部分（阶码），则相当于扩大了变量值域（即表数范围），但表数精度会有所降低。

有效数字位数代表了浮点数的精度。相对于**单精度浮点数**，**双精度浮点数**通过增大阶码和尾数的存储位数增大了其表示的浮点数的范围并提高了表数精度。尽管如此，其尾数所占的内存字节数依然是有限的，例如，单精度浮点数的尾数在内存中仅占 23 位，而双精度浮点数的尾数在内存中也不过占 52 位，这导致浮点数的表数精度必然是有限的。因此，浮点数并不是真正意义上的实数，它只是实数在某种范围内的近似，这是 C 语言提供多种不同精度的浮点型的主要原因。

浮点数运算不能保证计算结果像整数运算那样精确，也是因为浮点数的表数精度是有限的，而且浮点运算通常还伴随着因无法精确表示而进行一些近似或舍入的计算。当进行某些操作时，如果其结果无法在系统可以提供的精度内表示完全，就会造成精度损失，例如，10 除以 3 得到的结果是 3.3333333…，其小数部分是无穷多个 3，显然不能在有限长度的内存中精确存储，实际在内存中存储的必然是它的近似值。这种因近似和舍入而导致的精度损失在一次运算中可能并不显著，但是通过累加，损失的精度就有可能增大。再如，定点整数可以准确表示 1234567890，而由于有效数字位数的限制，单精度浮点数只能对其进行近似表示。正是精度问题决定了浮点型无法取代整型。整数运算相对于浮点数运算不仅速度更快，而且运算结果也更准确。

此外，在不同类型的数据之间赋值时，将一个表数精度较高的浮点数（例如 double 型数据）赋值给表数精度较低的浮点数（例如 float 型数据），也会发生精度损失。因此，应尽量避免使用浮点型。

对于字符型数据，其在内存中是以二进制编码方式存储的，字符的编码方式取决于计算机系统所使用的字符集。目前常用的字符集是 **ASCII（美国信息交换标准代码）字符集**（常用字符的 ASCII 对照表详见附录 D），它用 7 位编码来表示常用的 128 个字符，每个字符对应一个 0～127 的编码值，用来表示英文字母、数字、控制字符等 128 个常见字符，这个编码值可用一个整数来表示，也称为该字符的 **ASCII 值**，详见附录 D。

由于字符在内存中是以其对应的 ASCII 值的二进制形式存储的，即用一个字节来保存一个字符。例如，字符常量'A'在内存中实际存储的是其 ASCII 值 65 的二进制值，因此从这个意义上来讲，char 型可看成一种特殊的整型，只不过它在内存中仅占一个字节。只要不超出 ASCII 的取值范围，char 型数据和 int 型数据之间的相互转换就不会丢失信息，因此可以对 char 型数据和 int 型数据进行混合加减运算，其实质就是对 char 型数据的 ASCII 值和 int 型数据进行加减运算。例如，'A'+32 的结果是'a'，而'a'-32 的结果是'A'。利用大写英文字母与小写英文字母的 ASCII 值相差 32 这一规律，可以直接对英文字母进行大小写转换。此外，一个 char 型数据既能以字符型格式（%c）输出，也能以整型格式（%d）输出，以整型格式输出时就是输出其 ASCII 值。

（4）不同数据类型的表数范围是不同的

对整型而言，长整型的表数范围比短整型的表数范围大。而无符号整型和有符号整型的表数范围也是不同的，二者的主要区别在于如何解释最高位。对于有符号整型，其最高位将被解释为符号位，这样其数据位就比无符号整型的数据位少了 1 位，因此有符号整型能表示的最大整数的绝对值只有无符号整型能表示的一半大。

以占 2 个字节内存的短整型为例，无符号短整型和有符号短整型的表数范围如表 2-1 所示。有符号短整型的最高位是符号位，所以它能表示的最大数仅为 32767，而无符号短整型的最高位是数据位，因此它能表示的最大数是 65535，前者只有后者的约一半大。若两个字节的所有位（包括最高位）均为 1，则其值作为无符号短整型时将被解释为 65535

（无符号短整型的最大值），而作为有符号短整型时，其值将被解释为–1，这是因为负数在计算机中是以**二进制补码**形式存储的。由于负数在计算机中以二进制补码形式来存储，所以对于有符号短整型而言，32767+1 的结果不是 32768，而是–32768。同理，–32768–1 的结果也不是–32769，而是 32767。

表 2-1　无符号短整型和有符号短整型所能表示的数值

无符号短整型（最高位是数据位）		有符号短整型（最高位是符号位）	
二进制补码	十进制	二进制补码	十进制
00000000 00000000	0	00000000 00000000	0
00000000 00000001	1	00000000 00000001	1
00000000 00000010	2	00000000 00000010	2
00000000 00000011	3	00000000 00000011	3
……	……	……	……
01111111 11111111	32767	01111111 11111111	32767
10000000 00000000	32768	10000000 00000000	–32768
10000000 00000001	32769	10000000 00000001	–32767
……	……	……	……
11111111 11111110	65534	11111111 11111110	–2
11111111 11111111	65535	11111111 11111111	–1

通常，浮点型的表数范围比占同样字节数的整型的表数范围要大，双精度浮点型的表数范围比单精度浮点型的表数范围大。使用同样的内存空间，浮点数的表数范围比定点数的表数范围大得多。例如，在内存中占 4 个字节的单精度浮点型的表数范围是 $-3.402823466 \times 10^{38} \sim 3.402823466 \times 10^{38}$，而同样是占 4 个字节内存的定点数的表数范围却只能是 $-2147483648 \sim 2147483647$。原因在于浮点数是被拆分成阶码和尾数在内存中存储的。

2.2.3　标识符的命名规则

标识符的命名必须遵循一定的**命名规则（Naming Rule）**。其中，被大多数程序员所采纳的共性规则如下。

（1）由英文字母、数字和下画线组成，且必须以英文字母或下画线开头。

（2）标识符名称不允许使用关键字，也不应与系统预定义的库函数重名。

（3）C 语言的标识符可为任意长度，但一般也会有最大长度限制，具体长度与编译器相关。

（4）标识符命名应"见名知意"，做到直观、可读且有意义，通常使用英文单词及其组合，切忌使用汉语拼音。

（5）命名规则应尽量与所采用的操作系统或开发工具的风格保持一致，例如，Windows 操作系统里通常采用驼峰式命名法，即大小写混排方式，如 MaxValue，而 UNIX 操作系统里通常采用"小写加下画线"方式，如 max_value。不要将两类风格混在一起使用。

（6）C 语言标识符是区分大小写的，但最好不要使用仅靠大小写区分的相似标识符。

良好的程序设计风格提倡在变量定义的时候，给变量加上**注释（Comment）**。C 语言风格的注释用/*和*/将注释内容包含起来。例如：

```
int    height = 10;    /*矩形的高*/
int    width  = 20;    /*矩形的宽*/
```

C99 允许使用 C++ 风格的注释，即**单行注释**，C++风格的注释以//开始，到本行末尾结束，且只能占一行，需要跨行书写时，每一行都必须以//开始。例如：

```
int   height = 10;    //矩形的高
int   width = 20;     //矩形的宽
```

注释是对程序中的关键语句进行解释说明的简短文本，既可以用英文书写，也可以用中文书写。注释的内容并不影响程序的运行结果，编译器在编译程序时会自动忽略它们。好的注释是对设计思想的精确表述和清晰展现，能充分揭示代码背后隐藏的重要信息，起到提示的作用，可防止二义性，使程序更容易阅读，提高程序的**可读性（Readability）**。有时在调试程序时，对暂不使用的语句也可以用注释符将其注释掉，使编译器跳过这些语句，当希望程序执行这些语句时，再去掉相应的注释符。

C++风格注释的优势是比较简洁，C 语言风格注释的优势是方便跨行注释，即如果注释内容在一行内写不下，可在下一行继续写，只要是在一对/*和*/中的内容都会被编译器当作注释来处理。

【温馨提示】左斜线（/）和星号（*）之间不能有空格，且注释不可以嵌套，即不能在一个注释中添加另一个注释。

2.3 常量

常量

本节主要讨论如下问题。

（1）为什么不建议在程序中直接使用常数？

（2）const 常量和宏常量有何区别？

众所周知，自然语言的基本构成要素是字，词或词组是由"字+词法"构成的，句子或段落是由"词或词组+语法"构成的，篇章则是由句子或段落构成的。字称为基本单元，而词或词组、句子或段落，可称为构造单元。与自然语言类似，程序设计语言中也存在基本单元和构造单元等构成要素，程序设计语言中的程序相当于自然语言中的篇章，程序设计语言中可使用的字母、数字、运算符、分隔符等基本符号相当于自然语言中的字，程序设计语言中的关键字、标识符、常量等相当于自然语言中的词或词组，程序设计语言中的语句相当于自然语言中的句子。

C 语言中的**关键字（Keyword）**，也称**保留字（Reserved Word）**，是 C 语言预先定义的、具有特殊意义的单词（详见**附录 A**）。例如，例 2.1 程序中，return 语句中的单词 return 就是关键字。

不同于关键字，**标识符（Identifier）**是由大小写字母、数字和下画线构成的一个字符序列。C 语言中的标识符包括**系统预定义标识符**和**用户自定义标识符**。系统预定义标识符是可以被重定义但不推荐重定义的、有特殊意义的单词。例如，例 2.1 中用到的主函数名 main 和用于输出数据的标准库函数名 printf 都属于系统预定义标识符。用户自定义标识符主要用来标识用户自定义的变量名、符号常量名、数组名、函数名等。

常量（Constant）和**变量（Variable）**是 C 语言程序中表示数据的两种基本形式。顾名思义，常量就是在程序中其值不能改变的量。而变量则是在程序中其值可以改变的量。

2.3.1　常量的表示

整型常量通常有 4 种表示形式：**十进制（Decimal）**、**二进制（Binary）**、**八进制（Octal）**、**十六进制（Hexadecimal）**。例如十进制整数 17 的二进制表示是 00010001，八进制表示是 021，十六进制表示是 0x11。无论哪种表示形式，在内存中都是以**二进制（Binary）**形式存储的。

整型常量也有长整型、基本整型和短整型，以及有符号和无符号之分。默认的整型常量是无符号整型常量，若常量的后面跟 L 或 l，则表示其为长整型常量，若常量的后面跟 U 或 u，则表示其为无符号整型常量，若常量的后面跟 LU、Lu、lU 或 lu，则表示其为无符号长整型常量。注意，这里的 l 是小写字母 l，不是数字 1。

浮点型常量有十进制小数和指数两种表示形式。例如，3.45e-6 为指数形式，e 后面的数字表示阶码，e 前面的数字表示尾数，3.45e-6 表示 3.45×10^{-6}。浮点型常量默认类型为 double 型，若常量的后面跟 L 或 l，则表示其为长双精度浮点型常量，若常量的后面跟 F 或 f，则表示其为单精度浮点型常量。

字符常量是用单引号将一个字符引起来。例如，'a'是一个字符常量，'3'也是一个字符常量。对于像回车、换行等非输出的（控制）字符和对编译器有特殊含义的字符（如"），需要用另一种特殊形式的字符常量即**转义序列（Escape Sequence）**来表示。转义序列是以反斜线\开头的字符序列，编译器会将反斜线\及其下一个字符解释为一个转义序列。转义序列可以被视为一个嵌入字符串中的特殊控制命令。

例如，字符常量'\n'用于控制输出时的换行处理，即将光标移到下一行的起始位置。而字符常量'\r'则表示回车，但不换行，即将光标移到当前行的起始位置。再如，字符常量'\t'为水平制表符，相当于按 Tab 键。屏幕上的一行通常被划分成若干个域，相邻域之间的交界点称为"制表位"，每个域的宽度就是一个 Tab 宽度，通常开发环境对 Tab 宽度的默认设置为 4 个空格。字符常量' \\'表示输出一个反斜线。字符常量' \" '表示输出一个双引号。字符常量' \' '表示输出一个单引号。

【温馨提示】每次按 Tab 键，并不是从当前光标位置向后移动一个 Tab 宽度，而是移到下一个制表位，实际移动的宽度视当前光标位置与相邻的下一个制表位的距离而定。

转义序列仅包含最常用的无法输出的 ASCII 字符，对于其他无法输出的 ASCII 字符及扩展的 ASCII 字符，可以采用**数字转义（Numeric Escape）序列**，例如'\ddd '表示八进制的 ASCII 值为 ddd 的字符，' \xhh '表示十六进制的 ASCII 值为 hh 的字符，'\0'表示 ASCII 值为 0 的字符，即**空（Null）字符**，它通常用作字符串结束标志，将在第 8 章详细介绍。

2.3.2　宏常量和 const 常量

在程序中直接出现的常数值，称为**幻数（Magic Number）**。在程序中直接使用常数不仅会导致程序的可读性变差，并且容易出现书写错误。因此，良好的程序设计风格建议不要在程序中使用幻数。为了避免使用幻数，增强程序的可读性和可维护性，通常把幻数定义为宏常量或 const 常量。

常量——实际操作

1．宏常量

宏常量（Macro Constant）也称为**符号常量（Symbolic Constant）**，是指用一个标识符

号来表示的常量。宏常量是由宏定义编译预处理指令来定义的。**宏定义**的一般形式如下：

```
#define 标识符   字符串
```

例如：

```
#define PI  3.14159          //定义了宏常量 PI
```

define 后面的标识符即**宏名（Macro Name）**，就是定义的宏常量，为了便于与变量区分，习惯上用字母全部大写的单词来给宏常量命名。这条编译预处理指令的作用是指示编译器将程序中出现的所有宏名（位于字符串以内的除外）全部替换成指定的字符串，这个过程称为**宏替换（Macro Substitution）**。

例如，语句

```
printf("%f\n", PI*r*r);          //以%f 格式输出 PI*r*r 的值
```

将被替换成

```
printf("%f\n", 3.14159*r*r);
```

由于宏常量没有数据类型，进行宏替换时，编译器不做语法检查，只进行简单的字符串替换，因此很容易出现错误。例如，假设宏定义修改为

```
#define PI = 3.14159;          //宏定义有错误
```

那么宏替换时会连同等号和分号一起进行替换。下面的语句

```
printf("%f\n", PI*r*r);          //以%f 格式输出 PI*r*r 的值
```

被替换后将产生如下有语法错误的语句

```
printf("%f\n", = 3.14159;*r*r); //有语法错误
```

2. const 常量

不同于宏常量，**const 常量**允许声明具有某种数据类型的常量，并且某些集成化调试工具支持对 const 常量进行调试。const 常量也称为**有名常量（Named Constant）**。

例如，将 3.14159 定义为 const 常量的语句如下：

```
const double pi = 3.14159;          //定义 double 型的 const 常量
```

这里，const 为类型修饰符，将 const 放在类型关键字 double 之前，表示将 double 后的标识符 pi 声明为 double 型的 const 常量。由于编译器将 const 常量存放在只读存储区，不允许其值在程序中改变，因此 const 常量只能在定义时赋值。

2.4 键盘输入和屏幕输出

本节主要讨论如下问题。

（1）如何实现单个字符的输入输出？

（2）如何实现数据的格式化屏幕输出？

（3）如何实现数据的格式化键盘输入？

本节以整型、浮点型和字符型为例，介绍如何从键盘输入数据和向屏幕输出数据。

2.4.1 单个字符的输入输出

getchar()和 putchar()是 C 语言标准库提供的专门用于单个字符输入和输出的函数。getchar()用于从键盘输入一个字符，putchar()用于在屏幕的当前光标位置输出一个字符。

【温馨提示】C 语言程序并不是直接读取用户的输入，而是将从键盘输入的数据先送入输入缓冲队列，然后再从输入缓冲队列中读取数据。

单个字符的输入输出

例如，用 getchar()从键盘输入字符时，程序是将输入的字符先送入输入缓冲队列中，在用户按 Enter 键或遇到**文件结束符 EOF（End Of File）**时，程序才认为输入结束。输入结束后，getchar()才开始从输入缓冲队列中读取字符。如果用户在按 Enter 键之前输入了不止一个字符，那么上一个函数没读走的数据仍会在缓冲队列中，会被下一个函数读取，即后续的输入函数不会等待用户按键，而是直接读取缓冲队列中余下的数据，直到缓冲队列中的数据全部被读走，才会等待用户按键输入新的数据。

这就是所谓的**行缓冲（Line-buffer）**输入方式，即用 getchar()读取字符实际上是按照文件的方式读取的，文件中一般都是以行为单位的，因此 getchar()最初也被设计为以行为单位来读取数据，这也是 getchar()以行（而非字符）为单位读取字符，以及 getchar()要读到一个换行符或 EOF 才进行一次处理操作的原因。这里，EOF 是在 stdio.h 中定义的一个宏常量（通常定义为-1），用来表示文件的结尾，当某些函数读取到文件尾时就返回 EOF。

getchar()的返回值是从键盘输入的字符，这些字符在系统中对应的 ASCII 值通常都是非负的。但有时（例如在 UNIX/Linux 下遇到组合键 Ctrl+D，在 Windows 下遇到组合键 Ctrl+Z）getchar()也可能返回一个负值。这时，将 getchar()返回的负值赋给一个 char 型变量是不正确的。因此，将保存 getchar()返回值的变量定义为 int 型变量，可以让其包含 getchar()返回的所有可能值。

getchar()的问题

【例 2.2】从键盘输入一个小写英文字母，将其转换为大写英文字母后，输出到屏幕。

大写英文字母的 ASCII 值比其对应的小写英文字母的 ASCII 值小 32，即'a'-'A'的值为 32。根据这一规律，可实现英文字母从小写到大写的转换。程序代码如下：

```
1    #include <stdio.h>
2    int main(void){
3        char  ch;
4        ch = getchar();          //从键盘输入一个小写英文字母，按 Enter 键结束输入
5        ch = ch - ('a' - 'A');   //将小写英文字母转换为大写英文字母
6        putchar(ch);             //在屏幕上输出大写英文字母
7        putchar('\n');           //输出一个换行控制符
8        return 0;
9    }
```

程序的运行结果如下：

b↙
B

这里，↙表示按 **Enter** 键。函数 **getchar()**没有参数，函数的返回值就是从终端键盘读

入的字符。因此，程序第 4 行语句将 getchar()的返回值即用户输入的字符保存到字符型变量 ch 中。第 5 行语句将小写字母转换为大写字母，由于字符在内存中是以其 ASCII 值来存储的，所以字符也可以参与整数的加减运算，相当于对其 ASCII 值进行加减操作。

第 6 行的 putchar()函数调用语句向屏幕的当前光标位置输出转换后的字符，函数 putchar()的参数就是待输出的字符，这个字符既可以是可输出字符，也可以是转义字符，例如第 7 行的 putchar()输出的就是转义字符'\n'，实现将光标移到下一行的起始位置。

2.4.2　数据的格式化屏幕输出

数据的格式化
屏幕输出

1. 函数 printf()的一般格式

函数 printf()的一般格式如下：

```
printf(格式控制字符串,输出值参数表);
```

其中，**格式控制字符串（Format String）**是用双引号引起来的一个字符串，也称**转换控制字符串**。一般情况下，格式控制字符串包括两个部分：**格式转换说明符（Format Specifier）**和需原样输出的普通字符。格式转换说明符由%开始并以**转换字符（Conversion Character）**结束，用于指定各输出值参数的输出格式。

各种格式转换说明符详见附录 G，本章只介绍%d、%f 和%c 这 3 种常用的格式转换说明符。其中，%d 表示输出有符号的十进制整型数据；%f 表示以十进制小数形式输出单、双精度浮点型数据，其整数部分全部输出，除非特别指定，否则默认输出 6 位小数；%c 表示输出一个字符。其他常用的格式转换说明符将在后续章节中介绍。

输出值参数表是需要输出的数据项的列表，输出的数据项可以是变量或表达式。当输出值参数表中有多个输出值时，输出值参数之间用逗号分隔，其类型应与格式转换说明符相匹配，每个格式转换说明符和输出值参数表中的输出值参数一一对应。当没有输出值参数时，格式控制字符串中就不再需要格式转换说明符，结果是只输出格式控制字符串中的普通字符。

例如，例 2.2 程序的第 6 行和第 7 行语句可以用下面的语句代替：

```
printf("%c\n", ch);
```

格式控制字符串中的\n 表示输出一个换行符，即将光标移到下一行的起始位置。

若要按十进制整型格式输出字符型变量 ch 对应的 ASCII 值，则可以使用下面的语句：

```
printf("%d\n", ch);
```

如图 2-3 所示，char 型变量的值既可按%c 格式输出，也可按%d 格式输出。其中，按%d 格式输出时，输出的是 char 型变量的 ASCII 值。

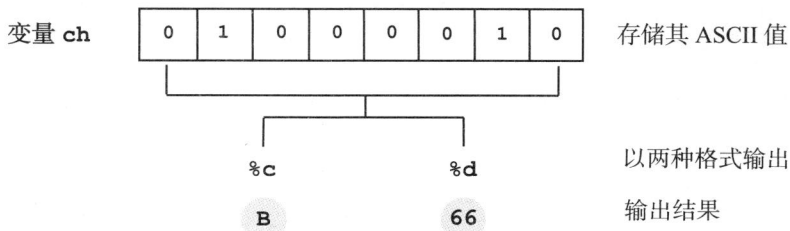

图 2-3　数据输出与数据存储示意

与 putchar()函数只能输出单个字符不同，printf()函数可以输出任意类型的数据，并且可以在一条 printf 语句中同时输出多种不同类型的数据。例如，如果要以逗号作为分隔符，同时输出字符型变量 ch 中的字符及其 ASCII 值，可以使用如下语句：

```
printf("%c,%d\n", ch, ch);
```

可以将该语句中的%c、%d 看成占位符，该语句就是在出现%c、%d 的位置，分别用后面输出值参数列表中的参数依次进行替代，向屏幕输出数据的值。格式控制字符串中的逗号是普通字符，需要原样输出到屏幕上。

2. 函数 printf() 中的格式修饰符

在函数 printf()的格式转换说明符中，还可在%和转换字符中间插入附录 G 所示的格式修饰符，如**域宽指示符（Field Width Designator）**、**精度指示符（Precision Designator）**，以及数据的对齐方式，用于对输出格式进行微调。

其中，精度指示符用于指定输出浮点数时小数点后显示的小数位数。当域宽为正整数时，输出数据在域内右对齐，左边多余位补空格。反之，当域宽为负整数时，输出数据在域内左对齐。若输出数据的实际宽度大于域宽，则按实际宽度全部输出。

例如，假设 height 为长整型变量，则语句

```
printf("%-8ld\n", height);
```

表示输出长整型变量 height 的值，指定域宽为 8，左对齐。在 d 前加小写的字母 l 表示输出长整型数据。−8 表示输出的长整型数据在 8 个字符的域内左对齐显示。

假设 weight 为双精度浮点型变量，则语句

```
printf("%10.4f\n", weight);
```

表示以小数形式输出浮点型变量 weight 的值，指定域宽为 10，保留 4 位小数，右对齐。10 表示输出的浮点数（包括整数部分、小数点和小数部分）的域宽，输出值在域内右对齐，%10.4f 中的.4 表示将舍入小数点后 4 位的浮点数的值显示到屏幕上。

如果不使用域宽指示符和精度指示符，即直接按%f 格式输出浮点型数据，除非特别指定，否则默认输出 6 位小数。使用域宽指示符和精度指示符输出浮点型数据时，将按指定的域宽输出数据（小数点也占一个字符位置），其整数部分全部输出，但其小数部分会按指定的精度输出。如果某个输出值的位数超过了指定的域宽，那么系统会自动增加域宽即按实际宽度来显示该浮点数。

2.4.3 数据的格式化键盘输入

1. 函数 scanf() 的一般格式

函数 scanf()的一般格式如下：

```
scanf(格式控制字符串,输入参数地址表);
```

其中，格式控制字符串是用双引号引起来的字符串，它包括格式转换说明符和分隔符两部分。格式转换说明符由%开始并以转换字符结束，用于指定各输入参数的输入格式。

输入参数地址表是由若干变量的地址组成的列表，这些地址之间用逗号分隔。函数

数据的格式化
键盘输入

基本 I/O 和基本运算 **第2章**

scanf()要求必须指定用来接收数据的变量的地址，否则数据不能正确读入指定的内存单元。

如果格式控制字符串中存在除格式转换说明符以外的其他字符，那么必须在输入数据时由用户从键盘原样输入这些字符。

用函数 scanf()输入数值型（不包括字符型）数据时，程序遇到以下几种情况就认为数据输入结束：

（1）空格符、换行符、制表符（Tab 键）；

（2）达到输入域宽；

（3）非法字符。

而用函数 scanf()输入字符型数据时，空格符、换行符、制表符等空白字符都将作为有效字符输入，不作为数据输入结束的标志。

当 scanf()函数的格式控制字符串中的格式转换说明符之间没有其他字符或仅有空格符时，表示输入数据之间应以空格符、制表符或换行符等空白字符作为分隔符。例如，假设 a 为 int 型变量，b 为 float 型变量，则对于下面的 scanf()函数调用语句

```
scanf("%d%f", &a, &b);
```

运行程序时，既可以用空格符或制表符作为分隔符来输入数据

```
10 32.6↙
```

也可以用换行符作为分隔符来输入数据

```
10↙
32.6↙
```

如果想要以逗号作为分隔符来输入数据，那么 scanf()函数调用语句应修改为

```
scanf("%d,%f", &a, &b);   //以逗号作为分隔符输入 a 和 b 的值
```

此时运行程序，可以这样输入数据：

```
10, 32.6↙
```

当 scanf()函数调用语句修改为

```
scanf("a = %d, b = %f", &a, &b);
```

此时用户应按以下格式来输入数据：

```
a = 10, b = 32.6↙
```

即除格式转换说明符外，格式控制字符串中的其他普通字符都要原样输入。

【温馨提示】在 scanf()函数的格式控制字符串中不要加'\n'，否则程序有可能无法正确读入数据。也就是说，不能将 scanf()函数调用语句写成下面的形式：

```
scanf("%d%f\n", &a, &b);   //格式控制字符串中加'\n'是错误的
```

C 语言格式符存在的问题

scanf()函数调用语句中输入参数地址表中变量前面的&，称为**取地址运算符**，它是一个一元运算符，返回其操作数（一个变量）的地址值。如果不写&，即将 scanf()函数调用语句写为

```
scanf("%ld%f", a, b);  //a 和 b 的前面没有 &, 是错误的
```

运行程序后，编译器会将变量 a 中的随机数当作地址来进行数据写入，会因访问不该访问的内存而导致程序异常终止。多数编译器会在程序编译时给出警告信息来提示这个问题。

若 scanf() 函数调用语句中的格式转换说明符写错，例如将 %f 写成 %d，编译器同样会给出警告信息，提示格式不匹配，如果忽略这个警告信息，那么运行程序将无法读取正确的输入数据。

同样，如果用户不小心输入了一个非法字符，例如输入了 12foo，那么程序运行后变量 a 可以读取 12 作为输入，而变量 b 的值将显示为乱码。输入缓冲队列中剩下的字符 foo 将会留给下一次 scanf() 函数调用（或者 getchar() 等其他函数调用）来读取。

通过 scanf() 函数的返回值可以检查其是否成功读入了指定项数的数据。若 scanf() 函数的返回值与预期读入的项数相等，则表示成功读入了指定项数的数据，否则表示未能读入指定项数的数据。

%c 格式用于读入字符型数据，由于空格符和转义字符（包括换行符）都会被当作有效字符读入，因此如果前面还有其他数值型数据输入，那么缓冲队列中有可能存有一个前一次用户输入数据时输入的换行符，这样 %c 有可能会将这个换行符当作有效字符读入，从而导致读入数据错误。可以采用如下两种方法来解决这个问题。

方法 1：用函数 getchar() 将前面用 scanf() 函数输入数据时存入缓冲队列的换行符读走（无须将 getchar() 的返回值保存到变量中），以避免该换行符被后面的字符型变量作为有效字符读入。

方法 2：在 %c 前面加一个空格，用于忽略前面数据输入时存入缓冲队列中的换行符，避免将其当作有效字符读入，语句如下。

```
scanf(" %c", &c);  //在 %c 前面加一个空格
```

2．函数 scanf() 中的格式修饰符

与 printf() 函数类似，在函数 scanf() 的 % 和格式转换说明符中间也可插入附录 G 所示的格式修饰符，用于指定输入格式（如输入数据的域宽等）。例如，如果将 scanf() 函数调用语句修改为

```
scanf("%3d%f", &a, &b);  //按域宽 3 输入 a 的值
```

则程序运行时可按下面方式输入数据：

```
12345.6789↙
```

此时，程序将按指定的域宽 3 从用户键盘输入的数据中截取所需数据，即读取 123 赋给变量 a，而输入缓冲队列中剩下的 45.6789 则赋给浮点型变量 b。

【温馨提示】用函数 scanf() 输入浮点型数据时不能指定精度，即不能在 scanf() 函数的格式控制字符串中使用类似 %10.2f 这样的格式转换说明符。

当需要输入 long 型数据时，要在 d 前加小写字母 l。需要注意的是，在 Code::Blocks 中输入 long long 型数据时，需要在 d 前加大写字母 I 和 64，即用 %I64d。

若以十进制小数形式输入 double 型数据，则需要在 f 前加小写字母 l，即使用 %lf，但在输出 double 型变量的值时可以不在 f 前加小写字母 l，与输出 float 型数据一样使用 %f 即

基本 I/O 和基本运算 ╱ 第 2 章

可。这是因为编译器会将 float 型参数自动转换为 double 型，所以使用%f 既可以输出 float 型数据，也可以输出 double 型数据。

2.5 算术运算

算术运算符

本节主要讨论如下问题。

（1）如何根据运算符的优先级和结合性实现算术混合运算？

（2）整数除法和浮点数除法有什么区别？

（3）求余运算有什么特殊用途？

C 语言中的运算符非常丰富，最为常用的是**算术运算符**（Arithmetic Operator）。由算术运算符及其操作数组成的表达式称为**算术表达式**（Arithmetic Expression）。

运算对象也称为**操作数**（Operand）。根据运算所需的操作数的数量，运算符可分为 3 类：只需 1 个操作数的运算符称为**一元运算符**，也称**单目运算符**；需要 2 个操作数的运算符称为**二元运算符**，也称**双目运算符**；需要 3 个操作数的运算符称为**三元运算符**，也称**三目运算符**。

在算术运算符中，除用于计算相反数的算术运算符是一元运算符以外，其余的算术运算符如+（加号）、−（减号）、*（乘号）、/（除号）均为二元运算符。

其中，除法运算有点特殊，其结果与参与运算的操作数的类型相关。两个整数相除后的商仍为整数，称为**整数除法**（Integer Division）；而有浮点数参与的除法运算，结果是浮点数，称为**浮点数除法**（Floating Division）。这是因为整数与浮点数进行运算时，其中的整数会在运算之前被自动转换为浮点数，从而整数和浮点数相除后的商也是浮点数。例如，1/2 的结果在数学上是 0.5，但是在 C 语言中却是 0，为了得到浮点数的计算结果，必须至少将分子或分母中的一个写成浮点型常量，如 1.0/2、1/2.0 或 1.0/2.0。

求余运算，也称为**取模运算**。它可以计算两个操作数的余数，常用于数位分离、时间转换，以及奇偶数判断等计算中，例如：提取数字 123 的最低位可用 123%10；判断 m 能否被 n 整除；可用 m%n，若结果为 0，则表示 m 能被 n 整除；判断 m 是否为偶数，可用 m%2，若结果为 0，则表示 m 能被 2 整除，为偶数。

使用求余运算符时，需要注意以下 3 点。

（1）C 语言中的求余运算符（%）限定参与运算的两个操作数必须为整型，不能对两个实数进行求余运算。

（2）求余运算的结果是求余运算符的左操作数（被除数）对右操作数（除数）进行整除后的余数，余数的符号与被除数的符号相同。例如，11 % 5 = 1，11 % (−5)= 1，而(−11)% 5 = −1，(−11)%(−5) =−1。

（3）当被除数为负数时，求出的余数为负余数。若要计算正余数，还需要再加上除数的绝对值。例如，(−11)% 5 + 5 = 4。

当表达式中含有多个运算符时，要根据运算符的**优先级**（Precedence）来确定运算的顺序，即先执行优先级高的运算，再执行优先级低的运算。针对具有相同优先级的运算符，按运算符的**结合性**（Associativity）来确定运算的顺序。运算符的结合性有两种：一种是**左结合**，即自左向右计算；另一种是**右结合**，即自右向左计算。

算术运算符的优先级与结合性如表 2-2 所示。其中，取相反数运算符的优先级最高，其次是*、/、%，而+、-的优先级最低，并且*、/、%的优先级相同，+、-的优先级相同。在算术运算符中，除了一元的取相反数运算符的结合性为右结合外，二元的算术运算符都是左结合的。

如果不希望按照运算符原有的优先级进行计算，可以使用圆括号来改变运算的先后顺序，因为圆括号的优先级是最高的。

表 2-2　算术运算符的优先级与结合性

算术运算符	含义	类型	优先级	结合性
-	取相反数	一元	最高	右结合
* / %	乘法 除法 求余	二元	较高	左结合
+ -	加法 减法	二元	较低	左结合

若要实现更为复杂的数学运算，则需使用 C 语言标准数学函数。C 语言标准数学函数库提供的数学函数详见附录 H。使用这些数学函数时，只要在程序的开头加上如下的编译预处理指令即可。

```
#include  <math.h>
```

【温馨提示】在涉及整型和浮点型的混合运算时，谨慎使用 pow() 函数。

例如，计算 pow(x,y) 时，当 x=0 而 y<0，或者 x<0 而 y 不为整数时，结果将会出现错误。此外，pow() 函数还要求参数 x 和 y 及函数返回值均为 double 型，否则有可能出现数值溢出。由于 pow() 函数的返回值是 double 型的，如果希望得到整型的计算结果，要对其进行取整运算，这样做有可能带来精度的损失，在经多次累积后有可能使精度的损失扩大。

2.6　赋值运算

赋值运算符

本节主要讨论如下问题。

（1）赋值表达式和数学中的等式有什么区别？

（2）赋值表达式和赋值表达式语句有什么区别？

赋值运算符（**Assignment Operator**）用于给变量赋值。由赋值运算符及其两侧的操作数组成的表达式称为**赋值表达式**（**Assignment Expression**）。

变量的定义和赋值——实际操作

在赋值表达式后面加上分号，即可构成**赋值表达式语句**（**Assignment Expression Statement**）。例如，赋值表达式 sum = 0 表示初始化变量 sum 为 0，在其后加分号就构成了如下的赋值表达式语句：

```
sum = 0;
```

与数学中的等式不同的是，C 语言中的赋值运算是有方向性的，即将赋值运算符右侧操作数的值即**右值**（**rvalue**）赋给左侧操作数即**左值**（**lvalue**）。

左值必须是标识一个特定存储单元的变量名，而不能是表达式。左值可以用作右值，

基本 I/O 和基本运算　　第 2 章

但是右值不能用作左值。因此，数学上有意义的等式在 C 语言中可能是不合法的（例如 sum ＋ 1 ＝ 2），而在数学中无意义的等式，在 C 语言中可能是合法的。

例如，赋值表达式 sum ＝ sum ＋ 1 表示"读出 sum 的值加 1 后再存入 sum"。之所以先计算 sum ＋ 1，然后再将计算结果赋给 sum，是因为算术运算符的优先级高于赋值运算符的优先级。这里赋值运算符左右两侧的 sum 具有不同的含义，其保存的变量值也是不同的，因为赋值运算符右侧是对 sum 执行"读"操作，保存的是加 1 之前的值，而赋值运算符左侧是对 sum 执行"写"操作，保存的是加 1 之后的值。

像下面这种形式的赋值表达式

变量 1 ＝ 变量 2 ＝ 变量 3 ＝...＝ 变量 _n_ ＝ 表达式

就称为**多重赋值（Multiple Assignment）**表达式，主要用于为多个变量赋同一个值。

由于赋值运算符是右结合的，即自右向左计算，因此执行语句

a = b = 0;

等价于执行语句：

a = (b = 0);

由于赋值表达式的值为其左操作数的值。例如，赋值表达式 b ＝ 0 的值就是其左操作数 b 的值即 0。因此，执行上面的语句，相当于执行语句

a = 0;

C 语言还提供了一种特殊形式的赋值运算符，称为**复合赋值运算符（Combined Assignment Operator）**。由于相对于它的等价形式而言，复合赋值运算的执行效率更高，复合赋值运算符的书写形式也更简洁，所以也称为**简写的赋值运算符（Abbreviated Assignment Operator）**。

涉及算术运算的复合赋值运算符有 5 个，分别为＋＝、－＝，＊＝、/＝、%＝。以＊＝为例，对于一般形式复合赋值表达式

左值 ＊= 右值

计算该表达式等价于计算表达式

左值 ＝ 左值 ＊ （右值）

这里的右值可以是一个表达式，因此在将左值移到＝右侧与右值相乘的时候，一定要将右值用圆括号括起来，即要将复合赋值运算符的右值（表达式）作为一个整体参与运算，此处是右值将作为一个整体与左值进行乘法运算。例如，执行复合赋值表达式语句

n *= m + 10;

相当于执行

n = n * (m + 10);

除了涉及算术运算的 5 个复合赋值运算符外，还有 5 个涉及位运算的复合赋值运算符，详见附录 C。

2.7 增1和减1运算

增1和减1运算符

本节主要讨论如下问题。

增1运算符和减1运算符作为前缀运算符和后缀运算符时有何不同?

在 C 语言中,两个连续的加号即++代表增 1 运算符(Increment Operator),用于对变量自身执行加 1 操作,因此也称为**自增运算符**。而两个连续的减号即——代表减 1 运算符(Decrement Operator),用于对变量自身执行减 1 操作,因此也称为**自减运算符**。这两个运算符都是一元运算符,即只需要一个操作数,并且操作数只能是变量,不能是常量或表达式。这是因为增 1 运算符或减 1 运算符在执行完加 1 或减 1 操作后还会将加 1 或减 1 后的值重新赋值给变量,而赋值操作的左值不能是常量或表达式。

增 1 运算符和减 1 运算符既可以作为**前缀(Prefix)**运算符(用在变量的前面),也可以作为**后缀(Postfix)**运算符(用在变量的后面)。例如,++n 等价于 n = n + 1,n++也等价于 n = n + 1。同理,——n 等价于 n = n - 1,n——也等价于 n = n - 1。

以++为例,用作前缀运算符时,是在使用变量之前先对变量的值执行加 1 操作,而用作后缀运算符时,是先使用变量的当前值,然后对变量的值进行加 1 操作。对变量(即运算对象)自身而言,运算的结果都是一样的,但增 1 运算表达式本身的值却是不同的。

假设 n 的值为 3,那么将这两个表达式的值均赋值给变量 m,即

```
m = n++;
m = ++n;
```

变量 m 的值会有不同的结果。

虽然 n++和++n 都使得 n 的值增加了 1,变为 4,即自增运算的操作数的值是相同的,但包含自增运算的表达式的值却是不同的。前者(m = n++;)是将 n 加 1 之前的值赋值给变量 m,m 的值是 3,而后者(m = ++n;)是将 n 加 1 之后的值赋值给变量 m,m 的值是 4。

因此,++和——作为前缀运算符或后缀运算符使用时,对变量(即运算对象)而言,结果都是一样的;但对增 1 和减 1 表达式而言,结果却是不一样的。

【温馨提示】++和——作为前缀运算符和后缀运算符时的优先级和结合性是不同的。后缀运算符的优先级高于前缀运算符和其他一元运算符;前缀运算符和其他一元运算符都是右结合的,而后缀运算符则是左结合的。

【温馨提示】由于在语句中使用复杂的增 1 和减 1 表达式会严重降低程序的可读性,而且在不同的编译环境下会产生不同的运算结果。因此,提倡在一行语句中最多只出现一次增 1 或减 1 运算。

2.8 混合运算中的类型转换

本节主要讨论如下问题。

(1)不同类型的数据进行运算,其运算结果是什么类型的?

(2)如何避免隐式自动类型转换?强制类型转换会改变原有的数据类型吗?

（3）在不同类型的数据间赋值有可能带来什么安全隐患？

2.8.1　自动类型转换

在计算混合数据类型的表达式时，C 语言编译器会自动将占内存字节数少的操作数类型转换成占内存字节数多的操作数类型，这个过程称为**类型提升（Type Promotion）**。例如，计算表达式 1.0/2 的值时，先将 2 转换为 2.0，然后执行 1.0/2.0，最终结果为 0.5。在赋值表达式中，当赋值运算符的左值类型和右值类型不一致时，也会发生自动类型转换，右值表达式的值在赋值给左值后会自动转换成左值的类型。

算术表达式中的自动类型转换

C99 中的自动类型转换规则如图 2-4 所示。其中，纵向箭头表示必然的转换。在 C99 中，char 型和 short 型都直接提升为 unsigned int 型，float 型提升为 double 型。完成这种必然的转换后，其他的类型转换将随操作进行，即按照图 2-4 所示的横向箭头方向，根据参与运算的操作数类型实现从低级别类型向高级别类型的自动转换。之所以这样设计类型提升规则，是因为级别高的类型比级别低的类型所占的内存空间大，可保证数据存储的精度，从而能够避免数据中信息的丢失。

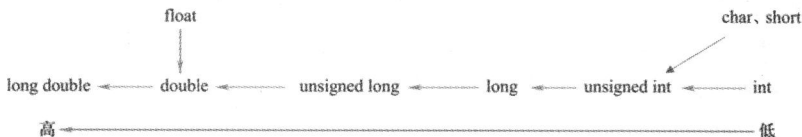

图 2-4　C99 中的自动类型转换规则

【**温馨提示**】横向箭头的方向并不代表自动类型转换所必经的中间过程。以 int 型和 long 型进行混合运算为例，int 型操作数首先直接转换成 long 型，然后再进行运算，最后运算结果为 long 型，它不表示 int 型操作数先转换为 unsigned int 型，再转换成 long 型。由于按上述转换规则进行类型转换以后，每个操作数的类型变成完全一样，因此运算结果的类型就与操作数的当前数据类型相同。

自动类型转换有可能带来的程序隐患主要包括**数值溢出（Data Overflow）**和精度损失。这是因为 C 语言中的任何数据类型所能表示的数值范围和数值精度都是有限的。

数值溢出问题

将数值范围大的类型转换为数值范围小的类型，通常都是不安全的。例如，将 double 型转换为 int 型或 long 型，将损失小数部分（非四舍五入），在产生精度损失的同时，当整数部分的位数超过 long 型的表数上限时还会产生数值溢出。

当整数运算结果的绝对值超出了其所要赋值的变量类型能表示的最大数的绝对值（即上界）时，也会发生数值溢出，这种数值溢出是由进位或借位导致最前面的符号位发生改变而引起的，所以称为**上溢出**。例如，符号位由 0 变成 1，导致该数由无符号数变为有符号数，从而显示为一个特别大的负数，即乱码。

精度损失问题

与整数不同的是，浮点数不仅会发生上溢出，还会发生下溢出。当运算结果的绝对值小于计算机能表示的最小数的绝对值时，称为**下溢出**，此时系统会将该运算结果处理成机器零。

将数值范围小的类型转换为数值范围大的类型，也不一定是安全的。例如，将 long 型

转换为 float 型时，虽然 long 型的表数范围并未超过 float 型的表数范围，不会出现数值溢出，但因为 float 型的表数精度是有限的，因此当整数的位数超出 float 型的表数精度时就会出现精度的损失。

浮点型数据能精确表示多少位数字，与其有效数字位数相关。什么是有效数字？对于一个十进制浮点数，从左边第一个不是 0 的数字算起，到精确到的位数为止，其间的所有数字就称为**有效数字（Significant Digit）**。有效数字位数常用于表示一个浮点数的精度，这个精度和浮点数的尾数在内存中所占的位数相关。

不同的 C 语言编译系统分配给阶码和尾数的存储空间是不同的。在大多数编译系统中，float 型的尾数占 23 位，因此其有效数字位数只有 6～7 位，这就意味着第 7 位以后的数字都是不准确的。尾数在内存中占 52 位的 double 型的精度虽然比 float 型的高，但毕竟也是有限的，它只有 16 位有效数字，这意味着其第 16 位以后的数字也都是不准确的。

例如，将 double 型的浮点数 1234567890.0 赋值给一个单精度浮点型变量时，将因单精度浮点型的表数精度有限而产生舍入误差，使得该变量实际得到的值不是 1234567890.0，而是 1234567936.0，这是因为单精度浮点型只有 6～7 位有效数字，有效数字后的数字都是不准确的。

2.8.2　强制类型转换

在很多情况下，混合数据类型运算表达式中存在的这种隐式自动类型转换，并不一定代表程序员的真实意图。引入**强制类型转换**运算符的目的有两个，一是为了显式地表达程序员的意图，二是为了消除隐式自动类型转换导致的程序隐患。强制类型转换简称为强转。强转运算符的作用是将一个表达式的类型强制转换为用户指定的类型，它是一个一元运算符，与其他一元运算符具有相同的优先级。

强制类型转换运算符

强转就是通过强转表达式明确指定将语句后面的表达式的值转换为语句前面的那种目标类型，其基本语法格式如下：

(类型)表达式

【温馨提示】用户指定的转换目标类型一定要用一对圆括号括起来，圆括号不能省略。

例如，对于浮点型变量 score，表达式(int)score 是利用截断（即舍弃其小数部分）的方法显式地将变量 score 的值转换成整型数值，以达到对变量 score 的值进行取整的目的。

再如，对于整型变量 sum、n，表达式(float)sum/(float)n 是显式地将变量 sum 和 n 的值转换成浮点型数值，然后再进行浮点数除法运算，以便得到浮点型的计算结果。

强转相当于给程序员赋予了一种特权——告诉编译器忽略类型检查，有时这样做并不安全，所以一定要慎用强转。在需要使用强转时，一定要明确需要强转的操作数和目标类型。

例如，假设 sum 和 n 都是整型变量，则表达式 sum/n 执行的是整数除法运算，其结果为整型。使用强转运算符显式地将 sum 和 n 的值转换为浮点型数值，即利用表达式(float)sum/(float)n 可以得到浮点数除法的运算结果。但是表达式(float)(sum/n)并不能得到真正想要的浮点数除法运算结果，这是因为表达式(float)sum 强转的操作数是 sum，而表达式(float)(sum/n)强转的操作数是 sum/n，这种情况下的类型转换结果只是在整数除法的结果后面添加一个小数点并在小数点后添加几个无意义的 0 而已。

【温馨提示】强转并不改变变量原有的类型。

例如，表达式 (float)sum 并不是将变量 sum 的类型由 int 型强制转换为 float 型，而仅仅是得到了一个改变类型的变量值的中间结果。假设 sum 的值是整型值 95，那么执行强转运算 (float)sum 得到的中间结果值是浮点数值 95.000000，而变量 sum 的类型仍然是 int 型。

2.9 AI 编程的基本流程

有了 AI 编程工具以后，开发人员不再需要死记硬背那些枯燥的语法规则，而是要学会如何向 AI 借力来辅助完成任务。在学习使用 AI 编程前，首先要了解 AI 编程的基本流程。传统的编程是所有的代码都要自己一个字符一个字符地敲进去，而 AI 编程可以让编程在使用自然语言的聊天中轻松搞定。在这种新的编程范式下，开发人员的注意力将会从"如何写代码"转移到"把问题需求想清楚、说清楚"上来，清晰的表达将成为一种非常重要的能力。

AI 编程的基本流程如下。

（1）明确需求：把要解决的问题和需求想清楚。

（2）撰写指令（即提示词）：把要解决的问题和需求说清楚，让 AI 理解想让它做什么。

（3）生成代码：让 AI 根据指令生成代码建议。

（4）评判、采纳、运行并确认：通过理解、评判、采纳并运行代码，确认 AI 生成的代码是否符合需求。如果不符合需求，则进入下一轮的 AI 对话，向 AI 提出更为细致准确的需求。

2.10 本章知识点思维导图

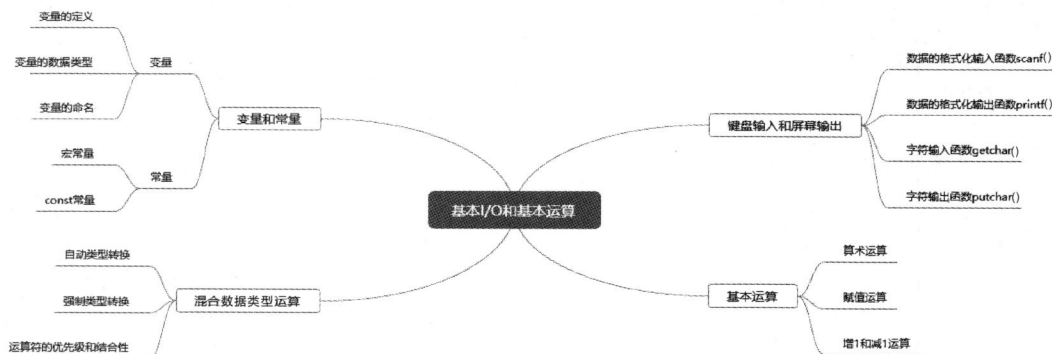

习题 2

2.1 单选题。

（1）以下不正确的 C 语言标识符是（   ）。

A. AB1   B. a2_b   C. int   D. 4ab

（2）C 语言的基本数据类型是（   ）。

A. 整型、实型、字符型   B. 整型、实型、字符型、字符串型

C. 整型、实型、字符型、枚举型   D. 整型、实型、字符串型、枚举型

2.2　已知变量 a 的值为 3，分别执行下面两个语句后，变量 a 的值为多少？

```
a += a -= a * a;
a += a -= a *= a;
```

2.3　**求圆的面积和周长**。分别使用 const 常量和宏常量定义 π，编程实现从键盘输入圆的半径 r，计算并输出圆的面积和周长。

2.4　**大小写转换**。从键盘输入一个大写英文字母，将其转换为小写英文字母后，将转换后的小写英文字母及其十进制的 ASCII 值输出到屏幕上。

2.5　**逆序数**。从键盘任意输入一个 3 位整数，编程计算并输出它的逆序数（忽略整数前的正负号）。

2.6　**数位拆分**。从键盘任意输入一个 4 位整数，编程将一个 4 位的正整数 n（例如 4321）拆分为两个 2 位的正整数 a 和 b（例如 43 和 21），计算并输出拆分后的两个数 a 和 b 的加、减、乘、除和求余的结果。

2.7　**计算三角形面积**。从键盘任意输入三角形的 3 条边长为 a、b、c，请按照如下公式，编程计算并输出三角形的面积，要求结果保留两位小数。假设输入的 3 条边长 a、b、c 的值能构成一个三角形。

$$s = \frac{1}{2}(a + b + c)，\quad area = \sqrt{s(s-a)(s-b)(s-c)}$$

2.8　**本利之和**。某人向一个年利率为 rate 的定期储蓄账户存入本金 capital 元，存期为 n 年，假设以复利方式计息，且存款所产生的利息仍然存入同一个账户。请编程计算到期时能从银行得到的本利之和。

第3章 基本控制结构

内容导读

必学内容：算法的描述方法，3 种基本控制结构及其控制方式，关系运算和逻辑运算，条件语句、开关语句和循环语句，流程的转移控制，程序测试。

3.1 算法的概念与算法的描述方法

本节主要讨论如下问题。

（1）什么是算法？

（2）如何描述算法？

3.1.1 算法的概念

Pascal 的创始人、1984 年图灵奖的获得者 Niklaus Wirth（尼克劳斯·维尔特）曾提出过一个描述面向过程程序本质的经典公式，即

数据结构 ＋ 算法 ＝ 程序

这个公式表明，一个面向过程的程序由两个部分组成：一是**数据结构**（ Data Structure ），即数据的描述和组织形式；二是**算法**（ Algorithm ），即为解决一个具体问题而采取的确定的、有限的计算机能够执行的操作步骤。

可以说数据结构是程序的骨架和肉体，而算法则是程序的灵魂。算法的设计不仅要考虑算法的正确性，还要考虑算法的健壮性和时空效率。计算机算法主要具有以下特性。

（1）有穷性。算法的每个步骤都应在有限且合理的时间内执行完毕。

（2）确定性。算法的每个步骤都应是无二义性的。

（3）有效性。算法的每个步骤都应是可被计算机有效执行的。

（4）可以有多个输入或没有输入，但至少有一个或多个输出。

计算机科学家 Knuth（克努特）认为计算机科学最重要的不是算法本身，而是计算机科学家开发算法时的思维过程，他将计算机科学中常见的思维过程称为**算法思维**。

3.1.2 算法的描述方法

算法的描述方法主要有流程图、自然语言、伪码等。其中，**流程图（ Flow Chart ）**的应用最广泛，它用一个有向图来描述算法的控制流程和程序的指令执行过程。

ANSI 规定了表 3-1 所示的符号作为常用的流程图符号。

表 3-1　常用的流程图符号

符号	名称	含义
	开始/结束（Start/End）框	表示一个过程的开始或结束。"开始"或"结束"（也可以是 Start、End）写在圆角矩形内。开始框只有出口，没有入口，结束框只有入口，没有出口
	处理（Process）框	表示执行一个或一组特定的操作。操作的简要说明写在矩形内。它只有一个入口和一个出口
	判断（Decision）框	表示过程中的一项判定或一个分支点，判定或分支的说明写在菱形内，常以问题的形式出现。对该问题的回答决定了判断框之外引出的路径，每条路径上标出相应的回答："是"和"否"（也可以是 Y 和 N）。它只有一个入口，但有两个出口，分别对应两种不同回答指向的路径
	输入/输出（Input/Output）框	表示输入/输出数据。它只有一个入口和一个出口
	流程线（Path）	表示步骤执行的顺序。流程线的箭头表示一个过程的流程方向或路径方向
	文档（Document）	表示属于该过程的文档信息。文档的内容信息写在文档符号内
	连接符（Connector）	表示流程线的断点，起到连接两个流程图的作用。在圆形内标出字母或数字，表示该流程线将在具有相同字母或数字的另一个连接符处继续下去。前一个连接符代表流程的转出，后一个连接符代表流程的转入
	预定义处理（Predefined Process）	表示已命名的特定处理过程，通常是调用一个子程序
	注释（Comment）框	标识注释的内容，连接线需连接到被注释的符号或符号组合上，注释的正文应靠近纵向边
	并行（Parallel）方式	表示同步进行两个或两个以上操作的方式

用流程图描述算法的优点是形象直观，各种操作一目了然，不会产生歧义，易于理解，在流程图上查找算法的逻辑错误比直接在代码上查找更快、更有效，并且易于将其转化为程序。其主要缺点是允许使用流程线，如果使用者没有养成良好的绘图习惯，使用过多可使流程任意转向的流程线，将导致程序结构混乱，降低程序的可读性。

3.2　顺序结构

本节主要讨论如下问题。

（1）程序的基本控制结构有哪 3 种？

（2）什么是复合语句？

顺序、选择和循环是计算机程序最基本的 3 种控制结构，它们是复杂程序设计的基础。其中，**顺序结构（Sequential Structure）**是最简单、最常用的程序控制结构之一。通常，程序都会涉及输入数据、处理数据、输出数据这 3 类基本的操作。顺序结构的一般化流程图描述如图 3-1 所示，它表示先执行 A 操作，再执行 B 操作。如果 B 操作的执行依赖于 A 操作的执行，那么 A 和 B 的执行顺序是不能交换的。这里既可以将 A 和 B 看

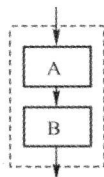

图 3-1　顺序结构

成语句，也可以将其看成语句块，如果是语句块，则可以是顺序、选择、循环中的任何一种基本控制结构。

在 C 语言中，将一组逻辑相关的语句用一对花括号括起来所构成的语句块，称为**复合语句（Compound Statement）**。复合语句在逻辑上可被当作一条语句来处理。

假设要对变量 a 和变量 b 的值进行互换，如图 3-2 所示，需要借助一个临时变量 temp，通过 3 条赋值语句来实现，并且这 3 条语句的赋值顺序是不能改变的。由于这 3 条语句用于实现一个独立的功能，所以可将其用一对花括号括起来构成复合语句，即

```
{
    temp = a;
    a = b;
    b = temp;
}
```

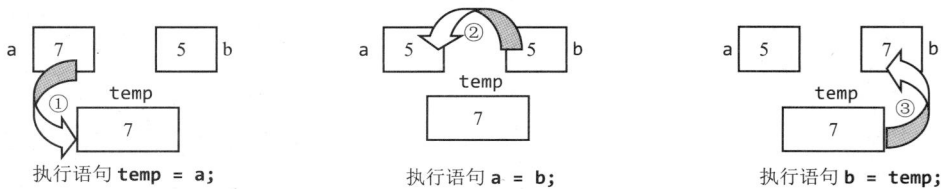

图 3-2　两个变量值互换原理示意

3.3　选择结构

本节主要讨论如下问题。

（1）选择结构有几种分支控制方式？分别适合用什么语句实现？

（2）如何判定一个 C 语言表达式的"真"和"假"？用什么值表示表达式的真假？

（3）break 和 default 在 switch 语句中的作用是什么？

（4）何为逻辑运算符的短路特性？

3.3.1　选择结构的控制方式

选择结构有 3 种分支控制方式，即单分支控制、双分支控制和多分支控制。

单分支控制就是要么做，要么不做。**单分支选择（Single Selection）**结构的流程图描述如图 3-3 所示，表示当条件 P 为真时，执行 A 操作，否则什么也不做。

双分支控制就是要么做 A，要么做 B。**双分支选择（Double Selection）**结构的流程图描述如图 3-4 所示，表示当条件 P 为真时，执行 A 操作，否则执行 B 操作。

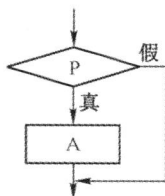

图 3-3　单分支选择结构

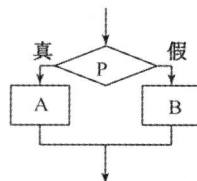

图 3-4　双分支选择结构

若双分支选择结构的 B 操作中又包含一个选择结构（需要连续执行多个条件判断），则称为**多分支选择（ Multiple Selection ）结构**。其两种等价形式的流程图描述如图 3-5 所示。其执行的流程是：若条件 1 为真（"真"也可用"是""Y""Yes"表示），则执行 A 操作；否则若条件 2 为真，则执行 B 操作；若前面两个条件都为假（"假"也可用"否""N""No"表示），则执行 C 操作。

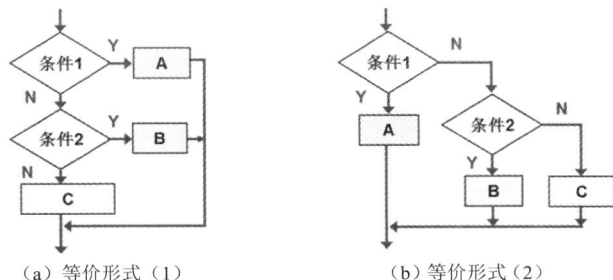

（a）等价形式（1）　　　　　　（b）等价形式（2）

图 3-5　多分支选择结构

上述 A 操作、B 操作和 C 操作均可以是一个复合语句。

3.3.2　条件语句

C 语言提供了如下 3 种形式的**条件语句**，分别用于实现单分支、双分支和多分支选择结构。

（1）if 形式的条件语句

```
if (表达式 P){

    可执行语句 A
}
```

其作用是：若表达式 P 的值为真，则执行可执行语句 A，否则不做任何操作，直接执行 if 后面的语句。

（2）if-else 形式的条件语句

```
if (表达式 P){
    可执行语句 1
}
else{
    可执行语句 2
}
```

其作用是：若表达式 P 的值为真，则执行可执行语句 1，否则执行可执行语句 2。

（3）else-if 级联形式的条件语句

```
if (表达式 1){
    可执行语句 1
}
else if (表达式 2){
    可执行语句 2
```

基本控制结构　第 3 章

```
    }
    …
else if (表达式 m){
    可执行语句 m
}
else{
    可执行语句 m+1
}
```

其作用是：如果表达式 1 的值为真，则执行可执行语句 1；否则如果表达式 2 的值为真，则执行可执行语句 2，以此类推；如果 if 后的所有表达式都不为真，则执行可执行语句 $m+1$。事实上，这是一种在 else 子句中嵌入 if 语句的形式。

理论上，条件语句在语法上只允许每个条件分支中带一条语句，即编译器只将 if 和 else 后面的第一条语句看作其分支中的语句，而实际应用时条件分支中要处理的操作往往需要多条语句才能完成，所以如果想在分支中执行多条语句，就需要使用复合语句。复合语句在逻辑上被当作一条语句来处理，这使得在条件分支和循环结构中执行多条语句成为可能。

【温馨提示】即使条件语句的 if 子句和 else 子句中仅有一条语句，建议仍将其用花括号括起来构成复合语句，这样可以使代码的层次结构更清晰，向 if 子句和 else 子句中添加语句时不易出错，能保证程序逻辑上的正确性。

【例 3.1】计算较大值。从键盘输入两个整型数，编程计算并输出其较大值。

问题分析：本例问题的输入是两个整型数 a 和 b，输出是二者中的较大值 max。问题的数学模型可以表示为

$$\max = \begin{cases} a & a \geqslant b \\ b & a < b \end{cases}$$

根据这一数学公式设计求较大值的算法，算法的流程图如图 3-6 所示。

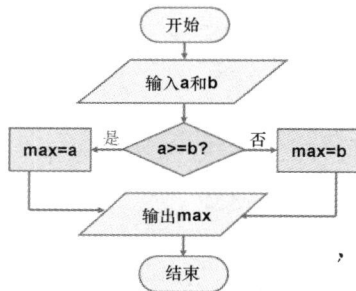

图 3-6　用双分支选择结构实现的计算两数较大值的算法流程图

方法 1　采用 if-else 语句实现图 3-6 所示流程图描述的算法，程序代码如下：

```
1  #include <stdio.h>
2  int main(void){
3      int a, b, max;
4      scanf("%d,%d", &a, &b);
5      if (a >= b){
6          max = a;
7      }
8      else{
9          max = b;
```

```
10      }
11       printf("max = %d\n", max);
12      return 0;
13  }
```
程序的运行结果如下：

```
5, 10↙
max = 10
```

上述程序 if 语句后面括号内的表达式 a >= b，是用关系运算符>=将两个操作数 a 和 b 连接起来组成的，像这种用**关系运算符**（**Relational Operator**）将两个操作数连接起来组成的表达式，称为**关系表达式**（**Relational Expression**）。

C 语言中的关系运算符的说明如表 3-2 所示。其中，<、>、<=、>=的优先级是相同的，==、!=的优先级是相同的，后者的优先级低于前者，并且所有关系运算符的优先级均低于算术运算符的优先级。

表 3-2 关系运算符及其优先级和结合性

关系运算符	对应的数学运算符	含义	优先级	结合性
<	<	小于	高	左结合
>	>	大于		
<=	≤	小于或等于		
>=	≥	大于或等于		
==	=	等于	低	左结合
!=	≠	不等于		

通常，布尔型的值只有真（true）和假（false）两个，但 C 语言中的布尔型表达式的值也可以是整数值。若表达式的值为非 0，则表示其为"真"；反之，若表达式的值为 0，则表示其为"假"。这种真假值判断策略给 C 语言程序在判断条件的表达上带来了很大的灵活性，使得任何类型的 C 语言表达式都可以作为 if 后面括号内的表达式（即判断条件）。

在给一个关系表达式或逻辑表达式定值的时候，通常将"假"用 0 表示，而"真"用一个特定的非 0 值即 1 来表示。因此，在数学上正确的表达式在 C 语言的逻辑上不一定总是正确的。例如，假设 a、b、c 的值依次为 3、2、1，由于关系运算符具有左结合性，因此先计算关系表达式 a>b>c 中的 a>b，其值为真，用 1 表示，接下来再计算 1>c，其值为假，用 0 表示。显然，C 语言中的关系表达式 a>b>c 在逻辑上并不符合我们期望的数学表达式的含义，即"b 在 a 和 c 之间"。

一般情况下，按照优先级由高到低的顺序排序，依次是一元运算符、算术运算符、关系运算符、二元逻辑运算符、条件运算符，最后是赋值运算符。记不住运算符的优先级也没有关系，可以使用圆括号来显式地指定运算的先后顺序，以避免因优先级导致的逻辑错误。例如，若要表示"b 在 a 和 c 之间"，可以使用下面由逻辑运算符构成的逻辑表达式：

```
a > b && b > c
```
或者使用：

```
(a > b) && (b > c)
```

方法 2　采用条件运算符实现图 3-6 所示流程图描述的算法，程序代码如下：

```
1   #include <stdio.h>
2   int main(void){
3       int  a, b;
4       scanf("%d,%d", &a, &b);
5       int max = a >= b ? a : b;         //用条件运算计算两数中的较大值
6       printf("max = %d\n", max);
7       return 0;
8   }
```

或者写为

```
1   #include <stdio.h>
2   int main(void){
3       int  a, b;
4       scanf("%d,%d", &a, &b);
5       printf("max = %d\n", a >= b ? a : b); //直接输出条件表达式的值
6       return 0;
7   }
```

两个程序的第 5 行代码均用到了一个需要 3 个操作数的特殊运算符?:，即**条件运算符**（**Conditional Operator**），它是 C 语言中的唯一一个**三元运算符**（**Ternary Operator**）。由条件运算符及相应的操作数构成的表达式，称为**条件表达式**。其一般形式如下：

表达式 1 ? 表达式 2 : 表达式 3

其含义是：若表达式 1 的值非 0，则该条件表达式的值是表达式 2 的值，否则是表达式 3 的值。

如果 if-else 语句两个分支下的表达式语句是相似的，例如本例都是给同一个变量 max 赋值的表达式语句，那么用条件表达式来实现代码会更简洁。

关系运算只能表示简单的判断条件，表示复杂的判断条件通常需要使用逻辑运算。逻辑运算也称为布尔运算，C 语言提供的**逻辑运算符**（**Logical Operator**）及其优先级和结合性如表 3-3 所示。其中，3 个逻辑运算符的优先级按照由高到低的顺序，依次为逻辑非!、逻辑与&&、逻辑或||。用逻辑运算符连接操作数组成的表达式，称为**逻辑表达式**（**Logical Expression**）。逻辑表达式的值同样只有真和假两种。

表 3-3　逻辑运算符及其优先级和结合性

逻辑运算符	类型	名称	含义	优先级	结合性
!	一元	逻辑非	若操作数为真，则其逻辑非运算的结果为假；反之，若操作数为假，则其逻辑非运算的结果为真	最高	右结合
&&	二元	逻辑与	仅当两个操作数都为真时，结果才为真；只要有一个为假，结果就为假。类似于集合交运算，常用于表示"并且"关系	较高	左结合
||	二元	逻辑或	两个操作数中只要有一个为真，结果就为真；仅当两个操作数都为假时，结果才为假。类似于集合并运算，常用于表示"或者"关系	较低	左结合

逻辑运算符使用不当也会引起一些副作用。例如，用逻辑与（&&）或者逻辑或（||）连接的两个子表达式互换位置，有可能导致不同的结果，这是由逻辑运算符&&和||的"短路"

计算特性导致的。

逻辑运算符的"短路"计算是指，若含有逻辑运算符（&&和||）的表达式的值可由先计算的左操作数的值单独推导出来，那么将不再计算右操作数的值，这意味着表达式中的某些运算可能不会被执行。

如图 3-7 所示，在计算逻辑表达式(a <= 0) && (b++ > 0)的值时，若前面的子表达式 a <= 0 为假，那么后面的子表达式 b++>0 就不会被计算，这样 b 就不会执行增 1 运算。反之，若改为(b++ > 0) && (a <= 0)，则 b++ > 0 一定会被计算，b 的值也一定会改变。

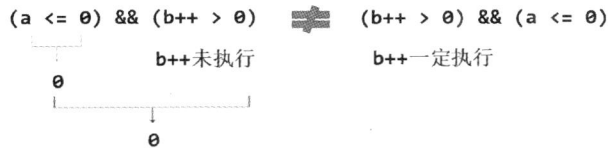

图 3-7　(a <= 0) && (b++ > 0)的子表达式互换

再如，计算逻辑表达式(n != 0) && (sum / n > 0)的值时，仅当前面的子表达式 n != 0 为真时，才会执行后面子表达式中的除法运算和关系运算，而一旦前面的子表达式为假，即 n 的值为 0，那么整个表达式的值就为假，不会再执行后面子表达式中的除法运算和关系运算，此时如果将两个子表达式互换位置变为(sum / n > 0) && (n != 0)，则会导致除 0 错误。

【温馨提示】为了保证运算的正确性，提高程序的可读性，不建议在程序中使用多用途、复杂又晦涩难懂的复合表达式。使用逻辑表达式的基本原则如下。

（1）用&&连接两个子表达式时，应把最有可能为假的简单条件写在表达式的最左边。

（2）用||连接两个子表达式时，应把最有可能为真的简单条件写在表达式的最左边。

【例 3.2】判断闰年。从键盘任意输入一个年份 year，编程判断其是否为闰年，如果是闰年，则输出"Yes!"，否则输出"No!"。

问题分析：本例问题的输入是整型的年份 year，输出是闰年判断的信息。根据常识，判断某一年是否为闰年，需要满足下列两个条件中的任意一个。

（1）年份数据能被 4 整除，但不能被 100 整除。

（2）年份数据能被 400 整除。

因此，问题的数学模型可以表示为

$$\text{leap} = \begin{cases} 1, & \text{如果year能被4整除，但不能被100整除；或者能被400整除} \\ 0, & \text{否则} \end{cases}$$

显然，判断闰年的上述两个条件之间是"或"的关系，需要使用逻辑或运算符，第一个条件中的两个子条件之间是"并且"的关系，需要采用逻辑与运算符。综上，判断闰年的条件可用下面的表达式来表示：

```
((year % 4 == 0) && (year % 100 != 0)) || (year % 400 == 0)
```

根据上面的数学公式，可以采用双分支选择结构实现该程序，具体如下：

```
1   #include <stdio.h>
2   int main(void){
3       int year, leap;
4       scanf("%d", &year);
5       leap = ((year % 4 == 0) && (year % 100 != 0)) || (year % 400 == 0);
6       if (leap){  //若 leap 的值非 0，即为真
```

```
7            printf("Yes!\n");
8        }
9        else{
10           printf("No!\n");
11       }
12   return 0;
13   }
```

或者将程序简化为

```
1    #include <stdio.h>
2    int main(void){
3        int  year;
4        scanf("%d", &year);
5        if ((( year % 4 == 0) && (year % 100 != 0)) || (year % 400 == 0)){
6            printf("Yes!\n");
7        }
8        else{
9            printf("No!\n");
10       }
11   return 0;
12   }
```

当然，本例程序也可以采用嵌套和级联形式的条件语句来实现：

```
1    #include <stdio.h>
2    int main(void){
3        int  year, leap;
4        scanf("%d", &year);
5        if (year % 400 == 0){
6            leap = 1;
7        }
8        else if (year % 4 == 0){
9            if (year % 100 != 0){
10               leap = 1;
11           }
12           else
13           {
14               leap = 0;
15           }
16       }
17       else{
18           leap = 0;
19       }
20       if (leap){   //若 leap 的值非 0，即为真
21           printf("Yes!\n");
22       }
23       else{
24           printf("No!\n");
25       }
26   return 0;
27   }
```

为了覆盖分支结构中的所有情况，需要对程序进行多次测试，测试结果分别如下。
第一次程序测试结果：

```
2016↙
Yes!
```

第二次程序测试结果：

```
2015↙
No!
```

第三次程序测试结果：

```
1900↙
No!
```

第四次程序测试结果：

```
2000↙
Yes!
```

为了确保该程序按预定的方式正确运行，通常需要在程序正式使用前检查程序的输出是否与预期结果一致，这个过程就称为**程序测试（Program Testing）**。而像本例这种为程序测试目的而设计的一组测试输入、执行条件和预期的结果，就称为**测试用例（Test Case）**。由于"程序测试只能证明程序有错，而不能证明程序无错"［迪杰斯特拉（Dijkstra），荷兰］，所以程序测试的目的就是尽可能多地发现程序中的潜在错误。成功的测试就在于发现迄今为止尚未发现的错误。本书所说的程序测试主要是指动态测试，即需要通过运行被测程序来检验程序的实际输出结果是否与预期的输出结果一致。其中，最关键的步骤就是设计测试用例，用于核实程序的预期结果是否满足需求规格说明书中预定的要求。

按照程序内部的逻辑来设计测试用例，检验程序中的每条通路是否都能按预定要求正确执行，这种测试方法称为**白盒测试（White Box Test）**，或**玻璃盒测试（Glass Box Test）**，也称为**结构测试（Structural Test）**。该方法选择用例的出发点是：尽量让测试数据覆盖程序中的每条语句、每个分支。

白盒测试要求被测程序的内部结构和逻辑对测试人员是透明和可见的。如果被测程序的内部结构和逻辑对测试人员是不可见的，那么可以按照需求规格说明书中的功能需求设计测试用例，利用程序提供的外部接口测试程序的功能是否符合预期，这种测试方法称为**黑盒测试（Black Box Test）**，也称为**功能测试（Functional Test）**。黑盒测试的实质是对程序的功能进行覆盖性测试，因此可从程序预定的功能出发选择测试用例。

3.3.3 开关语句

【例3.3】简单的计算器。要求用户按格式

操作数1　运算符op　操作数2

开关语句

从键盘输入算式，编程输出用户输入算式的计算结果。算术运算符包括：加（＋）、减（－）、乘（＊）、除（／）。

问题分析：根据题意，本例可采用多分支选择结构来实现，算法流程图如图3-8所示。

方法1　用else-if级联形式的条件语句将图3-8所示的程序流程图转化为程序代码：

```
1   #include <stdio.h>
2   int main(void){
3       int data1, data2;
```

```
4          char op;
5          scanf("%d%c%d", &data1, &op, &data2);  //输入算式，运算符两侧不加空格
6          if (op == '+'){              //加法运算
7              printf("%d + %d = %d\n", data1, data2, data1 + data2);
8          }
9          else if (op == '-'){         //减法运算
10             printf("%d - %d = %d\n", data1, data2, data1 - data2);
11         }
12         else if (op == '*'){         //乘法运算
13             printf("%d * %d = %d\n", data1, data2, data1 * data2);
14         }
15         else if (op == '/'){         //除法运算
16             if (data2 == 0){    //为避免除0错误，检验除数是否为0
17                 printf("Division by zero!\n");
18             }
19             else{
20                 printf("%d / %d = %d\n", data1, data2, data1 / data2);
21             }
22         }
23         else{
24             printf("Invalid operator!\n");
25         }
26         return 0;
27     }
```

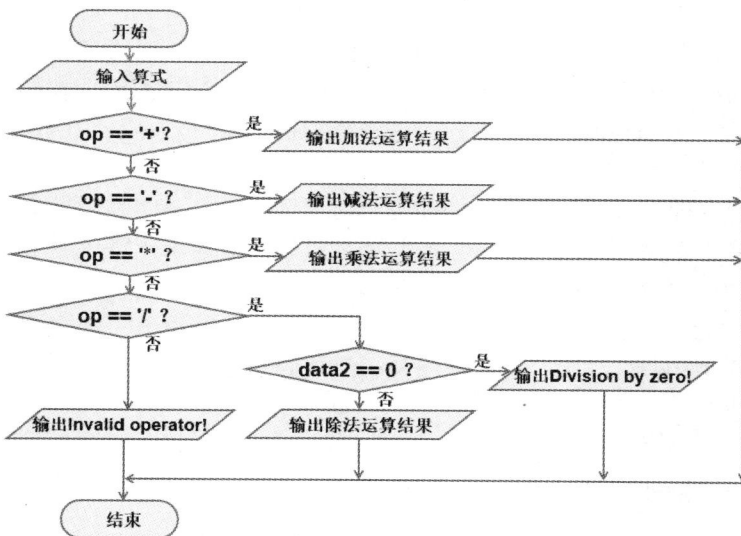

图 3-8   简单计算器的算法流程图

这个程序存在多个分支，需要多次测试，测试用例设计和测试结果如表 3-4 所示。

【温馨提示】不要把相等关系运算符==误写为赋值运算符=，否则将导致错误的判定结果。对于这种误将==写为=的情况，大多数编译器都会给出警告信息，因为编译器无法预知程序员的真正意图，最终还是要程序员自己来判定，所以不要忽略程序编译时给出的任何警告信息。

表 3-4　简单计算器程序的测试用例和实际测试结果

测试用例编号	输入数据	预期输出结果	实际输出结果	测试结果
1	22+12	22+12=34	22+12=34	通过
2	22−12	22−12=10	22−12=10	通过
3	22*12	22*12=264	22*12=264	通过
4	22/12	22/12=1	22/12=1	通过
5	22/0	Division by zero!	Division by zero!	通过
6	22\12	Invalid operator!	Invalid operator!	通过

例如，不能将程序第 16 行的语句

```
if (data2 == 0)
```

误写为

```
if (data2 = 0)
```

这是因为当 data2 为 0 时，关系表达式 n == 0 的值为真。而 data2 = 0 则是赋值表达式，相当于给变量 data2 赋值为 0，这样赋值表达式的值就是假。

【温馨提示】如果 data2 为浮点型变量，那么由于浮点数并不是实数在内存中的精确表示，所以不能直接判断 data2 的值是否为 0，只能判断 data2 是否近似为 0，即判断 data2 的绝对值是否小于或等于一个很小的数，可用常量 EPS 来表示这个很小的数（例如 1e-7）。

例如，判断浮点型变量 data2 的值是否为 0，应使用

```
if (fabs(data2) <= EPS)        //浮点数与 EPS 比较
```

这相当于判断 data2 是否位于 0 附近的一个很小的区间（[−EPS, EPS]）内，即

```
if (data2 >= -EPS && data2 <= EPS)        //浮点数与 EPS 比较
```

方法 2　对于多分支选择控制，用 switch 语句代替条件语句实现的程序会更简洁，可读性更好。用 switch 语句实现例 3.3 程序的代码如下：

```
1    #include <stdio.h>
2    int main(void){
3        int data1, data2;
4        char op;
5        scanf("%d%c%d", &data1, &op, &data2); //输入算式，运算符两侧不加空格
6        switch (op){                          //根据输入的运算符确定执行的运算
7        case '+': //加法运算
8            printf("%d + %d = %d\n", data1, data2, data1 + data2);
9            break;
10       case '-': //减法运算
11           printf("%d - %d = %d\n", data1, data2, data1 - data2);
12           break;
13       case '*': //乘法运算
14           printf("%d * %d = %d\n", data1, data2, data1 * data2);
15           break;
16       case '/': //除法运算
17           if (data2 == 0){ //为避免除 0 错误，检验除数是否为 0
18               printf("Division by zero!\n");
```

基本控制结构　第 3 章

```
19                    }
20                    else{
21                        printf("%d / %d = %d\n", data1, data2, data1 / data2);
22                    }
23                    break;
24            default: //处理非法运算符
25                        printf("Invalid operator!\n");
26            }
27            return 0;
28        }
```

顾名思义，switch 语句就像一个多路选择开关一样，使程序控制流程形成多个分支，根据一个表达式的不同取值，选择其中一个或几个分支去执行。因此，switch 语句也称为**开关语句**，其一般语法格式如下：

```
switch (表达式){
    case 常量1:
                case 常量 1 对应的语句序列（通常最后一条语句为 break）
    case 常量2:
                case 常量 2 对应的语句序列（通常最后一条语句为 break）
    …
    case 常量n:
                case 常量 n 对应的语句序列（通常最后一条语句为 break）
    default:
                case 常量 n+1 对应的语句序列
}
```

对应的流程图如图 3-9 所示。

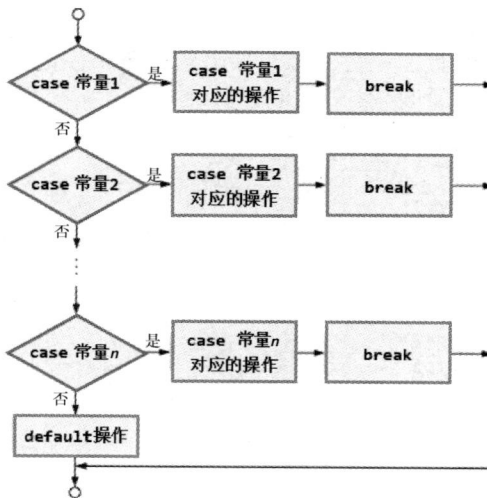

图 3-9 switch 语句对应的流程图

switch 语句的执行流程为：先计算 switch 后括号内表达式的值，然后自上而下寻找与该值匹配的常量，若匹配成功，则按顺序执行匹配的常量后面的所有语句，直到遇到 break 语句或右花括号（}）为止。若所有的常量都不能与表达式的值相匹配，则执行 default 后面的语句序列。

switch 语句通常需要与 break 语句配合使用，即在执行完常量后面的语句后，通常使用 break 语句跳出 switch 语句。由于 default 后的语句通常作为最后一种情况去处理，因此无需 break 语句。

使用 switch 语句需注意以下事项。

（1）每个 case 后常量的类型应与 switch 后括号内表达式的类型一致，且 switch 后括号内表达式的值只能为整型、字符型或枚举型。

（2）关键字 case 后面只能跟常量，不能跟表达式，case 与常量中间至少有一个空格，常量后再跟一个冒号，表示它是一个语句**标号（Label）**，也称为**情况标号（Case Label）**。正因为它只起到语句标号的作用，所以 case 后面常量的值必须互不相同。

（3）"case 常量:" 后的语句可省略，此时若匹配到这个常量，将执行后续 "case 常量:" 后面的语句，一般用于多个 case 共享执行语句的情况。

（4）大多数情况下，case 下的语句序列的最后一条语句是 break 语句，不排除有时出于共享代码的需要，可能会故意不加 break 语句，但更有可能是程序员疏忽忘记加了，此时程序会从匹配到的 case 后的语句开始一直执行下去，直到遇到 break 语句或右花括号（}）为止。

（5）switch 语句不要求一定有 default 情况，但有 default 情况，便于程序对用户非法输入等错误情况进行处理。因此，对于每个 switch 语句，都保留 default 分支，以保证逻辑分支的完整性，提高程序的健壮性。

（6）每个 "case 常量:" 后面可以跟任意数量的语句，无须用花括号将这些语句括起来。改变 case 出现的次序，不会影响程序的运行结果。但从执行效率角度考虑，一般将发生频率高的 case 放在前面。

3.4 循环结构

本节主要讨论如下问题。

（1）循环控制方式有哪几种？如何实现这几种循环控制方式？

（2）当型循环和直到型循环有何区别？二者总是等价的吗？

（3）嵌套循环是如何执行的？如何实现流程的转移控制？

3.4.1 循环控制方式

循环结构（Loop Structure）的控制方式通常有两种，一种是计数控制，另一种是条件控制。

循环控制方式和
for 语句

若循环被重复执行的次数事先是确定的、已知的，即可以通过循环的次数来控制循环，则这样的循环称为**计数控制的循环（Counter Controlled Loop）**，计数控制的循环有时也称为**确定性循环（Definite Repetition）**。

若循环被重复执行的次数事先是未知的，即只能通过给定的条件来控制循环，则这样的循环称为**条件控制的循环（Condition Controlled Loop）**，条件控制的循环有时也称为**不确定性循环（Indefinite Repetition）**。

C 语言提供 for、while、do-while 3 种**循环语句（Loop Statement）**来实现循环结构。循环语句在给定的循环条件为真的情况下，重复执行一个语句序列，这个被重复执行的语

基本控制结构 / 第 3 章

句序列称为**循环体**（**Body of Loop**）。

【温馨提示】for、while、do-while 3 种循环语句中的循环条件都是**循环继续条件**（**Loop-continuation Condition**），而非循环结束条件。也就是说，当循环条件为真时继续执行循环，而非结束循环的执行。循环条件取逻辑非才代表循环的结束。

3.4.2　计数控制的循环和 for 语句

在计数控制的循环中，通常需要一个循环**控制变量**（**Control Variable**）来记录当前已循环的次数。每执行一次循环体，这个控制变量的值就要更新一次。当控制变量的值达到预设的循环次数时，循环结束，继续执行紧接着循环语句的下一条语句。

for 语句特别适合用来实现计数控制的循环。其一般语法格式如下：

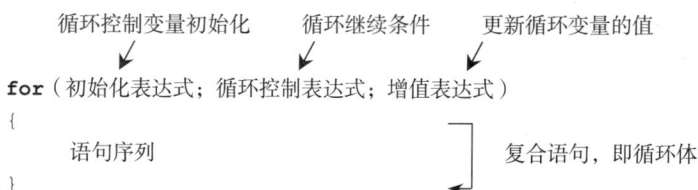

for 语句属于当型循环，即在执行循环体之前测试 for 语句中由循环控制表达式表示的循环继续条件。for 语句的执行过程如图 3-10 所示。

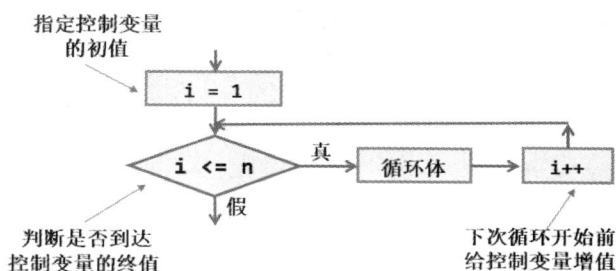

图 3-10　for 语句执行过程的流程图

for 语句的执行过程如下。

（1）对初始化表达式中的循环控制变量进行**初始化**（**Initialization**）即赋初值，该操作决定了循环的起始条件，仅在循环开始前执行一次。

（2）计算循环控制表达式的值。

（3）测试控制变量是否满足循环**终值**（**Final Value**）的条件，即判断循环是否还要继续。若循环控制表达式的值为真（非 0），则执行循环体中的语句。

（4）在每次执行完循环体中的语句后，按照增值表达式更新循环控制变量的值，然后返回步骤（2）重新计算并测试循环控制表达式的值，以决定循环是否继续。这里，增值表达式的作用是定义每次循环后控制变量的**增量**（**Increment**）/**减量**（**Decrement**）；注意，如何对循环控制变量增减值，决定了循环的执行次数。不要在循环体内再次改变循环控制变量的值，因为这样将改变循环正常执行的次数。

（5）若循环控制表达式的值为假，则退出循环，执行循环体后面的语句。

for 语句中的 3 个表达式之间的分隔符是分号，有且仅有两个分号，既不能多，也不能少。一般情况下，循环控制表达式很少省略，若省略，则表示循环条件永远为真。对循环控制变量赋初值的初始化表达式可以放到 for 语句的前面，但原 for 语句中初始化表达式后面的分号不能少。当在循环体中改变循环控制变量的值时，增值表达式可以省略，但其前面的分号不能少。

C99 对 C89 中 for 语句的定义进行了扩展，C99 允许在 for 语句的初始化表达式中定义一个或多个变量，例如，

```
int i;
for (i=1; i<=n; i++)
```

可以写成下面一条语句：

```
for (int i=1; i<=n; i++)
```

但需要注意的是，对于在 for 语句头中定义的变量，只能在 for 循环体内访问它。

1．用循环实现累加运算

【例 3.4】累加求和。从键盘输入 n 的值，然后计算并输出 $1+2+3+\cdots+n$ 的值。

问题分析：可以使用数学归纳法来建立累加求和问题的数学模型，假设前 $i-1$ 个数的和为 $\sum_{k=1}^{i-1} k$，则前 i 个数的和 $\sum_{k=1}^{i} k$ 可以用如下的递归公式计算得到：

$$\sum_{k=1}^{i} k = \sum_{k=1}^{i-1} k + i$$

若用一个变量 sum 来保存前 $i-1$ 个数的和，则只要 sum 再加上 i，即可得到前 i 个数的和，这个累加运算可用下面的语句来表示：

```
sum = sum + i;
```

虽然变量名 sum 标识了内存中的某个存储单元，但赋值运算符右侧是对变量 sum 执行"读"操作，而赋值运算符左侧是对变量 sum 执行"写"操作。因此，右侧的 sum 是求和运算之前的值，左侧的 sum 是求和运算之后的值。

因此，该语句的含义是：先读取 sum 和 i 的值，再将二者相加后的结果写回 sum 中，原来 sum 中的值被新写入的值所覆盖。可以将其理解为

```
sum 的新值 = sum 的旧值 + 循环控制变量 i 的当前值
```

可以采用计数控制的循环来实现累加求和运算，由于每次循环仅加一个数，所以需要循环 n 次才能实现 n 个数的求和。其程序实现如下：

```
1  #include <stdio.h>
2  int main(void){
3      int  n;
4      scanf("%d", &n);
5      int  sum = 0;           //累加和变量 sum 初始化为 0
6      for (int i=1; i<=n; i++){
7          sum = sum + i; //累加运算
8      }
9      printf("sum=%d\n", sum);
```

```
10        return 0;
11  }
```

程序的运行结果如下：

```
100 ∠
sum=5050
```

注意，程序第 5 行对 sum 初始化为 0 的语句是必不可少的，由于未初始化的变量的值是一个随机数，因此如果忘记了对变量 sum 进行初始化，程序就会输出乱码。

养成在定义变量的同时初始化变量的习惯，有助于防止输出乱码的情况发生。在循环体中的适当位置插入输出语句，也有助于观察在每次循环执行过程中变量值的变化情况，进而有助于排查程序中的错误。

【例 3.5】累加求和计算的加速。从键盘输入 n 的值，通过快速算法计算并输出 $1+2+3+\cdots+n$ 的值。

问题分析：在进行循环累加操作时，若每次循环同时加上数列两边对称位置的数，而不是只加一个数，那么可以使循环次数减少为原来的一半，从而实现累加求和计算的加速。

因此，需要设置两个循环变量 i 和 j，但是由于不确定用户输入的是偶数还是奇数，所以需要分如下两种情形来考虑。

（1）当 n 为偶数（例如 100）时，如图 3-11 所示，可以先将 i 和 j 初始化为 1 和 n，每次循环累加两个值 i 和 j，其中 i 的值是不断加 1，j 的值是不断减 1。最后一次执行循环体时，i 值为 50，j 值为 51。继续执行 i++ 和 j-- 后，i 值为 51，j 值为 50，因 i<j 为假，所以循环结束。

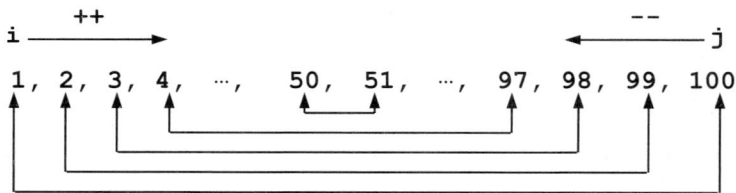

图 3-11　n 为偶数（例如 100）时的等差数列快速循环累加示意

（2）当 n 为奇数（例如 101）时，如图 3-12 所示，仍可以先将 i 和 j 初始化为 1 和 n，每次循环累加两个值 i 和 j，其中 i 的值是不断加 1，j 的值是不断减 1。最后一次执行循环体时，i 值为 50，j 值为 52。继续执行 i++ 和 j-- 后，i 值为 51，j 值也为 51，此时如果继续执行循环体，那么将多加一个 51，但是如果不继续执行循环体，就会少加一个 51，所以，可以将剩余的无法配对、位于序列中间位置的这个数提前加到 sum 中去。

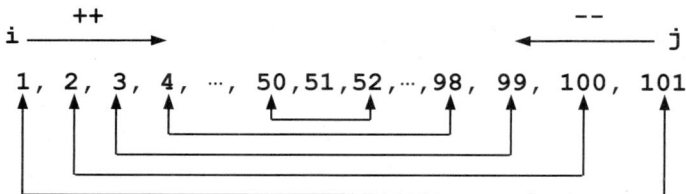

图 3-12　n 为奇数（例如 101）时的等差数列快速循环累加示意

具体的程序代码如下：

```
1   #include <stdio.h>
2   int main(void){
3       int n;
4       scanf("%d", &n);
5       int sum = (n%2==0) ? 0 : (n+1)/2;
6       for (int i=1,j=n; i<j; i++,j--){
7         sum = sum + i + j;
8       }
9       printf("%d\n", sum);
10      return 0;
11  }
```

程序的第一次测试结果如下：

100 ✓
sum=5050

程序的第二次测试结果如下：

101 ✓
sum=5151

程序的第 5 行使用条件表达式为 sum 赋值，当 n 为偶数时，将 sum 初始化为 0，而当 n 为奇数时，将 sum 初始化为数列中间位置上的数，即$(n+1)/2$。

程序的第 6 行使用了一种特殊的运算符，即**逗号运算符（Comma Operator）**。逗号运算符可以把多个表达式连接在一起构成**逗号表达式**，其作用是实现对各个表达式的顺序求值，因此逗号运算符也称为**顺序求值运算符**。其一般语法格式如下：

表达式 1，表达式 2，…，表达式 n

逗号运算符在所有运算符中优先级最低，且具有左结合性。因此逗号表达式的求解过程为：先计算表达式 1 的值，然后计算表达式 2 的值，以此类推，最后计算表达式 n 的值，并将表达式 n 的值作为整个逗号表达式的值。

使用逗号表达式通常并不是为了得到和使用整个逗号表达式的值，而是用于在 for 语句中同时为多个变量赋值或顺序求值。例如，在本例中，程序第 6 行 for 语句中的第一个和第三个表达式均为逗号表达式，其中第一个表达式顺序地执行为多个变量赋初值的操作，即同时为循环变量 i 和 j 赋初值，第三个表达式则是同时给循环变量 i 和 j 进行增值（分别加 1 和减 1）。

2．用循环实现累乘运算

【例 3.6】从键盘输入 n 的值，然后计算并输出 $1×2×3×\cdots×n$，即 $n!$ 的值。

问题分析：计算连续的 n 个自然数之积，同样可采用数学归纳法建立问题的数学模型，假设$(i-1)!$已经求出，将其乘 i 即可得到 $i!$，因此该问题可抽象为如下的递归公式：

$$\prod_{k=1}^{i} k = \prod_{k=1}^{i-1} k \times i$$

它相当于

$$i! = (i-1)! \times i$$

用 C 语言表示即

```
        p = p * i;
```
可以将其理解为

    p 的新值 = p 的旧值 * 循环控制变量 i 的当前值

令 p 的初值为 1（注意不是 0），让 i 值从 1 变化到 n，这样经过 n 次循环即可得到 n!。
用计数控制的循环实现的程序代码如下：

```
1   #include <stdio.h>
2   int main(void){
3       int   n;
4       scanf("%d", &n);
5       long  p = 1;                 //因是累乘计算，故初始化为 1
6       for (int i=1; i<=n; i++){
7           p = p * i;               //累乘运算
8       }
9       printf("%d!=%ld\n", n, p);   //以长整型格式输出 n 的阶乘值
10      return 0;
11  }
```

此程序的运行结果如下：

10↙
10!=3628800

为了观察执行第 i 次循环前后上述 p 值的变化，可在程序第 7 行前后各添加一条输出
语句，分别输出每次循环执行累乘运算前后的 p 值，即

```
printf("%d\t%ld\t", i, p);   //输出累乘前 i 的值和 p 的值
printf("%ld\n", p);          //输出累乘后 p 的值
```

添加输出语句后的程序的运行结果如下：

```
10↙
1      1        1
2      1        2
3      2        6
4      6        24
5      24       120
6      120      720
7      720      5040
8      5040     40320
9      40320    362880
10     362880   3628800
10!=3628800
```

其中，运行结果中的第 3 列是每次循环时计算的阶乘值，即 1!、2!、3!······n!。

【例 3.7】 阶乘求和。从键盘输入 n 的值，然后计算并输出 1! + 2! + 3! +···+ n! 的值。

问题分析：结合例 3.4 和例 3.6 的分析，根据数学归纳法，可以建立本问题的数学模型：

$$\sum_{k=1}^{i} k! = \sum_{k=1}^{i-1} k! + i!$$

其中，

$$i! = \prod_{k=1}^{i-1} k \times i$$

上面这两个递归公式分别对应下面两条语句：

```
sum = sum + p;
p = p * i;
```

这里的累加通项 p 是根据后项与前项之间的关系即在前项值的基础上乘 i 得到的后项。令 p 的初值为 1，让 i 值从 1 变化到 n，这样就可以依次求出 1!、2!、3!……n!。然后，在每次循环中依次将它们累加到 sum 中去，这样只要循环 n 次即可求出所有阶乘的和。如果将 sum 初始化为 1，则循环可以从第 2 项开始累加，只要循环 n−1 次即可。

程序代码如下：

```
1   #include <stdio.h>
2   int main(void){
3       int    n;
4       long   sum = 0;              //累加求和变量初始化为 0
5       long   p = 1;                //累乘求积变量初始化为 1
6       scanf("%d", &n);
7       for (int i=1; i<=n; i++){
8           p = p * i;              //计算累加项（即通项）
9           sum = sum + p;          //将累乘后 p 的值即 i!进行累加求和
10      }
11      printf("sum=%ld\n", n, p); //以长整型格式输出阶乘求和结果
12      return 0;
13  }
```

此程序的运行结果如下：

```
10✓
sum=4037913
```

3.4.3　条件控制的循环、while 和 do-while 语句

相比 for 语句，while 语句和 do-while 语句更适合用于实现循环次数未知、由条件控制的循环结构。while 语句和 do-while 语句的主要区别在于，前者和 for 语句一样，都属于当型循环，而 do-while 语句则属于直到型循环。

所谓**当型循环**，就是先测试循环条件，然后再根据测试结果确定是否执行循环体，如图 3-13 所示，先测试循环条件 P，若条件 P 为真，则执行 A 操作，直到条件 P 为假时结束循环。而**直到型循环**，则是先执行循环体，然后再测试循环条件，如图 3-14 所示，先执行

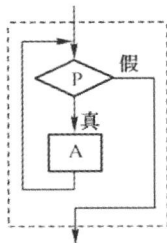

图 3-13　当型循环结构　　　图 3-14　直到型循环结构

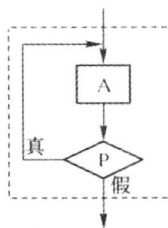

　　　基本控制结构／第 3 章

一遍 A 操作，然后再测试循环条件 P，若条件 P 为真，则执行 A 操作，直到条件 P 为假时结束循环。

while 语句和 do-while 语句的一般语法格式分别如下：

循环变量初始化
while（循环控制表达式）
{
    语句序列（含循环变量增值）   复合语句，
    即循环体
}

循环变量初始化
do
{
    语句序列（含循环变量增值）   复合语句，
} while（循环控制表达式）；   即循环体

while 语句是在执行循环体之前测试循环条件，其执行过程如下。

（1）在第一次执行循环体前对循环变量进行初始化。

（2）计算循环控制表达式的值，并测试其真假。

（3）若循环控制表达式的值为真，则执行循环体中的语句序列（包括执行循环变量增值，即更新循环变量的值），并返回步骤（2）。

（4）若循环控制表达式的值为假，则退出循环，执行循环体后面的语句。

与 while 语句不同的是，do-while 语句是在执行循环体之后测试循环条件，其执行过程如下。

（1）通常要在第一次执行循环体前对循环变量进行初始化。

（2）执行循环体中的语句序列（包括执行循环变量增值，即更新循环变量的值）。

（3）计算循环控制表达式的值，并测试其真假。

（4）若循环控制表达式的值为真，则返回步骤（2）。

（5）若循环控制表达式的值为假，则退出循环，执行循环体后面的语句。

当第一次测试的循环条件为真时，while 语句和 do-while 语句是等价的。但是当第一次测试的循环条件为假时，do-while 语句的循环体至少要被执行一次，而 while 语句的循环体一次都不会被执行。

【温馨提示】while 语句中的 while()后面不能有分号，否则当第一次测试的循环条件为真时会产生**死循环（Endless Loop）**。

例如，

```
int i = 1;
while (i <= 100);{ //行末的分号将导致循环体为空语句
    sum = sum + i;
    i++;
}
```

相当于下面的语句序列：

```
int i = 1;
while (i <= 100){ //循环控制表达式的值永远为真，将导致死循环
    ;        //空语句，即什么都不做，循环体内不改变 i 的值
}
sum = sum + i;
i++;
```

【例 3.8】猜数游戏 V1.0。先由计算机"想"一个数，然后请用户猜，若用户猜对了，则计算机给出提示"Right!"，否则提示"Wrong!"，并告

猜数游戏

诉用户所猜的数是大了还是小了。

问题分析：为了实现这个简单的猜数游戏，首先需要调用随机数生成函数生成计算机"想"的数，设为 magic。然后采用多分支选择结构来实现对用户猜的数大小的判断，算法流程图如图 3-15 所示。

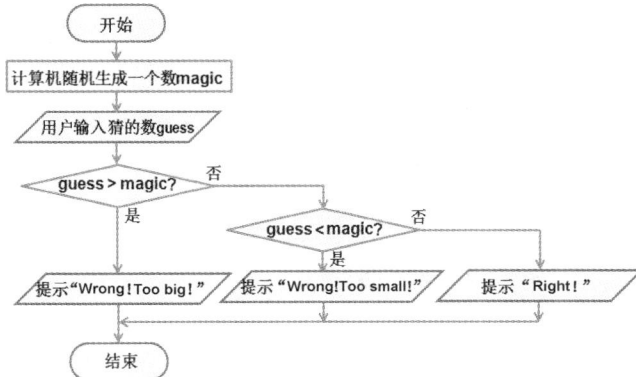

图 3-15　只猜一次的猜数游戏算法流程图

将图 3-15 所示的算法转化为程序代码如下：

```c
1  #include  <stdio.h>
2  #include  <stdlib.h>         //调用函数 rand()所需的头文件
3  #include  <time.h>           //调用函数 time()所需的头文件
4  int main(void){
5      int  guess;              //用户猜的数
6      srand(time(NULL));       //为函数 rand()设置随机数种子
7      int magic = rand() % 100 + 1; //让计算机"想"一个1~100的随机数
8      printf("Guess a number:");
9      scanf("%d", &guess);     //输入用户猜的数
10     if (guess > magic){
11         printf("Wrong!Too big!\n");
12     }
13     else if (guess < magic){
14         printf("Wrong!Too small!\n");
15     }
16     else{
17         printf("Right!\n");
18     }
19     return 0;
20 }
```

程序的第 1 次运行结果：

```
Guess a number:40✓
Wrong!Too small!
```

程序的第 2 次运行结果：

```
Guess a number:80✓
Wrong!Too big!
```

【温馨提示】由于涉及随机数，所以每次运行程序的输出结果可能不一样。

调用标准库函数 rand() 可以产生一个 0 ~ RAND_MAX 的随机整数，RAND_MAX 是在头文件 stdlib.h 中定义的符号常量，因此使用该函数时需要包含头文件 stdlib.h。ANSI 标准规定 RAND_MAX 的值不得大于双字节整数的最大值 32767。因此，调用函数 rand() 生成的是一个 0 ~ 32767 的随机整数。第 7 行利用求余运算 rand()%100 可以将生成随机数的范围映射到 [0,99]，而 rand()%100+1 则可以将随机数的取值范围平移到 [1, 100]。

然而，函数 rand() 生成的随机数是**伪随机数（Pseudorandom Number）**，即反复调用函数 rand() 会得到一系列看上去随机出现的整数，但重复执行程序，这一系列整数将重复出现。为了对函数 rand() 生成的数进行"**随机化（Randomizing）**"处理，即通过改变它的运行条件，使其每次运行都产生不同的整数序列，需要设置一个随机数种子（Seed），可通过调用标准库函数 srand() 来实现。srand() 函数接收一个无符号整型实参，这个实参像种子一样控制函数 rand() 在程序每次执行时产生不同的随机数序列。

函数 time() 返回的是以秒（s）为单位的、从 1970 年 1 月 1 日午夜开始到现在所经历的时间。当其参数取值为 NULL 后，这个值将被转换成一个无符号整数，可作为 srand() 函数的种子。因此，可使用下面的语句来自动设置随机数种子。

```
srand(time(NULL));
```

使用 time() 函数时需要包含头文件 time.h。

【**例 3.9**】**猜数游戏 V2.0**。在例 3.8 的基础上，将游戏升级为程序运行直到用户猜对为止，同时记录用户猜的次数，以此来反映用户猜数的水平。

问题分析：由于用户猜多少次能猜对事先是未知的，因此适合使用条件控制的循环，"直到用户猜对为止"意味着只有用户猜对了才结束循环，如果用户猜不对就继续猜。由于必须由用户先猜，然后才能知道其是否猜对，因此适合使用直到型循环。该算法的流程图如图 3-16 所示。

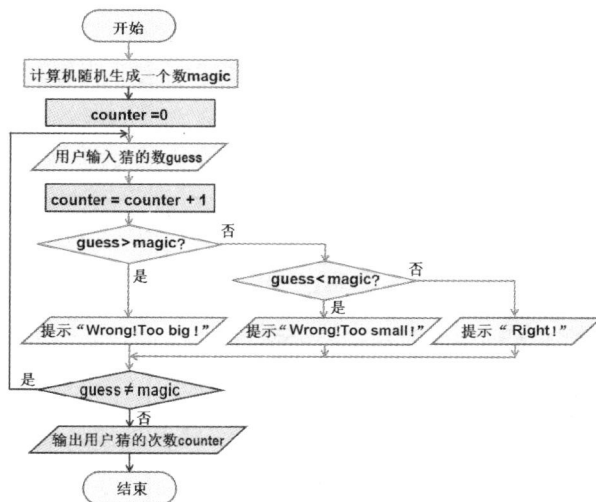

图 3-16　直到用户猜对为止的猜数游戏算法流程图

将图 3-16 所示的算法转化为程序代码如下：

```
1  #include  <stdio.h>
2  #include  <stdlib.h>                //调用函数 rand() 所需的头文件
```

```
3   #include  <time.h>              //调用函数 time()所需的头文件
4   int main(void){
5       int  guess;                  //用户猜的数
6       srand(time(NULL));           //为函数 rand()设置随机数种子
7       int magic = rand() % 100 + 1;  //让计算机"想"一个 1~100 的随机数
8       int  counter = 0;            //记录用户猜数次数的计数器变量，初始化为 0
9       do{
10           printf("Try %d:", counter + 1);
11          scanf("%d", &guess);     //输入用户猜的数
12          counter++;               //计数器变量值加 1
13          if (guess > magic){
14              printf("Wrong!Too big!\n");
15          }
16          else if (guess < magic){
17              printf("Wrong!Too small!\n");
18          }
19          else{
20              printf("Right!\n");
21          }
22      } while (guess != magic);    //执行循环直到用户猜对为止
23      printf("counter=%d\n", counter); //输出用户猜数的次数
24      return 0;
25  }
```

程序的运行结果示例如下：

```
Try 1:50✓
Wrong!Too big!
Try 2:30✓
Wrong!Too small!
Try 3:42✓
Right!
counter=3
```

注意，"直到用户猜对为止"是循环的结束条件，不是循环语句要求的循环继续条件，所以循环语句中的循环控制表达式应是"猜不对"，即 guess != magic。

【例 3.10】猜数游戏 V3.0。在例 3.9 的基础上，将游戏升级为，每次猜数只允许用户最多猜 10 次，即用户在 10 次以内猜对了或者猜了 10 次仍未猜对，都结束游戏。

问题分析：本例仍是一个条件控制的循环，但是游戏要求由"直到猜对为止"改为了"最多猜 10 次"，即在猜对时结束循环，如果猜不对则要看猜的次数是否不满 10 次，若是，则继续循环，否则，即使未猜对也结束循环。换句话说就是，只要没有猜对且猜的次数不满 10 次，就继续循环。因此，本例只要在例 3.9 程序的基础上修改循环继续条件即可，即将图 3-16 所示流程图中最后一个判断框的内容由 guess≠magic 改为"guess≠magic 且 counter<10"，如图 3-17 所示。

将图 3-17 所示的算法转化为程序代码如下：

```
1   #include  <stdio.h>
2   #include  <stdlib.h>            //调用函数 rand()所需的头文件
3   #include  <time.h>              //调用函数 time()所需的头文件
4   int main(void){
```

```
5        int   guess;                          //用户猜的数
6        int   counter = 0;                     //记录用户猜数次数的计数器变量,初始化为 0
7        srand(time(NULL));                     //为函数 rand()设置随机数种子
8        int magic = rand()  % 100 + 1;  //让计算机"想"一个 1~100 的随机数
9        do{
10           printf("Try %d:", counter + 1);
11           scanf("%d", &guess);               //输入用户猜的数
12           counter++;                         //计数器变量值加 1
13           if (guess > magic){
14               printf("Wrong!Too big!\n");
15           }
16           else if (guess < magic){
17               printf("Wrong!Too small!\n");
18           }
19           else{
20               printf("Right!\n");
21           }
22       } while (guess != magic && counter < 10); //猜对或者 10 次猜不对就结束循环
23       printf("The magic number is %d\n", magic);
24       printf("counter=%d\n", counter);                   //输出用户猜数的次数
25       return 0;
26  }
```

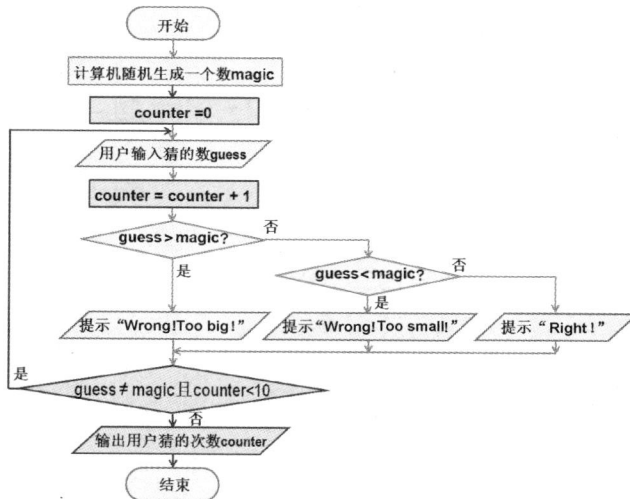

图 3-17　最多猜 10 次的猜数游戏算法流程图

程序的运行结果示例如下:

```
Try 1:90↙
Wrong!Too big!
Try 2:20↙
Wrong!Too small!
Try 3:60↙
Wrong!Too big!
Try 4:40↙
Wrong!Too small!
Try 5:55↙
```

```
Wrong!Too big!
Try 6:42↙
Wrong!Too small!
Try 7:50↙
Wrong!Too big!
Try 8:45↙
Wrong!Too small!
Try 9:49↙
Wrong!Too big!
Try 10:47↙
Wrong!Too small!
The magic number is 48
counter=10
```

3.4.4 嵌套循环

若将一个循环放到另一个循环的循环体中，或者说在一个循环体中又包含另一个循环，则称其为**嵌套循环（Nested Loop）**。嵌套循环也称为多重循环。

执行嵌套循环时，先由外层循环进入内层循环，并在内层循环终止之后接着执行外层循环，再由外层循环进入内层循环，当外层循环终止时，嵌套循环终止。

嵌套循环

使用嵌套循环需要注意以下事项。

（1）在设计嵌套循环时，为了保证其逻辑上的正确性，在嵌套的各层循环体中，应使用复合语句，即用一对花括号将循环体语句括起来。

（2）内层循环和外层循环的控制变量不能同名，否则循环控制将产生混乱。

（3）最好采用右缩进格式书写嵌套循环，以清晰地展示嵌套循环的层次结构。

（4）循环嵌套不能交叉，即在一个循环体内必须完整地包含另一个循环。例如，3 种循环语句 while、do-while 和 for 均可相互嵌套，但在每个循环体内，必须完整地包含另一个循环语句。

【例 3.11】猜数游戏 V4.0。在例 3.10 的基础上，将游戏升级为每次运行程序允许用户猜多个数，每个数最多可猜 10 次，若 10 次仍未猜对，则停止本次猜数，询问用户是否继续猜下一个数。若用户输入 y 或 Y，则计算机重新随机生成一个数让用户猜；若用户输入 n 或 N，则程序结束。

问题分析：修改例 3.10 的算法流程图，在直到型循环结构的外面再增加一个直到型循环，用于控制猜多个数，在循环体的开始处让计算机重新随机生成一个数 magic，在循环体的最后询问用户是否继续猜数；若用户输入 y 或 Y，循环继续，若用户输入 n 或 N，则程序结束。其算法流程图如图 3-18 所示。显然，这是一个嵌套循环，外层循环控制猜多个数，内层循环控制猜一个数。由于内、外层循环的循环次数都是未知的，因此都需要使用条件控制的循环，控制外层循环结束的条件是用户从键盘输入 n 或 N。

将图 3-18 所示的算法转化为程序代码如下：

```
1  #include  <stdio.h>
2  #include  <stdlib.h>    //调用函数 rand()所需的头文件
3  #include  <time.h>      //调用函数 time()所需的头文件
4  int main(void){
5      int  guess;          //用户猜的数
```

基本控制结构 第3章

```c
6        char reply;          //保存用户输入的回答
7        srand(time(NULL));//为函数rand()设置随机数种子
8        do{
9            int counter = 0;                //猜下一个数之前，将计数器清0
10           int magic = rand() % 100 + 1; //让计算机"想"一个1~100的随机数
11           do{
12               printf("Try %d:", counter + 1);
13               scanf("%d", &guess);
14               counter++;
15               if (guess > magic){
16                   printf("Wrong!Too big!\n");
17               }
18               else if (guess < magic){
19                   printf("Wrong!Too small!\n");
20               }
21               else{
22                   printf("Right!\n");
23               }
24           }while (guess!=magic && counter<10);    //猜不对且不满10次继续猜
25           printf("The magic number is %d\n", magic);
26           printf("counter=%d\n", counter);
27           printf("Do you want to continue(Y/N or y/n)?"); //询问是否继续
28           scanf(" %c", &reply);                 //%c前有一个空格
29       }while (reply=='Y' || reply=='y');         //用户输入Y或y则程序继续
30       return 0;
31   }
```

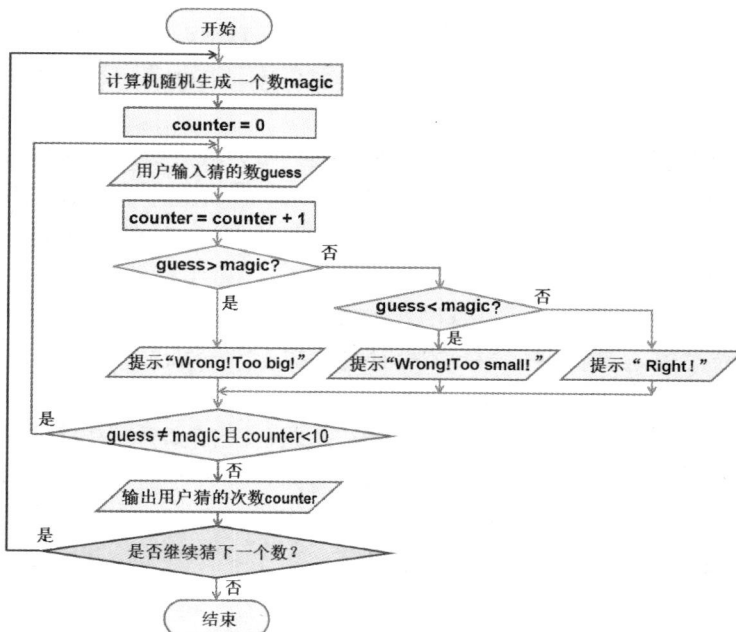

图 3-18   猜多个数的猜数游戏算法流程图

程序的运行结果示例如下：

Try 1:50✓

```
Wrong!Too big!
Try 2:30↙
Wrong!Too small!
Try 3:35↙
Wrong!Too small!
Try 4:37↙
Right!
The magic number is 37
counter=4
Do you want to continue(Y/N or y/n)?y↙
Try 1:50↙
Wrong!Too small!
Try 2:90↙
Wrong!Too big!
Try 3:82↙
Right!
The magic number is 82
counter=3
Do you want to continue(Y/N or y/n)?n↙
```

3.5　结构化程序设计与流程转移控制

本节主要讨论如下问题。

（1）结构化程序设计的基本原则是什么？如何获得好结构的程序？

（2）C 语言提供的用于流程转移控制的语句有哪些？

3.5.1　结构化程序设计方法

结构化程序设计（Structured Programming，SP）是一种进行程序设计的原则和方法（例如，自顶向下、逐步求精），按照这种原则和方法设计的程序具有结构清晰、容易阅读、容易修改的特点，它关注的焦点是程序结构的好坏。所谓好结构的程序，是指程序结构清晰、容易阅读、容易修改、容易验证，好结构的程序最大的优点是能提高程序的可读性和可维护性。如果效率与好结构冲突，那么宁可在可容忍的范围内降低效率，也要确保好的结构。**如何获得好结构的程序呢？**

（1）采用顺序、选择和循环 3 种基本控制结构作为程序设计的基本单元，用这 3 种基本结构编写的程序在语法结构上具有如下特性。

➢　只有一个入口和一个出口，即"单入口、单出口"。

➢　无不可达语句，即不存在永远都执行不到的语句。

➢　无死循环，即不存在永远都执行不完的循环。

（2）少用和慎用 C 语言提供的用于流程转移控制的语句，即 goto 语句、break 语句和 continue 语句，因为它们会以不同的方式改变程序的控制流程，易导致出乎意料的结果出现。

3.5.2　goto 语句

goto 语句为无条件转向语句，即在不需要任何条件的情况下实现程序流程的任意跳转，既可以向前跳转，也可往回跳转，因为没有固定的跳转位置，所以需要用**语句标号**来标识

goto 语句转向的目标语句位置，使程序直接转跳到语句标号后面的语句去执行。它的一般语法格式如下：

goto 语句标号；　　　　　　　　　　语句标号：…

…　　　　　前跳　　　　　　　…　　　　　回跳

语句标号：…　　　　　　　　　　goto 语句标号；

语句标号的命名规则与变量名的相同，不能用以数字开头的标识符作为语句标号。语句标号后面必须有语句，如果什么都不需要做，至少要在语句标号后面添加一条空语句。

建议尽量避免使用 goto 语句，尤其是不要使用过多的 goto 语句标号（最多一个），因为过多的 goto 语句标号会破坏程序的"单入口、单出口"结构。通常，仅如下两种情形可以使用 goto 语句。

（1）直接快速跳出多重循环，提高程序的执行效率。

（2）跳向用同一个标号来指示的共同出口位置，进行退出前的错误处理工作，将用于错误处理的代码集中在模块的尾部，使程序结构更清晰。

【温馨提示】允许在一个"单入口、单出口"的模块内向前跳转，不允许往回跳转。如果往回跳转，将构成非结构化的循环结构，不符合结构化程序设计的要求，不建议使用。

3.5.3　break 语句

break 语句是一种有条件的跳转语句，其跳转的方向被限定为向前跳出 switch 语句或一层循环语句。例如，在 switch 语句中使用 break 语句，限定流程跳转到紧跟 switch 语句后的第一条语句去执行。而在循环语句中使用 break 语句，限定流程跳转到紧跟循环体后面的第一条语句去执行，即结束循环的执行。

【温馨提示】break 语句只对包含它的最内层循环语句起作用，不能跳出多重循环。

如图 3-19 所示，在循环体中使用 break 语句，也会破坏程序的"单入口、单出口"结构，引入标志变量 flag，可将这种非结构化的控制结构变为只有一个出口的控制结构。

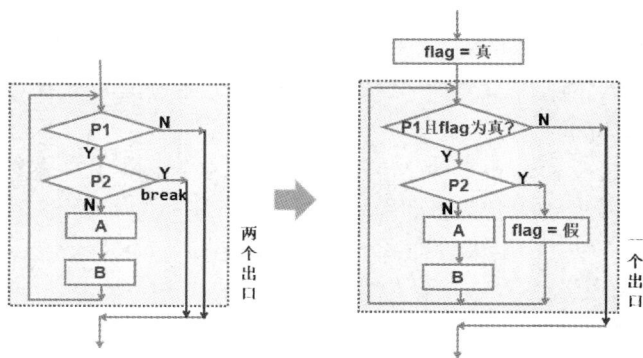

图 3-19　通过引入标志变量将使用 break 语句的循环结构变为一个出口

C89 中未定义布尔型，所以在这种情况下通常将标志变量 flag 定义为整型，其真值和假值分别用 1 和 0 来表示，但这样会影响程序的可读性。为了提高程序的可读性，通常在程序中使用如下的宏定义：

```
#define TRUE  1   //定义宏常量 TRUE 的值为 1
```

```
#define FALSE 0    //定义宏常量 FALSE 的值为 0
```

然后将为 flag 赋值的语句

```
int flag = 1;      //置 int 型标志变量初值为真，用 1 表示真
flag = 0;          //置 int 型标志变量初值为假，用 0 表示假
```

修改为

```
int flag = TRUE;   //置 int 型标志变量初值为真，用宏常量 TRUE 表示真
flag = FALSE;      //置 int 型标志变量初值为假，用宏常量 FALSE 表示假
```

还可以定义一个可用作数据类型的宏

```
#define BOOL int   //定义宏常量 BOOL 的值为 int
```

然后声明布尔型变量时用 BOOL 代替 int，即

```
BOOL flag;         //用宏常量 BOOL 定义 int 型变量 flag
```

虽然这样增强了程序的可读性，但编译器仍然将 flag 当作 int 型变量来处理。

C99 开始引入了布尔型。在 C99 中，布尔型用关键字 _Bool 声明。之所以用 _Bool 这个名字来命名布尔型，是因为 C89 规定了以下画线开头后跟一个大写字母的名字都是保留字，程序员不能随意使用它去命名自己的标识符。布尔型实际上还是整型，更准确地说是无符号整型。但是和一般整型不同的是，布尔型的变量只能赋值为 0 或 1，即该类型变量的取值只能是 0 和 1。在 C 语言中我们约定用 0 值和非 0 值分别表示 false 和 true，所以一般而言，给布尔型变量赋值任何一个非 0 值都会导致该变量的值为 1。使用布尔数据类型时需要包含 C99 的头文件 stdbool.h，该头文件中定义了表示布尔数据类型及其取值（true 和 false）的宏。在宏替换时，用 1 替换 true，用 0 替换 false，用 C99 的关键字 _Bool 替换宏 bool，因此程序设计时可以直接使用 bool 定义布尔型变量。

例如，前文的两条为 flag 赋值的语句可以修改为

```
bool  flag = true;     //置 bool 型标志变量初值为真，用 true 表示真
flag = false;          //置 bool 型标志变量初值为假，用 false 表示假
```

3.5.4 continue 语句

continue 语句也可以用于对循环进行内部跳转，但与 break 语句结束循环执行不同的是，continue 语句是跳过后面尚未执行的循环体中的语句，开始下一次循环，即只结束本次循环的执行，并不终止整个循环的执行。continue 语句对循环执行过程的影响示意如下：

```
while (表达式1)              do                          for (;表达式1;)
{                           {                           {
  …                           …                           …
  if (表达式2) continue;      if (表达式2) continue;       if (表达式2) continue;
  …                           …                           …
}                           }while (表达式1);            }
```

continue 语句与 break 语句的区别在一般化流程图中的体现如图 3-20 所示。

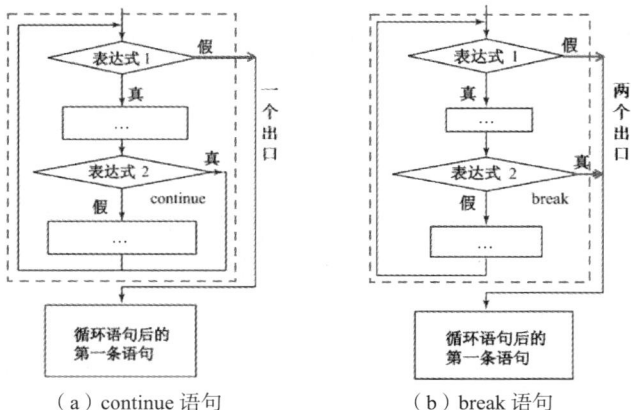

（a）continue 语句　　　　　（b）break 语句

图 3-20　continue 语句与 break 语句的流程图对比

continue 语句在某些特殊的场合很有用。例如，假设需要编写一个循环，在循环中要读入一些数据，并且要测试它们是否合法有效，而测试的条件又很复杂，需要一旦发现一个条件测试失败就退出处理，以便提高程序的执行效率。此时，可以使用下面的循环语句：

```
for (初始化表达式; 循环控制表达式; 增值表达式)
{
    读入数据;
    if (数据的第一条测试失败)
        continue;
    if (数据的第二条测试失败)
        continue;
    …
    if (数据的最后一条测试失败)
        continue;
    处理数据;
}
```

【温馨提示】在大多数情况下，for 循环和 while 循环可进行语义等价的相互转换，但当循环体中存在 continue 语句时，将 for 循环转换为 while 循环，二者有可能不等价。

例如，对于图 3-21（a）所示的代码段，continue 语句仅使累加求和的语句被跳过，在执行下一次循环前，还会执行一次 i++。而对于图 3-21（b）所示的代码段，continue 语句

```
int i, n, sum = 0;
for (i=0; i<10; i++)
{
    printf("Input n:");
    scanf("%d", &n);
    if (n < 0)
        continue;
    sum = sum + n;
}
printf("sum=%d\n", sum);
```

```
int i = 0, n, sum = 0;
while (i < 10)
{
    printf("Input n:");
    scanf("%d", &n);
    if (n < 0)
        continue;
    sum = sum + n;
    i++; //这条语句也被跳过
}
printf("sum=%d\n", sum);
```

（a）for 循环中包含 continue 语句　　　（b）while 循环中包含 continue 语句

图 3-21　循环体中存在 continue 语句时的 for 循环和 while 循环

不仅使得累加求和的语句被跳过，i++;也被跳过了，表明此时输入的数据未被计数，从而导致两段代码的语义不再等价。

3.6 学习 AI 编程的首要任务——清晰地表达需求

学习 AI 编程不意味着可以做一个"甩手掌柜"，有了 AI 工具，依然需要编程技能和经验的积累。AI 编程工具很像魔术师手中的"魔法棒"，在不同的魔术师手中它会变化无穷。学编程也不仅仅是学习如何写代码，更重要的是理解代码的逻辑和结构，还要学会调试、优化和扩展功能。对于复杂的软件开发项目，AI 编程工具是无法提供完整的解决方案的。相对于写代码而言，具备问题分析能力、编程思维能力和 AI 协作能力更为重要，它可以让开发人员在 AI 工具的辅助下快速写出高水平的程序。因此，学习 AI 编程的核心在于学会借助 AI 拓展思维，而不仅仅是让 AI 帮助写代码。

对于初学者，学习 AI 编程首先要学会清晰准确地表达问题和需求。这个过程就像点外卖一样，不能只是简单地说"我要点一个宫保鸡丁，请送到××学校门口"，这样说就很模糊，一是做出来的菜不一定符合口味，二是因为校门可能有多个，外卖小哥可能会送错位置。相反，如果强调了"少油、少盐、免辣、加花生"（明确目标），"这是给病人吃的"（提供上下文），这样厨师做出来的菜才能符合口味。同时，再提出"送到××学校西门门口后，再给我打××这个电话"（任务分解），这样才能保证外卖小哥准确送达。对于写代码，可以按照"输入→处理→输出"这样的流程来梳理需求。

以计算课程平均分为例，可以将需求梳理成如下 3 个步骤。

（1）输入：从键盘输入各门课程的成绩。

（2）处理：先计算总分，然后除以课程门数，得到平均分。

（3）输出：将计算出的平均分输出到屏幕上。

在明确了需求以后，就可以用提示词清晰地表达需求了。对于初学者，可以遵循"角色+任务目标+要求"的模板来撰写提示词。例如，可以这样写提示词：你是一个 C 语言专家，请你用 C 语言编写一个计算课程平均分的程序，从键盘输入一个学生的 3 门课程的成绩，将计算出的平均分输出到屏幕上。要求输入提示信息为"Input three scores:"，输入格式为"%f"。输出提示信息为"The average score is:"，输出格式为"%f"。此时，使用通义灵码生成的代码为：

```c
#include <stdio.h>
int main() {
    float score1, score2, score3, average;
    // 提示用户输入 3 门课程的成绩
    printf("Input three scores: ");
    // 读取用户输入的 3 门课程的成绩
    scanf("%f %f %f", &score1, &score2, &score3);
    // 计算平均分
    average = (score1 + score2 + score3) / 3.0;
    // 输出平均分
    printf("The average score is: %f\n", average);
    return 0;
}
```

请读者自己运行代码并确认其是否符合需求。

3.7 本章知识点思维导图

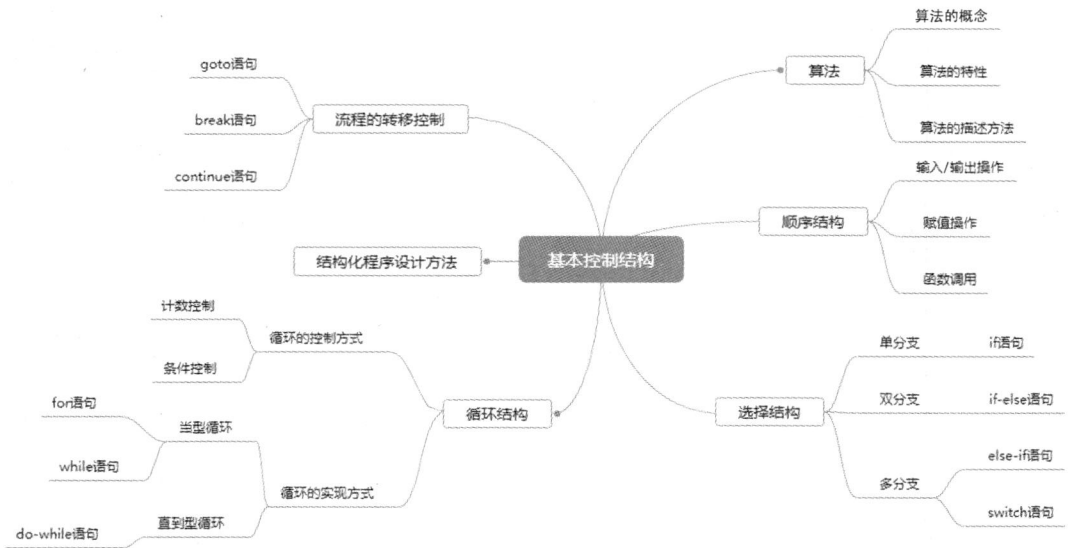

习题 3

3.1 单选题。

（1）C 语言中用_____表示逻辑真。

A. 1   B. 0   C. 非 0 整数值   D. T

（2）if(x)语句中的 x 与下面条件表达式等价的是_____。

A. x!=0   B. x == 1   C. x!=1   D. x == 0

（3）以下能判断 ch 是数字字符的是_____。

A. if (ch >= '0' && ch<='9')   B. if (ch >= 0 && ch<=9)

C. if ('0'<= ch <='9')   D. if (0<= ch <=9)

（4）下列说法错误的是_____。

A. 嵌套循环的内层循环和外层循环的循环控制变量不能同名

B. 执行嵌套循环时是先执行内层循环，后执行外层循环

C. 如果内外层循环的次数是固定的，则嵌套循环的循环次数等于外层循环的循环次数与内层循环的循环次数之积

D. 如果一个循环的循环体中又完整地包含另一个循环，则称为嵌套循环

3.2 **一元二次方程求根**。请编程计算一元二次方程 $ax^2+bx+c=0$ 的根，a、b、c 的值由用户从键盘输入。

3.3 **计算 BMI**。请根据公式 $t = w / h^2$ 编程计算 BMI，然后根据我国 BMI 标准判断体重的类型。该标准为：当 $t < 18.5$ 时，属于偏瘦；当 $18.5 \leqslant t < 24$ 时，属于正常体重；当 $24 \leqslant t < 28$ 时，属于过重；当 $t \geqslant 28$ 时，属于肥胖。其中，h[以米（m）为单位，如 1.74m]表

示身高，w[以千克（kg）为单位，如 70kg]表示体重。

3.4　**浮点数计算器**。请编程实现一个简单的对浮点数进行加、减、乘、除和幂运算的计算器。数据输入方法同例 3.3。

3.5　**成绩转换**。从键盘任意输入一个百分制成绩，编程计算并输出其对应的五分制成绩，并设计需要的测试用例。

3.6　**输出数字九九乘法表**。输出如下所示下三角形式的九九乘法表。

```
1
2   4
3   6    9
4   8    12   16
5   10   15   20   25
6   12   18   24   30   36
7   14   21   28   35   42   49
8   16   24   32   40   48   56   64
9   18   27   36   45   54   63   72   81
```

3.7　**输入数据求和**。从键盘读入一些非负整数并且将其累加求和。当程序读入负数时，结束键盘输入，并输出累加求和的结果及累加的项数。

3.8　**阶乘求和**。利用单独计算累加通项的方法，编程计算 $1! + 2! + 3! +\cdots+ n!$。

3.9　**祖冲之与圆周率**。祖冲之一生钻研自然科学，他提出的祖率对数学研究具有重大贡献，他在刘徽开创的探索圆周率的方法基础上，首次将圆周率算到小数点后第 7 位，即在 3.1415926 和 3.1415927 之间。直到 15 世纪，阿拉伯数学家阿尔·卡西等人才打破了这一纪录。请利用公式 $\dfrac{\pi}{4} = 1 - \dfrac{1}{3} + \dfrac{1}{5} - \dfrac{1}{7} + \cdots$ 计算π的值，要求最后一项的绝对值小于 10^{-8}，并统计总共累加了多少项。

3.10　**泰勒级数计算**。利用泰勒级数 $\sin x = x - \dfrac{x^3}{3!} + \dfrac{x^5}{5!} - \dfrac{x^7}{7!} + \dfrac{x^9}{9!} - \cdots$，计算 $\sin x$ 的值。要求最后一项的绝对值小于 10^{-5}，并统计出此时累加了多少项。

第4章 模块化程序设计与函数

内容导读

必学内容：模块化程序设计，函数的定义与参数传递，变量的作用域与生存期，程序调试

选学内容：防御式编程，断言，代码风格。

4.1 模块化程序设计

本节主要讨论如下问题。

（1）什么是模块化程序设计？何为自顶向下、逐步求精？

（2）模块分解的基本原则是什么？

自底向上（Down-Top）的程序设计方法是先编写出基础程序段，然后再逐步扩大规模、补充和升级某些功能，实际上是一种循序渐进的编程方法。以第 3 章例 3.8 到例 3.11 的"猜数"游戏为例，先实现只能猜一次的游戏 1.0 版，再实现能够直到猜对为止的游戏 2.0 版，然后实现最多能猜 10 次的游戏 3.0 版，最后实现能猜多个数的游戏 4.0 版，随着任务要求的不断升级，游戏的设计越来越完善，这就是自底向上的程序设计。

自顶向下（Top-Down）的程序设计是自底向上程序设计的逆方法，即先写出结构简单、清晰的主程序来表达整个问题；在此问题中包含的复杂子问题用子程序来实现；若子问题中还包含复杂的子问题，再用另一个子程序来解决，直到每个细节都可用高级语言表达为止。

"上"是指相对比较抽象的层面，例如可以使用自然语言表达的抽象算法，这个抽象算法由一些抽象数据及其操作（即抽象语句）组成，仅仅表示解决问题的一般策略和一般结构。"下"是指更为具体的层面，更接近程序设计语言。从"上"到"下"是一个对抽象算法逐步求精的过程，每求精一步，抽象语句和抽象数据就会进一步分解和精细化，如此继续下去，直到最后的算法能为计算机所"理解"，即能够用确定的高级语言描述为止，这种先从最能反映问题体系结构的概念出发，逐步精细化、具体化，逐步补充细节，直到设计出可在机器上执行的程序的方法，就称为**逐步求精（Stepwise Refinement）**。简而言之，逐步求精方法就是一种先全局后局部、先整体后细节、先抽象后具体的自顶向下的程序设计方法。

一方面，完全采用自底向上的设计方法，不易纵观全局，可能导致所实现的部分不能很好地与程序的其他部分协同工作。而适时采用自顶向下的设计，有助于我们在总体设计

时把握全局，尤其是对较大规模的程序进行模块化设计时更需要这种统领全局的思维方式。另一方面，实际的程序开发过程通常不是一帆风顺的，即不是纯粹的自顶向下或自底向上，往往是自顶向下的分解和自底向上的构造两个过程混合交织进行。例如，有时按某种方式精细化后，在以后的步骤中会发现原来那种逐步求精的方案并不好，甚至是错误的，此时必须自底向上对已决定的某些步骤进行修改。因此，逐步求精技术可理解为是一种由不断自底向上修正所补充的自顶向下的程序设计方法。

逐步求精是 1971 年 N. Wirth（沃思）提出的用于结构化程序设计的基本方法，而自顶向下的过程实际上是一个分而治之和模块分解的过程。**分而治之（Divide and Conquer）**是复杂问题求解的基本方法，即把一个复杂的问题分解为若干简单的子问题，把不同的功能分解到不同的模块中，每个程序员各司其职，分别完成不同的模块，大家既有分工又有协作。在软件工程时代，模块化仍是大型软件设计中的基本策略之一。按照**模块化程序设计（Modular Programming）**思想，无论多么复杂的任务，都可以划分为若干个子任务。若子任务较复杂，还可以将子任务继续分解，直到分解成一些容易解决的子任务为止。可见，若要完成大规模的程序设计，必须掌握模块化程序设计方法，它有助于提高程序的**可读性（Readability）、可维护性（Maintainability）、可靠性（Reliability）、可复用性（Reusability）、可测试性（Testability）**和**可验证性（Verifiability）**。

模块（Module）可以看作一组服务的集合，其中的一些服务可以被程序的其他模块使用，每个模块都通过一个对外的接口来描述其所能提供的服务，模块的细节都包含在模块的内部实现中，在分析抽象层次较高的模块时，对较低层次的各个模块只需了解其做什么，而无须了解其是怎么做的。因此，模块分解的目标是实现**信息隐藏（Information Hiding）**，即将模块内的具体操作细节对外界隐藏起来，把不需要使用者了解的信息封装在模块内部，使模块的实现细节对外不可见，除了必要的信息之外，使暴露在模块外面的信息尽量减少到最小限度，模块仅通过接口与外界打交道。

实现信息隐藏的方法就是**过程抽象和数据抽象**。过程抽象是**面向过程程序设计**的基本手段，过程抽象的结果是函数。函数**封装（Encapsulation）**就是把函数内的实现细节对外隐藏，对外只提供一个接口（参数和返回值），这样更便于函数的复用。数据抽象是**面向对象程序设计**的基本手段，数据抽象的结果是数据类型。数据抽象的重要意义在于它是一种新的抽象方法，也是一种新的模块结构和数据组织方法，能够达到更好的信息隐藏效果，使得数据结构的实现和使用分离，使我们能完全独立地考虑数据结构的实现问题。C++中的类就是抽象数据类型的一种具体实现。

从抽象的角度来看，**模块分解主要有两种方法**：一是基于过程抽象的划分方法，即按功能划分模块，面向过程的语言主要采用这种方法；二是基于数据抽象的划分方法，即以数据为中心，将相关操作封装在模块里，它是面向对象语言采用的主要方法。模块分解的本质就是实现不同层次的过程抽象或数据抽象。虽然面向对象语言提供了对数据抽象的支持，但过程抽象对于在对象范围内设计和组织对象所提供的服务也是有用的，只不过面向对象程序设计中的过程抽象不是在全系统范围内进行功能划分和描述的。

模块分解的基本原则是保证每个模块的相对**独立性（Module Independence）**，**内聚度（Cohesion）**和**耦合度（Coupling）**是衡量模块独立性程度的两个标准。内聚度是指每个模块内各个元素（例如语句、程序段等）之间联系的紧密程度，它是模块内的元素之间的关联程度或聚合能力的度量。模块内各个元素之间的联系越紧密，则其内聚度越高，模块独立性就越强。耦合度是指不同模块之间相互联系的紧密程度，它是模块之间关联程度（依赖关系，或者说接口复杂性，模块之间的依赖关系包括控制关系、调用关系、数据传递关系）的一种度量。耦合度是从模块外部考察的模块的独立性程度。耦合度的强弱取决于模块间接口的复杂性、调用模块的方式，以及通过接口传送数据的多少。模块间的联系越多，模块的相对独立性越差。因此，一个好的模块设计应该是高内聚、低耦合的。

【例 4.1】按照模块化程序设计方法设计猜数游戏，游戏的要求为：显示一个菜单，让用户选择游戏的方式：（1）选择 1，只猜一次；（2）选择 2，直到猜对为止；（3）选择 3，最多猜 10 次；（4）选择 0，退出游戏。

问题分析：根据游戏的玩法，可将猜数游戏划分为图 4-1 所示的 5 个模块。

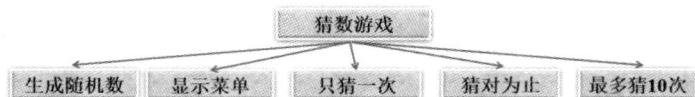

图 4-1　猜数游戏的功能模块分解示意

按照自顶向下、逐步求精的程序设计方法，先设计程序主函数的总体流程，如图 4-2 所示。这是一个条件控制的直到型循环结构，内嵌了一个多分支选择结构。

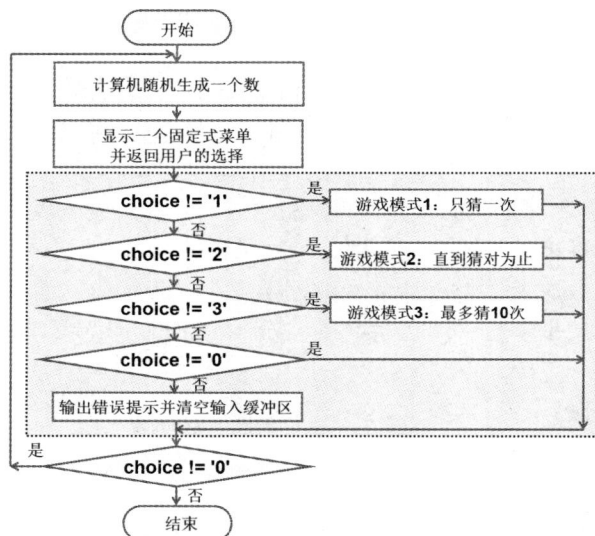

图 4-2　直到型循环结构实现的猜数游戏主函数总体流程

对应的主函数框架代码如下：

```
1   int main(void){
2       int  magic;        //计算机生成的随机数
3       char choice;       //用户的选择
4       do{
5           计算机生成一个随机数
6           显示一个固定式菜单并返回用户的选择
7           switch (choice){   //判断用户选择的是何种操作
8           case '1':
```

```
 9                       用户输入猜的数，只猜一次
10                       break;
11           case '2':
12                       用户输入猜的数，直到猜对为止
13                       break;
14           case '3':
15                       用户输入猜的数，最多猜 10 次
16                       break;
17           case '0':
18                       提示游戏结束，退出游戏
19                       break;
20           default:
21                       提示输入数据错误
22           }
23     } while (choice != '0'); //只要用户不选 0，就继续猜下一个数
24     return 0;
25 }
```

根据前文的主函数框架，至少需要设计下面 5 个子模块：

（1）计算机生成一个随机数；

（2）显示一个固定式菜单并返回用户的选择；

（3）用户猜数，只猜一次；

（4）用户猜数，直到猜对为止；

（5）用户猜数，最多猜 10 次。

从上述对应 3 种游戏方式的 3 个模块中进一步提炼出两个公共子任务，按执行顺序划分再抽象出两个子模块：

（1）用户输入猜的数；

（2）对用户猜对与否做出判断，显示并返回判断结果。

其中，"用户输入猜的数"子模块可直接调用 scanf()函数来实现，其他子模块要自定义函数来实现。

4.2 函数的定义

本节主要讨论如下问题。

（1）如何定义一个函数？

（2）形参和 return 语句的作用是什么？

函数（Function） 是构成 C 语言程序的基本模块，可以把每个函数都看作一个模块，若干相关的函数看成一个更大的模块。从使用者的角度，可以将函数分为标准库函数和自定义函数两类。使用 ANSI C 提供的标准库函数，只要在程序的开头把定义该函数的头文件包含进来即可。为了扩充 C 语言在图形、数据库等方面的功能，实现标准库函数未提供的功能，一些厂商面向某些领域中的应用开发了一些函数库，称为第三方函数库。对于第三方函数库也不能实现的功能，就需要用户自己来定义函数了，也可以将用户自定义函数包装成函数库，供其他人复用。

用户自定义函数（User-defined Function） 的基本语法格式如下：

返回类型　函数名(类型　形参1，类型　形参2，…)　←———　函数头
{
　　　变量声明语句
　　　可执行语句序列
}　　　　　　　　　　　　　　　　　　　　　　　函数体

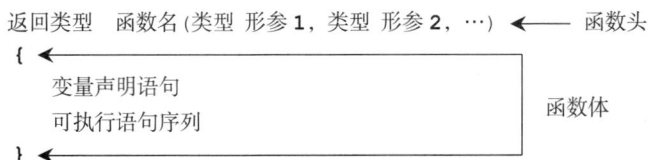

函数名（Function Name） 是函数的唯一标识，一个按照代码规范命名的函数可以直接通过函数名体现函数的功能。**函数体（Function Body）** 是函数功能的主体实现部分，必须用花括号（{}）括起来。花括号是函数体的定界符。在函数内定义的变量只能在函数体内访问，称为**局部变量（Local Variable）**。

函数头除了声明函数名外，还声明了函数参数、参数类型，以及函数的返回类型。函数参数和返回值是函数与外界交流的接口，负责从外界接收数据和从函数返回数据至外界。函数封装主要体现在函数仅通过参数和返回值与外界交流。

在函数头的参数表里声明的变量，称为**形式参数（Parameter），简称形参**，形参也是局部变量，即只能在函数体内访问。形参表是函数的入口，用于接收调用者传入的参数，因此形参的初值是由调用者在调用函数时提供的。若函数无须从调用者处接收数据，则需用**空类型 void** 代替函数头形参表中的内容，明确告诉编译器该函数不接收任何外部数据。

函数的返回类型（Return Type）是调用该函数时函数的返回值的类型。函数的**返回值（Return Value）** 是函数的出口。函数通过 **return 语句**向调用者返回一个值，并且只能返回一个值。关键字 return 后面的变量或表达式的值代表函数要返回的值，它的类型应与函数头中声明的函数返回类型一致，否则有可能因发生自动类型转换而引起数据信息丢失。C99 规定，如果用户自定义的函数是有返回值的，则函数内的任何 return 语句都必须带有返回值。若函数没有返回值，则需将函数的返回类型声明为 void。

函数的形参和返回值都是函数与外界交换数据的接口，函数接口一旦定义好，就不要轻易改动。这样，当函数内部的实现细节发生改变时，就不会影响到调用它的代码。

【例 4.2】将例 4.1 猜数游戏实例中按功能划分的如下两个子模块用函数实现。

➤　计算机生成一个随机数。

➤　显示一个固定式菜单并返回用户的选择。

首先，定义这两个函数的函数名和函数接口。

（1）计算机生成一个随机数

函数名为 MakeNumber，接口如下：

```
//函数功能：计算机生成并返回一个随机数
//函数参数：无
//返回类型：int，返回值代表计算机生成的随机数
```

函数头如下：

```
int MakeNumber(void)
```

（2）显示一个固定式菜单并返回用户的选择

函数名为 MenuSelection，接口如下：

```
//函数功能：显示一个固定式菜单并返回用户的选择
//函数参数：无
```

//返回类型：char，返回值用户的选择

函数头如下：

```
char MenuSelection(void)
```

在设计好上述函数的接口之后，编写代码实现相应功能。

（1）MakeNumber()函数的实现代码如下：

```
1   #include <time.h>              //调用函数 time() 所需包含的头文件
2   #include <stdlib.h>            //调用函数 rand() 所需包含的头文件
3   #define MAX_NUMBER 100         //计算机生成的随机数的上限
4   #define MIN_NUMBER 1           //计算机生成的随机数的下限
5   //函数功能：计算机生成并返回一个随机数
6   int MakeNumber(void){
7       srand(time(NULL));         //为函数 rand() 设置随机数种子
8       int magic = (rand() % (MAX_NUMBER - MIN_NUMBER + 1) ) + MIN_NUMBER;
9       return magic;
10  }
```

（2）MenuSelection()函数的实现代码如下：

```
1   #include <stdio.h>        //调用函数 printf() 和 scanf() 所需包含的头文件
2   //函数功能：显示一个固定式菜单并返回用户的选择
3   char MenuSelection(void){
4       char  choice;        //用户的选择
5       printf("1.Guess Once\n");
6       printf("2.Guess until right\n");
7       printf("3.Guess up to ten times\n");
8       printf("0.Exit\n");
9       printf("Input your choice:");
10      scanf(" %c", &choice);   //注意这里%c 前面有一个空格，避免读入前面的换行符
11      return choice;
12  }
```

在本例程序中，用宏常量来指定计算机生成的随机数的上限和下限，目的是增强程序的可读性和可维护性。

4.3 函数调用和参数传递

本节主要讨论如下问题。

（1）如何调用一个用户自定义函数？函数调用时，参数是如何传递的？

（2）何为函数的嵌套调用？

（3）函数原型与函数定义有何区别？函数原型的主要作用是什么？

C 语言中的函数都是相互平行、相互独立的，只有 main() 函数有点特殊。由于 main() 函数是由系统调用的，因此 C 语言程序都是从 main() 函数开始执行并在 main() 函数中结束的。这说明有 main() 函数的 C 语言程序才能运行。同时这也意味着，用户自定义的函数都是被 main() 函数直接或间接调用的。

为了便于叙述**函数调用（Function Call）**过程，下面将调用其他函数的函数简称为**主**

函数调用和
参数传递

调函数（**Calling Function，或 Caller**），被调用的函数简称为**被调函数（Called Function）**。

由于函数名是函数的唯一标识，所以主调函数调用被调函数都是通过函数名来实现的。在函数调用的过程中，主调函数必须向被调函数提供**实际参数（Argument）**，简称实参。在主调函数调用被调函数时，被调函数的函数名后圆括号中的参数就是实参。实参可以是常量、变量、表达式、函数等，无论是何种类型的实参，在函数调用时，它们都必须有确定的值。

【温馨提示】C 语言中的函数**参数传递**都是单向传值的，即只能将实参的值传给形参，不能将形参的值回传给实参。

通常，可以采用以下几种方式调用函数。

1．函数表达式

当函数有返回值时，通常是把函数调用表达式放到另一个表达式中，用该函数的返回值参与表达式的运算。例如，

```
magic = MakeNumber();
```

是把函数 MakeNumber()的返回值（即计算机生成的随机数）赋值给变量 magic。由于 MakeNumber()函数没有形参，因此调用该函数时也无须在函数名后面的圆括号内加任何实参数据。

再如，

```
choice = MenuSelection();
```

是把函数 MenuSelection()的返回值（即用户的菜单选项）赋值给变量 choice。

2．函数调用语句

当函数没有返回值或不需要使用函数的返回值时，通常采用在函数调用表达式后加分号构成函数调用语句的形式来调用函数。例如，

```
GuessUntilRight(magic);
```

是调用函数 GuessUntilRight(magic)执行"直到猜对为止"的猜数游戏。这里，magic 就是实参，在函数调用时应确保其已被赋值。

3．函数实参

当函数有返回值时，有时也可以将函数调用表达式作为实参放到另一个函数调用的实参列表中。例如，

```
printf("%d", MakeNumber());
```

是把函数 MakeNumber()的返回值作为 printf()函数的实参来使用的。

【例 4.3】将例 4.1 猜数游戏实例中按功能划分的以下 4 个子模块定义为函数。

（1）用户猜数，只猜一次。

（2）用户猜数，直到猜对为止。

（3）用户猜数，最多猜 10 次。

（4）对用户猜对与否做出判断，显示并返回判断结果。

其中，第 4 个子模块是从前 3 个子模块中提炼出的公共模块。

问题分析：首先，定义这 4 个函数的函数名和函数接口。

（1）用户猜数，只猜一次

函数名为 GuessOnce，接口如下：

```
//函数功能：用户猜数，只猜一次
//函数参数：int 型的 magic，代表计算机生成的随机数
//返回类型：void，代表没有返回值
```

函数头如下：

```
void GuessOnce(int magic)
```

（2）用户猜数，直到猜对为止

函数名为 GuessUntilRight，接口如下：

```
//函数功能：用户猜数，直到猜对为止
//函数参数：int 型的 magic，代表计算机生成的随机数
//返回类型：void，代表没有返回值
```

函数头如下：

```
void GuessUntilRight(int magic)
```

（3）用户猜数，最多猜 10 次

函数名为 GuessUpToTen，接口如下：

```
//函数功能：用户猜数，最多猜 10 次
//函数参数：int 型的 magic，代表计算机生成的随机数
//返回类型：void，代表没有返回值
```

函数头如下：

```
void GuessUpToTen(int magic)
```

（4）对用户猜对与否做出判断，显示并返回判断结果

函数名为 IsRight，接口如下：

```
//函数功能：对用户猜对与否做出判断，显示并返回判断结果
//函数参数：int 型的 magic，代表计算机生成的随机数；
//         int 型的 guess，代表用户输入的数
//返回类型：bool，若 guess 和 magic 相等则返回 true，否则返回 false，并提示大小
```

函数头如下：

```
bool IsRight(int magic, int guess)
```

在设计好上述函数的接口之后，编写代码实现相应功能。

（1）GuessOnce()函数的实现代码如下：

```
1    //函数功能：用户猜测，只猜一次
2    void GuessOnce(int magic){
3        int  guess;              //用户猜的数
4        printf("Guess a number:");
```

```
5        scanf("%d", &guess); //读入用户猜的数
6        if (IsRight(magic, guess)){
7            printf("Right!\n");
8        }
9        printf("The magic number is %d\n", magic);
10   }
```

（2）GuessUntilRight()函数的实现代码如下：

```
1    //函数功能：用户猜数，直到猜对为止
2    void GuessUntilRight(int magic){
3        int   guess;         //用户猜的数
4        int   counter = 0; //记录用户猜数次数的计数器变量，初始化为0
5        do{
6            printf("Try %d:", counter+1);
7            scanf("%d", &guess);        //读入用户猜的数
8            counter++;                   //记录用户猜数的次数
9        } while (!IsRight(magic, guess));  //调用IsRight()进行猜数判断
10       printf("The magic number is %d\n", magic);
11       printf("counter=%d\n", counter); //输出用户猜数的次数
12   }
```

（3）GuessUpToTen()函数的实现代码如下：

```
1    #define MAX_TIMES   10
2    //函数功能：用户猜数，最多猜10次
3    void GuessUpToTen(int magic){
4        int guess;          //用户猜的数
5        int counter = 0; //记录用户猜数次数的计数器变量，初始化为0
6        do{
7            printf("Try %d:", counter+1);
8            scanf("%d", &guess);        //读入用户猜的数
9            counter++;                   //记录用户猜数的次数
10       } while (!IsRight(magic, guess) && counter < MAX_TIMES);
11       printf("The magic number is %d\n", magic);
12       printf("counter=%d\n", counter);    //输出用户猜数的次数
13   }
```

（4）IsRight()函数的实现代码如下：

```
1    #include <stdbool.h>    //使用C99中定义的布尔型需要包含此头文件
2    //函数功能：对用户猜对与否做出判断，显示并返回判断结果
3    bool IsRight(int magic, int guess){
4        if (guess < magic){
5            printf("Wrong!Too small!\n");
6            return false;
7        }
8        else if (guess > magic){
9            printf("Wrong!Too big!\n");
10           return false;
11       }
12       else{
13           return true;
```

```
14          }
15    }
```

下面以 GuessOnce()函数调用 IsRight()函数为例，结合图 4-3 所示的内容来解释函数调用的执行过程，图中的编号代表执行顺序。

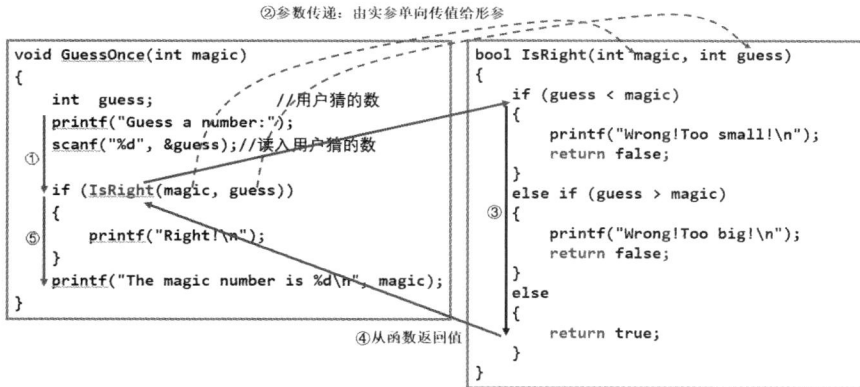

图 4-3 GuessOnce()函数调用 IsRight()函数的执行过程

函数调用的一般过程如下。

第 1 步：保存函数的返回地址，并为函数内定义的局部变量（包括形参）分配内存。

【温馨提示】Intel 64 位处理器将函数的返回地址保存在栈中，通过函数调用指令将返回地址入栈，通过函数返回指令将返回地址出栈。但 ARMv8 处理器则将函数返回地址保存在寄存器中。

第 2 步：将实参值的副本复制给相应的形参，即用实参的值为形参做初始化。

【温馨提示】函数调用时，要保证实参与形参数量相等且类型匹配。当实参与形参的类型不匹配时，大多数编译器通常会给出警告信息，不要忽视这些警告信息。

第 3 步：依次执行函数内的语句，当执行到 return 语句或}时，从函数退出。

第 4 步：根据保存的函数返回地址，返回到主调函数调用当前函数的语句位置，同时释放函数内为局部变量（包括形参）分配的内存。

第 5 步：从返回的语句位置继续向下执行。

【温馨提示】一个函数可能会有多条 return 语句，但这并不表示函数可以有多个返回值，多条 return 语句也只能返回一个值。多条 return 语句通常出现在 if-else 语句中，表示在不同的条件下返回不同的值。无论 return 语句在函数的什么位置，只要函数执行到其中的任何一条 return 语句，就会立即结束函数的执行，返回到主调函数中，而其他 return 语句不会被执行。例如，本例中的 IsRight()函数在用户猜对时返回 true，未猜对时则返回 false。

如果函数没有返回值，则函数返回类型需要声明为 void，此时函数体内可以没有 return 语句，程序将在执行完函数体内的最后一条语句后返回。若程序需要在尚未执行到函数的最后一条语句时就返回，则必须使用 return 语句，由于无须返回任何值，因此在关键字 return 的后面加一个分号即可，即：

```
return ;
```

【例 4.4】将例 4.2 和例 4.3 定义的 6 个函数合并成一个完整的程序。

问题分析：首先，修改例 4.1 中设计的流程图，将其中需要调用用户自定义函数完成的操作换成函数调用，得到图 4-4 所示的总体流程图。

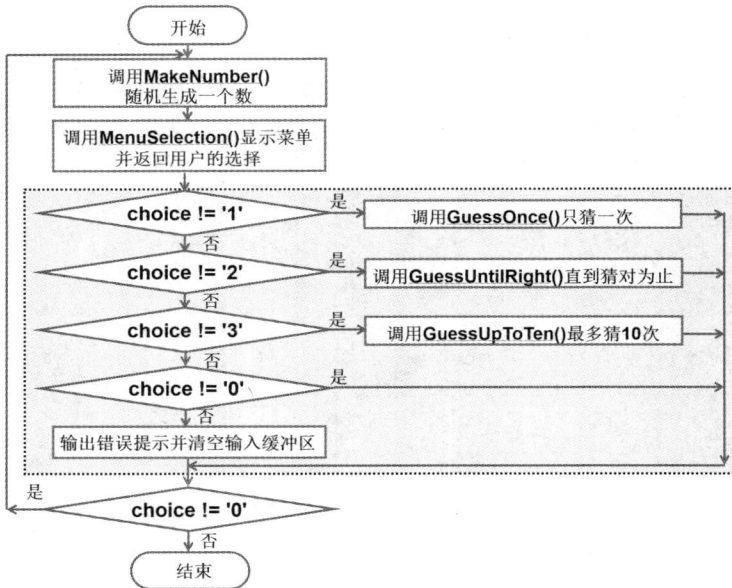

图 4-4 直到型循环结构实现的猜数游戏主函数总体流程图

然后，对例 4.1 中的主函数进行求精，得到如下代码：

```
1    //主函数
2    int main(void){
3        int  magic;              //计算机生成的随机数
4        char choice;             //用户的选择
5        do{
6            magic = MakeNumber();        //调用 MakeNumber()让计算机生成一个随机数
7            choice = MenuSelection();//调用 MenuSelection()显示菜单并返回用户的选择
8            switch (choice){    //判断用户选择的是何种操作
9            case '1':
10               GuessOnce(magic);            //调用 GuessOnce()函数，只猜一次
11               break;
12           case '2':
13               GuessUntilRight(magic);   //调用 GuessUntilRight()函数，直到猜对为止
14               break;
15           case '3':
16               GuessUpToTen(magic);         //调用 GuessUpToTen()函数，最多猜 10 次
17               break;
18           case '0':
19               printf("Game is over!\n");
20               break;    //退出 switch 语句，进而退出程序的执行
21           default:
22               printf("Input error!\n");
23           }
24       } while (choice != '0'); //只要用户不选 0，就继续猜下一个数
25       return 0;
```

```
26    }
```

接下来，以什么样的顺序放置这些用户自定义函数呢？主要有如下两种方法。

（1）方法1：将被调函数放在主调函数之前

本例猜数游戏中的函数调用关系如图4-5所示。同一层的函数是平行的，相互之间没有函数调用关系，所以排列顺序没有特殊要求。位于上一层的函数需要调用下一层的函数，因此需要放在下一层函数的后面，而主函数放在最后面。函数调用图显示的层次结构类似公司中的层次管理模式。主调函数相当于老板，被调函数相当于员工，这种排列方式就是老板要排在员工的后面。

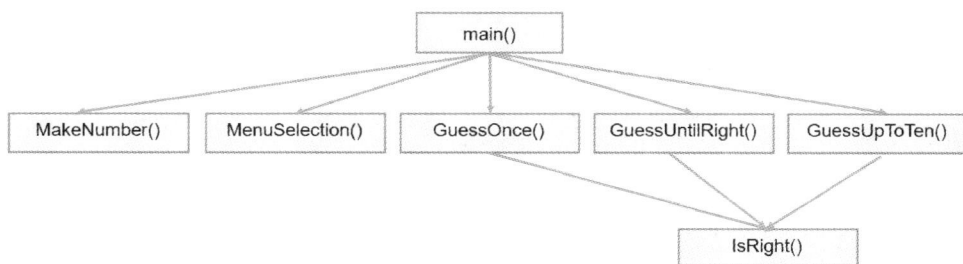

图 4-5　猜数游戏中的函数调用关系

如果在调用一个函数的过程中，被调函数再调用另一个函数，则称为**函数的嵌套调用**。例如，主函数调用了函数 GuessUntilRight()，而函数 GuessUntilRight() 又调用了函数 IsRight()。C语言规定函数可以嵌套调用，但不能嵌套定义，该限制可以使编译器的实现简单化。

方法1在某些情况下很难实现，例如当函数 A 调用了函数 B，而函数 B 又调用了函数 A，此时无论怎样放置都很难做到让函数定义出现在函数调用之前。即使在可以做到的情况下，也会因为函数定义的顺序不自然而影响阅读。

函数的嵌套调用和递归调用

（2）方法2：将主函数放在最前面，被调函数放在主调函数之后

采用方法2时，必须在程序的开头给出**函数原型（Function Prototype）**，目的是让编译器可以先对函数进行概要浏览，并告诉编译器函数的完整定义将在后面给出。

函数原型

函数原型的语法形式类似于函数定义中的函数头，由函数返回类型、函数名和形参列表组成。但不同于函数定义，函数原型只是对函数接口进行声明，就是一条声明语句，需要以分号来结束。因此函数原型也称为**函数声明（Function Declaration）语句**。

此外，形参列表必须包括形参类型，虽然不是必须给出形参名，但建议给出形参名，这样有助于说明每个形参的作用和含义，并提醒程序员在函数调用时按正确的顺序给出实参。例如，在猜数游戏中，我们可以在程序的开头添加如下函数声明语句：

```
int MakeNumber(void);
char MenuSelection(void);
void GuessOnce(int magic);
void GuessUntilRight(int magic);
void GuessUpToTen(int magic);
bool IsRight(int magic, int guess);
```

建议在程序开头给出所有的函数原型。这样做的好处如下。

（1）函数原型中对函数形参和返回类型的声明必须与函数定义一致，否则编译器将提示类型冲突或不匹配的编译错误。因此，给出函数原型有助于编译器进行类型匹配检查。

（2）不再要求函数定义必须出现在函数调用之前，因此不必仔细斟酌函数放置的顺序。例如，当出现递归函数调用时，无须担心函数的定义无法出现在函数调用之前。

（3）当程序达到一定的规模使得在一个文件中放置所有的函数不可行时，利用函数原型可以告诉编译器哪些函数是在其他文件中定义的。

由于大量而频繁的函数调用会增加程序执行的时空开销，为了节省函数调用的时间，提高程序的执行效率，C99 允许使用关键字 inline 来声明内联函数（与 C++类似），例如：

```
inline int MakeNumber(void);
```

此时编译器会用内联函数本身的代码替换程序中对该函数的每一条调用语句。但这样做会增加程序所占用的空间，所以内联函数适用于很短且被频繁调用的函数。

4.4 断言和防御式编程

本节主要讨论如下问题。

（1）什么是程序的健壮性？什么是防御式编程？如何进行防御式编程？

（2）什么是断言？在什么情况下使用断言？

断言和防御式编程

从例 4.1 到例 4.4，我们采用自顶向下、逐步求精的模块化程序设计方法实现了猜数游戏程序，但是这个程序足够健壮吗？例如运行例 4.4 整合后的程序，选择直到猜对为止，一旦用户不慎输入了非数字字符，程序就会陷入死循环：读取输入缓冲区中的非法数据，读取失败，再读取，再失败，再读取……这都是程序不够健壮惹的祸。

程序的**健壮性（Robustness）**是指程序在遇到不正确使用或非法数据输入时仍能保护自己避免出错的能力。为了增强程序的健壮性，通常需要在程序中增加一些代码，用于专门处理某些异常情况，这种编程方法就称为**防御式编程（Defensive Programming）**。

虽然某些极端情况可能很少发生，但是墨菲定律（"If anything can go wrong, it will"，凡是可能出错的都会出错）告诉我们：任何一个事件，只要有大于零的发生概率，就不能假设它不会发生。因此，防御式编程对于提高程序的健壮性非常重要。

【例 4.5】修改例 4.4 的猜数游戏，使其具有遇到不正确使用或非法数据输入时避免出错的能力。在确定用户输入的数在[1,100]这个有效区间内且输入数据不是非数字字符时才开始猜数游戏。

要实现上述功能，需要增加一个子模块，用于输入并返回用户猜的数，且能够检查输入数据的合法性和有效性。

函数名为 InputGuess，接口如下：

```
//函数功能：输入并返回用户猜的数，且能够检查输入数据的合法性和有效性
//函数参数：int 型的 counter，代表用户猜数的次数
//返回类型：int，返回值代表用户猜的数
```

函数头如下：

```
int InputGuess(int counter)
```

为了在函数 InputGuess()中测试输入数据的有效性，还可以设计一个名为 IsValidNum()的子模块。接口如下：

```
//函数功能：测试用户输入数据的有效性
//函数参数：int 型的 number，代表用户输入的数据
//返回类型：bool，若合法，则返回 true，否则返回 false
```

函数头如下：

```
bool IsValidNum(int number)
```

这两个函数与其他函数之间的调用关系如图 4-6 所示。

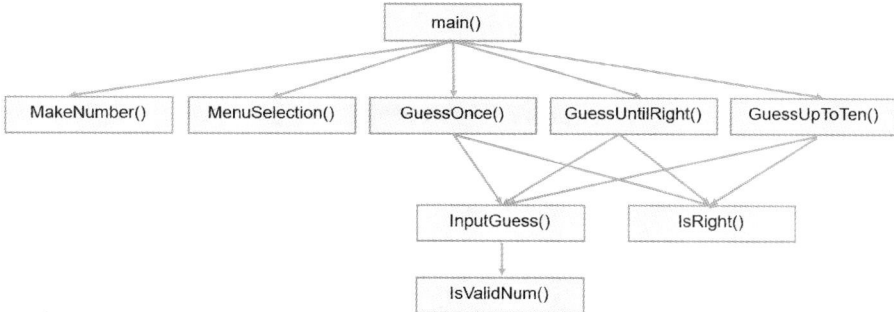

图 4-6　增强健壮性后的猜数游戏中的函数调用关系

由于 InputGuess() 函数的调用关系较 IsValidNum() 函数的复杂，故此处先介绍 IsValidNum()函数的实现。

用条件表达式实现的 IsValidNum()函数如下：

```
1    //函数功能：测试用户输入数据的有效性
2    bool IsValidNum(int number){
3        return (number >= MIN_NUMBER && number <= MAX_NUMBER) ? true : false;
4    }
```

用 if-else 语句实现 IsValidNum()函数如下：

```
1    //函数功能：测试用户输入数据的有效性
2    bool IsValidNum(int number){
3        if (number >= MIN_NUMBER && number <= MAX_NUMBER)
4            return true;
5        else
6            return false;
7    }
```

IsValidNum()函数负责检查用户猜的数是否在有效的区间（[1,100]）内，而判断用户是否输入了非数字字符，则需要通过检查函数 scanf()的返回值来实现。

如 2.4 节所述，函数 scanf()的返回值表示其已成功读入的数据项数，当用户输入非数字字符时，通常会导致函数 scanf()不能成功读入指定的数据项数。例如，要求输入的数据是数字，而用户输入的是字符，字符相对数字而言就是非法字符。因此，可以利用函数 scanf()的返回值检验其是否成功读入了指定数目的数据，从而确定用户是否不慎输入了非数字字符，即将原来读入用户猜的数的语句修改为

```
ret = scanf("%d", &guess);
```

当确定用户输入了非数字字符后，为了避免留在输入缓冲区中的非法字符影响后续正常数据的输入，需要先清除输入缓冲区中的非法字符，然后再重新输入新的数据。

用于清除输入缓冲区中非法字符的语句为

```
while (getchar() != '\n');    //清除输入缓冲区中的非法字符
```

这个循环语句等价于

```
while (getchar() != '\n'){
    ;    //空语句
}
```

这个循环语句的循环体内只有一条语句。这条语句仅由一个分号构成，称为**空语句**（**Null Statement**）。空语句什么都不做，只表示语句的存在。

这个循环语句除了调用 getchar()函数读取输入缓冲区中的字符并判断是否是换行符外，其他的什么都不做。当读取的字符为换行符时，表示输入缓冲区中的所有字符均已被读走，于是循环结束。因此，这个循环语句就起到了清空输入缓冲区的作用。

这里，不建议使用标准库函数 fflush()来清除输入缓冲区中的内容，ANSI C 仅规定函数 fflush()处理输出数据流，以确保输出缓冲区中的内容写入文件，并未对清理输入缓冲区做出任何规定，并非所有的编译器都支持其清除输入缓冲区的功能，因此使用函数 fflush()来清除输入缓冲区中的内容，可能会带来移植性问题。

基于以上分析，实现 InputGuess()函数，其主要作用是让用户输入数据并检查用户输入数据的合法性和有效性，如果数据不合法有效，则提示用户重新输入，因此需要用一个 while 循环结构来实现，具体实现代码如下：

```
1   //函数功能：输入并返回用户猜的数，能够检查输入数据的合法性和有效性
2   int InputGuess(int counter){
3       int  guess;           //用户猜的数
4       int  ret;             //保存 scanf()的返回值，用于判断是否成功读入指定数目的数据
5       printf("Try %d:", counter + 1);
6       ret = scanf("%d", &guess);         //读入用户猜的数
7       while (ret != 1 || !IsValidNum(guess)){ //判断用户输入的数据是否合法有效
8           printf("Input error!\n");
9           while (getchar() != '\n'); //清除输入缓冲区中的非法字符
10          printf("Try %d:", counter + 1);
11          ret = scanf("%d", &guess); //读入用户猜的数
12      }
13      return guess;
14  }
```

程序第 7~12 行的 while 语句用于检查用户输入数据的合法性和有效性，如果用户输入的数据是非数字字符，或者不在[1,100]这个有效区间内，则提示输入错误，清除输入缓冲区中的非法字符，并提示用户重新输入，直到用户输入的数据合法有效为止。像这种在程序中增加一些代码，用于专门处理某些异常情况来增强程序健壮性的技术，称为防御式编程技术。

接下来，修改需要调用函数 InputGuess()的 3 个函数的代码。

（1）GuessOnce()函数的代码修改如下：

```
1   //函数功能：用户猜数，只猜一次
2   void GuessOnce(const int magic){
3       int  guess;          //用户猜的数
4       int  counter = 0;   //记录用户猜数次数的计数器变量，初始化为0
5       guess = InputGuess(counter);  //调用函数 InputGuess()返回用户猜的数
6       if (IsRight(magic, guess)){
7           printf("Right!\n");
8       }
9       printf("The magic number is %d\n", magic);
10  }
```

（2）GuessUntilRight()函数的代码修改如下：

```
1   //函数功能：用户猜数，直到猜对为止
2   void GuessUntilRight(const int magic){
3       int  guess;          //用户猜的数
4       int  counter = 0; //记录用户猜数次数的计数器变量，初始化为0
5       do{
6           guess = InputGuess(counter); //调用函数 InputGuess()返回用户猜的数
7           counter++;                    //记录用户猜数的次数
8       } while (!IsRight(magic, guess));
9       printf("The magic number is %d\n", magic);
10      printf("counter=%d\n", counter); //输出用户猜数的次数
11  }
```

（3）GuessUpToTen()函数的代码修改如下：

```
1   #define MAX_TIMES  10
2   //函数功能：用户猜数，最多猜10次
3   void GuessUpToTen(const int magic){
4       int guess;          //用户猜的数
5       int counter = 0;   //记录用户猜数次数的计数器变量，初始化为0
6       do{
7           guess = InputGuess(counter);//调用函数 InputGuess()返回用户猜的数
8           counter++;                    //记录用户猜数的次数
9       } while (!IsRight(magic, guess) && counter < MAX_TIMES);
10      printf("The magic number is %d\n", magic);
11      printf("counter=%d\n", counter); //输出用户猜数的次数
12  }
```

在上面 3 个函数的形参 magic 声明的类型关键字 int 前加了类型限定符 const，其主要目的是出于安全性的考虑，因为在类型关键字 int 前加上 const 就意味着将形参 magic 声明为整型常量，一旦在函数体内修改它，程序编译时就会报错，这样就对形参变量 magic 起到了保护其不被函数误修改的作用。这也是一种防御式编程。

此外，在用户输入菜单选项的时候，如果用户输入了 0、1、2、3 之外的非法字符，那么程序将进入 switch 语句的 default 分支，退出 switch 语句后开始下一次的 while 循环，即猜下一个数，那么留在输入缓冲区中的这些非法字符将会影响用户的后续输入。因此，主函数 switch 语句的 default 分支中也需要增加清空输入缓冲区的语句。具体如下：

```
1    #include  <stdio.h>    //调用函数 printf()和 scanf()所需的头文件
2    #include  <stdlib.h>   //调用函数 rand()所需的头文件
3    #include  <time.h>     //调用函数 time()所需的头文件
4    #define MIN_NUMBER 1
5    #define MAX_NUMBER 100
6    #define MAX_TIMES  10
7    //主函数
8    int main(void){
9        int  magic;              //计算机生成的随机数
10       char choice;             //用户的选择
11       do{
12           magic = MakeNumber();     //调用 MakeNumber()让计算机生成一个随机数
13           choice = MenuSelection();//调用 MenuSelection()显示菜单并返回用户的选择
14           switch (choice){   //判断用户选择的是何种操作
15           case '1':
16               GuessOnce(magic);         //调用 GuessOnce()函数，只猜一次
17               break;
18           case '2':
19               GuessUntilRight(magic);   //调用 GuessUntilRight()函数，直到猜对为止
20               break;
21           case '3':
22               GuessUpToTen(magic);      //调用 GuessUpToTen()函数，最多猜10 次
23               break;
24           case '0':
25               printf("Game is over!\n");
26               break;    //退出 switch 语句，进而退出程序的执行
27           default:
28               printf("Input error!\n");
29               while (getchar() != '\n'); //清除输入缓冲区中的非法字符
30           }
31       } while (choice != '0'); //只要用户不选 0，就继续猜下一个数
32       return 0;
33   }
```

还有一种防御式编程是在程序中的某个特定点插入**断言（Assert）**，以在程序中检验某些假设的正确性，程序员做的这些假设通常用一个表达式（通常为关系表达式或逻辑表达式）来表示，例如假设表达式的值一定为真，或者假设其值一定位于某个区间内等。以猜数游戏为例，函数 MakeNumber()在生成指定区间内的随机数时，实际上就是做了一种假设，即假设用语句

```
magic = (rand() % (MAX_NUMBER - MIN_NUMBER + 1) ) + MIN_NUMBER;
```

生成的随机数一定在[MIN_NUMBER, MAX_NUMBER]内。这里 MIN_NUMBER 和 MAX_NUMBER 都是宏常量，其值分别为 1 和 100。

在调试程序时，可以利用断言 assert()来检验这种假设的正确性。assert()的功能是验证 assert 后括号内表达式的真假，帮助程序员及早地发现程序中的错误。当该表达式的值为真时，assert()就像不存在一样，程序继续往下执行。反之，若该表达式的值为假，assert()会

立即终止程序的执行，与执行 exit(1);的效果类似，同时会报告相应的错误。

加入断言 assert()后的函数 MakeNumber()的代码如下：

```
1    #include <assert.h>        //调用函数 assert()所需的头文件
2    #include <time.h>          //调用函数 srand()所需的头文件
3    #include <stdlib.h>        //调用函数 rand()所需的头文件
4    #define MAX_NUMBER 100     //计算机生成的随机数的上限
5    #define MIN_NUMBER 1       //计算机生成的随机数的下限
6    //函数功能：计算机生成并返回一个随机数
7    int MakeNumber(void){
8        int magic;
9        srand(time(NULL));//为函数 rand()设置随机数种子
10       magic = (rand() % (MAX_NUMBER - MIN_NUMBER + 1) ) + MIN_NUMBER;
11       assert(magic >= MIN_NUMBER && magic <= MAX_NUMBER);//断言验证假设的正确性
12       return magic;
13   }
```

这里，assert()并不是一个库函数，而是一个在 assert.h 中定义的用来测试断言的宏。为了便于理解，不妨把 assert()宏想象为一个"交警"，它会先假设你永远遵守"交通法规"，一旦发现违规，它会立即"处罚"，终止程序的执行并告警。例如，如果第 10 行的语句错写为 magic = rand();，那么程序执行到第 11 行语句时，就会检查发现其产生的随机数 magic 不在指定的区间内，因此会立即终止程序的执行，并显示如下的错误信息：

```
Assertion failed: magic >= MIN_NUMBER && magic <= MAX_NUMBER, file E:\C\demo.c,
line 11
```

这个错误信息的内容是 magic >= MIN_NUMBER && magic <= MAX_NUMBER 这个假设不成立，错误信息的最后还指出了出错的文件和语句行号。

为什么不使用条件语句判断假设是否成立，而要使用断言呢？

程序一般分为 Debug 版本和 Release 版本，Debug 版本用于内部调试，Release 版本发行给用户使用。assert()是仅在 Debug 版本中起作用的宏，即仅在 Debug 版本中才会产生检查代码，而在正式发布的 Release 版本中，编译器会跳过 assert()，从而不会生成检查代码。因此，使用断言仅用于在调试程序时检查"不应该"发生的情况是否的确不会发生，不会影响程序的执行效率。而使用条件语句不仅使程序编译后的目标代码体积变大，还会降低 Release 版本程序的执行效率。

正因为断言在 Release 版本中不起作用，所以断言不能作为程序的功能来捕捉程序的错误，它只能在调试程序时告警，告诉程序员程序中所做的假设是否是错误的，不会对错误进行相应的处理。所以，不能用断言代替条件过滤，即不能用断言来捕捉程序中有可能出现的错误。通常，仅在下面两种情况下考虑使用断言。

（1）检查程序中的各种假设的正确性，例如确认一个计算结果是否在合理的范围内。

（2）证实或测试某种不可能发生的状况确实不会发生，例如一些理论上不应该执行到的分支（如 switch 的 default 后的语言）确实不会被执行。

使用断言的基本原则如下。

（1）使用断言捕捉不应该或不可能发生的非法情况。不要混淆非法情况与错误情况，后者是必然存在的，并且是需要对其进行处理的。

（2）每个 assert() 只检验一个条件，因为同时检验多个条件时，若断言失败，无法判断是哪个条件导致的。

4.5 多文件编程

本节主要讨论如下问题。

（1）如何进行多文件编程？多文件编程的好处是什么？

（2）什么是条件编译预处理指令？

在前面章节的例题中，一个 C 语言程序都是由一个单独的文件及文件中的一组函数构成的，每个函数完成互不相同的特定功能。事实上，一个 C 语言**程序（Program）**也可以由多**个源文件（Source File）**以及一些**头文件（Header File）**来构成。这称为多文件编程。每个源文件（扩展名为.c）由一个或多个函数构成，其中必须有一个源文件包含 main() 函数。当程序规模很大且需要频繁修改时，通常使用多文件编程，即把逻辑相关的函数和变量声明放在同一个源文件中，把函数定义分组放在不同的源文件中，并创建与源文件同名的头文件（声明与定义分离）。这样做的好处是，不仅可以使程序的结构更清晰，更有利于函数的复用，而且修改一个源文件中的代码时只需对该源文件单独编译即可，从而可以节约编译的时间。

把程序分割为多个源文件时，通常会遇到这样一些问题：某个源文件中的函数如何调用在其他源文件中定义的函数呢？函数如何访问其他文件中的外部变量呢？两个源文件如何共享同一个宏定义或类型定义呢？

答案就是使用#include 文件包含编译预处理指令。它的作用就是告诉预处理器打开指定的文件，并把该文件的内容插入当前文件中。当几个源文件需要访问相同的信息时，就可以把这些信息放入一个文件中，然后利用#include 编译预处理指令把该文件的内容插入每个源文件中。#include 编译预处理指令通常有两种书写格式，分别为

```
#include <filename>
#include "filepath"
```

这两种格式的差异在于编译器定位头文件的方式有所不同。第一种格式是在编译器指定的目录内查找 filename 文件，这个目录的名字通常被命名为 include，该目录下有很多.h 文件，包括我们熟悉的 stdio.h、math.h 等。第二种格式是按照 filepath 所描述的路径查找文件。通常情况下给定的 filepath 里不含有路径（文件名前包含路径信息会影响程序的可移植性），只有一个文件名，表示优先在与源文件相同的目录下查找 filepath。第一种格式主要用于包含 C 语言提供的标准库函数的头文件。第二种格式主要用于包含用户自定义函数的头文件。

那么头文件中通常包含哪些信息呢？通常，会把多个源文件之间共享的信息，如函数原型、宏定义、类型定义、外部变量声明信息等放在扩展名为.h 的头文件中。以猜数游戏为例，可以把宏定义放入头文件 guess.h 中，其内容如下：

```
#define MAX_NUMBER 100
#define MIN_NUMBER 1
#define MAX_TIMES  10
```

这样做的好处是，不必在每个需要这些信息的源文件中重复定义宏、重复声明函数原

型，而且程序更容易修改，改变宏定义或函数原型只需编辑单独的头文件即可。

然而，新的问题来了：如果一个源文件包含同一个头文件两次，那么就有可能产生编译错误。当一个头文件中又包含其他头文件的时候，通常会出现头文件多次包含的问题。例如，file1.h 包含 file3.h，file2.h 也包含 file3.h，而 demo.c 同时包含 file1.h 和 file2.h，这样在编译 demo.c 时就会将 file3.h 编译两次。当被重复包含的头文件中仅包含宏定义、函数原型、变量声明时，通常不会产生编译错误，但是如果它还包含类型定义（例如将在第 9 章介绍的结构体和共用体类型的定义），就会导致编译错误。

使用条件编译预处理指令可以防止头文件被多次包含，即用#ifndef 和#endif 来封装头文件的内容。例如，前面定义的头文件 guess.h 可以改写为

```
#ifndef GUESS_H
#define GUESS_H

#define MAX_NUMBER 100
#define MIN_NUMBER 1
#define MAX_TIMES  10

#endif
```

新添加的 3 行代码的作用是：在首次包含这个头文件时，因为没有定义宏 GUESS_H，所以预处理器保留#ifndef 和#endif 之间的代码，而当再次包含这个头文件时，由于宏 GUESS_H 已经被定义，此时预处理器就会删除#ifndef 和#endif 之间的代码。这里，第 2 行的宏之所以命名为与头文件类似的名字，目的是避免和其他的宏定义冲突。

【例 4.6】用多文件编程方法重写猜数游戏。

问题分析：需要按照一定的原则来拆分源文件。

第 1 步：将每个函数或每组逻辑上密切相关的函数放入一个单独的源文件中。

猜数游戏中总计定义了 8 个用户自定义函数，可以将其分组放入不同的源文件中，为了演示多文件编程，本例直接将其分别放入 8 个文件中。例如，将 MakeNumber()函数的定义单独放入 MakeNumber.c 中，将 InputGuess()函数的定义放到 InputGuess.c 中，以此类推。

第 2 步：为每一个源文件都创建一个与此源文件同名的头文件，在这个头文件中放置在相应源文件中定义的函数的函数原型。

例如，创建一个与 MakeNumber.c 同名的头文件 MakeNumber.h，并在 MakeNumber.h 中放置 MakeNumber()的函数原型。

第 3 步：在每个需要调用被调函数的源文件中包含被调函数对应的头文件。

例如，每个需要调用 InputGuess()的源文件，即 GuessOnce.c、GuessUntilRight.c、GuessUpToTen.c 等，都应包含 InputGuess.h。

第 4 步：在每个源文件中也都包含与其同名的头文件，以方便编译器检查头文件中的函数原型是否与同名源文件中的函数定义一致。

例如，在 InputGuess.c 中包含 InputGuess.h。

第 5 步：将主函数单独放在一个源文件中，这个文件可以命名为 main.c，也可用程序的名字来命名，例如 guess.c。

于是，可以得到如下的拆分结果。其中，main.c 的文件内容如下：

```
1    #include <stdio.h>
```

```
2    #include "MakeNumber.h"
3    #include "MenuSelection.h"
4    #include "GuessOnce.h"
5    #include "GuessUntilRight.h"
6    #include "GuessUpToTen.h"
7    //主函数
8    int main(void){
9        int  magic;                      //计算机生成的随机数
10       char choice;                     //用户的选择
11       do{
12           magic = MakeNumber();        //调用 MakeNumber()让计算机生成一个随机数
13           choice = MenuSelection();    //调用 MenuSelection()显示菜单并返回用户的选择
14           switch (choice){             //判断用户选择的是何种操作
15           case '1':
16               GuessOnce(magic);        //调用 GuessOnce()函数，只猜一次
17               break;
18           case '2':
19               GuessUntilRight(magic);  //调用 GuessUntilRight()函数，直到猜对为止
20               break;
21           case '3':
22               GuessUpToTen(magic);     //调用 GuessUpToTen()函数，最多猜 10 次
23               break;
24           case '0':
25               printf("Game is over!\n");
26               break;      //退出 switch 语句，进而退出程序的执行
27           default:
28               printf("Input error!\n");
29           }
30           while(getchar()!='\n');      //清除输入缓冲区中的非法字符
31       } while (choice != '0');         //只要用户不选 0，就继续猜下一个数
32       return 0;
33   }
```

MakeNumber.c 的文件内容如下：

```
1    #include <time.h>
2    #include <stdlib.h>
3    #include <assert.h>
4    #include "guess.h"
5    #include "MakeNumber.h"
6    //函数功能：计算机生成并返回一个随机数
7    int MakeNumber(void){
8        int magic;
9        srand(time(NULL));//为函数 rand()设置随机数种子
10       magic = (rand() % (MAX_NUMBER - MIN_NUMBER + 1) ) +MIN_NUMBER;
11       assert(magic >= MIN_NUMBER && magic <= MAX_NUMBER);//断言验证假设的正确性
12       return magic;
13   }
```

MakeNumber.h 的文件内容如下：

```
1    int MakeNumber(void);
```

MenuSelection.c 的文件内容如下：

```
1    #include <stdio.h>
2    #include "MenuSelection.h"
3    //函数功能：显示一个固定式菜单并返回用户的选择
4    char MenuSelection(void){
5        char   choice;        //用户的选择
6        printf("1.Guess Once\n");
7        printf("2.Guess until right\n");
8        printf("3.Guess up to ten times\n");
9        printf("0.Exit\n");
10       printf("Input your choice:");
11       scanf(" %c", &choice);   //注意这里%c前面有一个空格，避免读入前面的换行符
12       return choice;
13   }
```

MenuSelection.h 的文件内容如下：

```
1    char MenuSelection(void);
```

GuessOnce.c 的文件内容如下：

```
1    #include <stdio.h>
2    #include "IsRight.h"
3    #include "InputGuess.h"
4    #include "GuessOnce.h"
5    //函数功能：用户猜数，只猜一次
6    void GuessOnce(const int magic){
7        int   guess;          //用户猜的数
8        int   counter = 0;    //记录用户猜数次数的计数器变量，初始化为 0
9        guess = InputGuess(counter);   //调用函数 InputGuess()返回用户猜的数
10       if (IsRight(magic, guess)){
11           printf("Right!\n");
12       }
13       printf("The magic number is %d\n", magic);
14   }
```

GuessOnce.h 的文件内容如下：

```
1    void GuessOnce(const int magic);
```

GuessUntilRight.c 的文件内容如下：

```
1    #include <stdio.h>
2    #include "IsRight.h"
3    #include "InputGuess.h"
4    #include "GuessUntilRight.h"
5    //函数功能：用户猜数，直到猜对为止
6    void GuessUntilRight(const int magic){
7        int   guess;           //用户猜的数
8        int   counter = 0;  //记录用户猜数次数的计数器变量，初始化为 0
9        do{
10           guess = InputGuess(counter); //调用函数 InputGuess()返回用户猜的数
11           counter++;                         //记录用户猜数的次数
12       } while (!IsRight(magic, guess));
13       printf("The magic number is %d\n", magic);
```

模块化程序设计与函数 / 第4章

```
14        printf("counter=%d\n", counter); //输出用户猜数的次数
15    }
```

GuessUntilRight.h 的文件内容如下:

```
1    void GuessUntilRight(const int magic);
```

GuessUpToTen.c 的文件内容如下:

```
1    #include <stdio.h>
2    #include "IsRight.h"
3    #include "InputGuess.h"
4    #include "guess.h"
5    #include "GuessUpToTen.h"
6    //函数功能: 用户猜数, 最多猜10次
7    void GuessUpToTen(const int magic){
8        int guess;           //用户猜的数
9        int counter = 0;     //记录用户猜数次数的计数器变量, 初始化为0
10       do{
11           guess = InputGuess(counter);//调用函数InputGuess()返回用户猜的数
12           counter++;                   //记录用户猜数的次数
13       } while (!IsRight(magic, guess) && counter < MAX_TIMES);
14       printf("The magic number is %d\n", magic);
15       printf("counter=%d\n", counter); //输出用户猜数的次数
16   }
```

GuessUpToTen.h 的文件内容如下:

```
1    void GuessUpToTen(const int magic);
```

InputGuess.c 的文件内容如下:

```
1    #include <stdio.h>
2    #include "IsValidNum.h"
3    #include "InputGuess.h"
4    //函数功能: 输入并返回用户猜的数, 能够检查数据的合法性和有效性
5    int InputGuess(int counter){
6        int  guess;          //用户猜的数
7        int  ret;            //保存scanf()的返回值, 用于判断是否成功读入指定数目的数据
8        printf("Try %d:", counter + 1);
9        ret = scanf("%d", &guess);         //读入用户猜的数
10       while (ret != 1 || !IsValidNum(guess)){ //判断用户输入的数据是否合法有效
11           printf("Input error!\n");
12           while (getchar() != '\n'); //清除输入缓冲区中的非法字符
13           printf("Try %d:", counter + 1);
14           ret = scanf("%d", &guess); //读入用户猜的数
15       }
16       return guess;
17   }
```

InputGuess.h 的文件内容如下:

```
1    int InputGuess(int counter);
```

IsRight.c 的文件内容如下:

```
1   #include <stdbool.h>      //使用 C99 中定义的布尔型需要包含此头文件
2   //函数功能：对用户猜对与否做出判断，显示并返回判断结果
3   bool IsRight(int magic, int guess){
4       if (guess < magic){
5           printf("Wrong!Too small!\n");
6           return false;
7       }
8       else if (guess > magic){
9           printf("Wrong!Too big!\n");
10          return false;
11      }
12      else{
13          return true;
14      }
15  }
```

IsRight.h 的文件内容如下：

```
1   bool IsRight(int magic, int guess);
```

IsValidNum.c 的文件内容如下：

```
1   #include "guess.h"
2   #include "IsValidNum.h"
3   //函数功能：测试用户输入数据的有效性
4   bool IsValidNum(int number){
5       return (number >= MIN_NUMBER && number <= MAX_NUMBER) ? true : false;
6   }
```

IsValidNum.h 的文件内容如下：

```
1   bool IsValidNum(int magic);
```

guess.h 的文件内容如下：

```
1   #ifndef GUESS_H
2   #define GUESS_H
3   #define MAX_NUMBER 100
4   #define MIN_NUMBER 1
5   #define MAX_TIMES  10
6   #endif
```

至此，我们把猜数游戏程序划分成了 18 个文件，包括 9
个源文件和 9 个头文件，如图 4-7 所示。

请读者自行运行程序，体会一下猜数游戏的执行过程。

4.6 变量的作用域和存储类型

变量的作用域——
基本概念和实例

本节主要讨论如下问题。

（1）什么是变量的作用域？编译器如
何区分不同作用域的同名变量？

（2）变量的存储类型有哪几种？变量
的存储类型决定了什么？

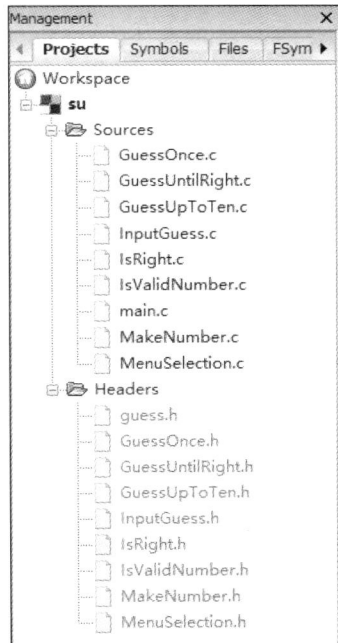

图 4-7 Code::Blocks 下显示的树
状文件结构

4.6.1 变量的作用域

所谓变量的**作用域（Scope）**，是指变量的可用性范围，即变量可在程序中被读写访问的范围。变量的作用域取决于它们在程序中被定义的位置。变量的作用域规则是：每个变量仅在定义它的语句块（包含下级语句块）内有效。

例如，**局部变量（Local Variable）**是在函数和复合语句内定义的变量。而**全局变量（Global Variable）**是在与 main()函数平行的位置即不在任何语句块内定义的变量，或者说是在所有函数之外定义的变量。所以，按照变量的作用域规则，局部变量和全局变量具有不同的作用域。局部变量仅限于在定义它的语句块（包含其下级语句块）内可以被访问，在语句块外不能被访问。作用域为整个程序的全局变量，在从定义全局变量的位置开始到本程序结束的所有位置均可被访问。

即使同为局部变量但其被定义的位置不同（例如，在函数内和复合语句内，或者在不同的复合语句内），它们也会具有不同的作用域。例如，C99 允许在 for 循环的初始化部分定义变量，因此在此处定义的变量是局部变量，仅能在 for 语句的循环体内被访问，在循环体之外不能访问。如果两个局部变量同名，那么作用域较小的局部变量将隐藏作用域较大的局部变量。

【例 4.7】下面程序主要用于演示局部变量和全局变量同名时的作用域。

```
1    #include <stdio.h>
2    void Function(void);
3    int  x = 1;      //全局变量
4    int  y = 2;      //全局变量
5    int main(void){
6        Function();
7        printf("x=%d,y=%d\n", x, y); //输出全局变量 x 和 y 的值
8        return 0;
9    }
10   void Function(void){
11       int x, y;       //局部变量隐藏全局变量
12       x = 2;
13       y = 1;
14       printf("x=%d,y=%d\n", x, y); //输出局部变量 x 和 y 的值
15   }
```

本例程序的运行结果如下：

```
x = 2, y = 1
x = 1, y = 2
```

这说明，局部变量与全局变量同名时，局部变量隐藏了全局变量。但由于二者的作用域是不同的，因此局部变量与全局变量同名时不会相互干扰。

本例中，如果第 13 行定义的变量是在函数 Function()的形参列表中声明的，即修改为下面的程序，由于形参也是局部变量，所以程序的运行结果不变。

```
1    #include <stdio.h>
2    void Function(int x,  int y);
3    int  x = 1;      //全局变量
4    int  y = 2;      //全局变量
```

```
5    int main(void){
6       Function(x, y);
7       printf("x=%d,y=%d\n",x,y);    //输出全局变量 x 和 y 的值
8       return 0;
9    }
10   void Function(int x,  int y){    //形参也是局部变量，局部变量隐藏全局变量
11      x = 2;
12      y = 1;
13      printf("x=%d,y=%d\n",x,y);    //输出局部变量 x 和 y 的值
14   }
```

【例 4.8】下面程序主要用于演示并列语句块内的局部变量同名时是否会产生干扰。

```
1    #include <stdio.h>
2    void Function(int x, int y);
3    int main(void){
4       int   x = 1;   //局部变量
5       int   y = 2;   //局部变量
6       Function(x, y);                    //实参和形参同名
7       printf("x=%d, y=%d\n", x, y);      //访问的是主函数内定义的局部变量 x 和 y
8       return 0;
9    }
10   void Function(int x, int y){        //并列语句块内的同名局部变量
11      x = 2;
12      y = 1;
13      printf("x=%d, y=%d\n", x, y);      //访问的是形参列表中定义的局部变量 x 和 y
14   }
```

本例程序的运行结果如下：

```
x = 2, y = 1
x = 1, y = 2
```

这说明，当同名变量出现在并列的语句块内时，会因作用域不同而互不干扰。

综上，只要同名变量出现在不同的作用域内，那么编译器就有能力进行区分，不会出现相互干扰。

编译器是如何区分不同作用域的同名变量的？ 一个变量名之所以能代表两个不同的值，是因为它能代表两个不同的内存地址。编译器是通过将同名变量映射到不同的内存地址来实现作用域划分的。局部变量和全局变量被分配到不同的内存区域，其内存地址也不同，所以二者同名也不会相互干扰。同样，由于同名的局部变量（例如形参和实参）分配到的内存地址不同，即在内存中占据不同的存储单元，所以局部变量同名不会相互干扰。正因为形参和实参在内存中占据不同的存储单元，所以形参值的改变不会影响到实参。例如，本例中的形参和实参是同名的，因此，在被调函数 Function() 中修改形参 x 和 y 的值，不会影响实参 x 和 y 的值。

4.6.2　变量的存储类型

变量的存储类型是指编译器为变量分配存储空间的方式，它决定变量的生存期。图 4-8 从概念上描述了 C 语言程序的内存映像，从低地址端到高地址端依次为只读存储区、

变量的存储类型——基本概念

C 程序的内存映像

静态存储区和动态存储区，其实际的物理布局会随着 CPU 的类型和编译器实现的不同而不同。

只读存储区用于存储机器代码和常量等只读数据。可用于为变量分配内存的存储区有两块，一块是静态存储区，另一块是动态存储区。所谓静态是指发生在程序编译或链接时，所谓动态则是指发生在程序载入和运行时。

静态存储区用于存放程序中的全局变量和静态变量，且在程序编译时为变量分配内存，这部分内存仅在程序终止前才被操作系统收回。因此，静态存储区分配的变量是与程序"共存亡"的。

动态存储区又进一步划分为**堆（Heap）**和**栈（Stack）**，它们具有不同的内存管理方式。栈主要用于保存局部变量，在 Intel 处理器中，也用于保存函数调用时的返回地址和函数形参等信息，这部分内存是由系统自动分配和释放的。例如，对于函数内定义的局部变量，函数调用时系统自动为其分配内存，调用结束时自动释放内存，即函数内定义的局部变量的生存期与被调函数的相同。栈内存分配运算内置于处理器的指令集中，效率很高，但是栈内存容量有限。堆是一个自由存储区，需要程序员通过调用动态内存分配函数来手动申请和释放（将在第 9 章介绍），即这部分动态内存的生存期由程序员决定。

声明变量存储类型的一般语法格式如下：

存储类型　数据类型　变量名表；

C 语言中的存储类型说明符主要有 4 个，分别为：auto、register、extern、static。

（1）auto，用于声明自动变量

用 auto 关键字声明的变量，称为自动变量，其语法格式如下：

auto 数据类型　变量名表；

自动变量是 C 语言默认的存储类型，即在变量定义时，若不指定存储类型，就代表它是自动变量。"自动"主要体现它的内存分配和释放都是系统自动完成的，即进入语句块时系统自动为其分配内存，退出语句块时系统自动释放内存。因此，自动变量的值只能在定义它的语句块内被访问，在退出语句块以后不能再访问，即自动变量的生存期仅限于定义它的语句块内，自动变量的内存是在动态存储区的栈上分配的，因此自动变量也称为动态局部变量。

例如，函数内定义的自动变量在退出函数后，为其分配的内存立即被释放，即将内存中的值恢复为随机数（即乱码），再次进入函数时该自动变量被重新分配内存，所以在上一次退出函数前自动变量所拥有的值将不会保留到下一次进入函数时。

【温馨提示】自动变量在定义时不会被自动初始化为 0，所以除非程序员在程序中显式为其指定初值，否则自动变量的值是随机不确定的，即乱码。

（2）register，用于声明寄存器变量

寄存器（Register）是 CPU 内部容量有限但速度极快的存储器。通常将使用频率较高的变量声明为 register，将需要频繁访问的数据存放在 CPU 寄存器中，以提高程序的执行速度。其语法格式如下：

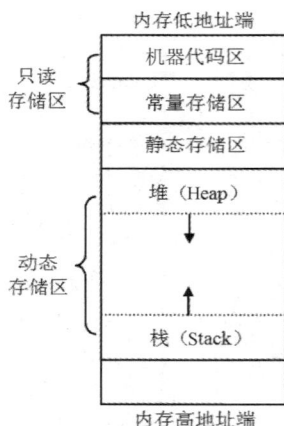

图 4-8　C 语言程序的内存映像

内存低地址端

机器代码区

常量存储区

静态存储区

堆（Heap）

栈（Stack）

内存高地址端

只读存储区

动态存储区

变量的存储类型——自动变量和静态局部变量

```
register 数据类型 变量名表;
```

现代编译器能自动优化程序，自动把普通变量优化为寄存器变量，并且可以忽略用户的 register 指定，所以一般无须特别声明变量为 register。

由于 Intel 64 位处理器中通用寄存器非常少，仅有 16 个，因此程序声明超过 16 个 register 类型的变量是根本无法实现的。而 ARM 处理器中通用寄存器的数量几乎是 Intel 64 位处理器数量的 2 倍。因此，可以用更多的寄存器来实现变量的存储，编译器能更大限度地满足程序员对寄存器的需求，例如函数调用时的形参、返回值和返回地址等都可以使用寄存器来存储，而无须访问 CPU 外的栈内存，从而程序运行的速度更快。

（3）extern，用于声明外部变量

全局变量的作用域是从定义它的位置到文件的末尾，即在此范围内的程序的任何位置都可以访问全局变量的值。未显式初始化的全局变量会自动初始化为 0。

全局变量的
利与弊

若要在全局变量的定义位置之前或其他文件中使用该全局变量，则需使用关键字 extern 对其进行外部声明，其语法格式如下：

```
extern 数据类型 变量名表;
```

【温馨提示】外部变量声明不是变量定义，编译器不为其分配内存。而对于定义的全局变量，编译器会为其在静态存储区分配内存，其生存期是整个程序的运行期，即从程序运行开始后到程序结束前始终占据固定的存储单元，在程序结束时才释放内存。

（4）static，用于声明静态变量

用 static 关键字声明的变量，称为静态变量，其语法格式如下：

```
static 数据类型 变量名表;
```

编译器为静态变量在静态存储区分配固定的存储单元，其生存期是整个程序的运行期。如果静态变量未被显式初始化，那么编译器自动将其初始化为 0。

静态变量与全局变量相比有什么不同？ 从生存期的角度来看，静态变量与全局变量都是在静态存储区分配内存的，只分配一次内存，仅被初始化一次，并自动初始化为 0，其生存期都是整个程序运行期，即从程序运行起就占据内存，程序退出时才释放内存。但是从作用域的角度来看，静态变量与全局变量的作用域有可能是不同的，这取决于静态变量在程序中的什么位置被定义。

在函数内定义的静态变量，称为**静态局部变量**，"局部"意味着变量只能在定义它的函数内被访问。静态局部变量和全局变量的主要区别在于可见性。静态局部变量仅在其被定义的代码块内是可见的，即静态局部变量是多个函数调用之间保持其值的局部变量。

在所有函数外定义的静态变量，称为**静态全局变量**。静态全局变量和非静态的全局变量的主要区别也在于可见性。对全局变量用 static 限定，会使编译器生成静态全局变量，使其仅在定义该变量的文件中可见。因此，静态全局变量只能在定义它的文件内被访问，其他文件不能访问它，即使不同的文件中使用了同名的全局变量也不会相互影响。

静态局部变量与自动变量（动态局部变量）有什么相同和不同呢？ 二者的相同之处在于，它们都是局部变量，作用域也都是局部的，即仅能在定义它的函数内被访问。二者的主要区别是被分配内存的存储区是不同的，它们的生存期也是不同的。静态局部变量是在

静态存储区分配内存的，其生存期是整个程序的运行期，其占据的内存在退出被调函数后不会被释放，因此静态局部变量的值仍能保持其值到下一次进入被调函数时，仅在首次调用函数时被初始化且仅初始化一次。而自动变量是在动态存储区分配内存的，其生存期仅为被调函数的运行期，其占据的内存在退出被调函数后就被释放了，因此自动变量的值不能保持到下一次进入被调函数时，每次调用函数都需要重新对其初始化。

【例 4.9】请分析下面程序能否用静态局部变量实现阶乘的计算。

```
1    #include <stdio.h>
2    long Func(int n);
3    int main(void){
4        int  n;
5        long f;
6        scanf("%d", &n);
7        for (int i=1; i<=n; i++){
8            f = Func(i);   //每次循环乘一个数，n 次循环乘了 n 个数
9        }
10       printf("%d!=%ld\n", n, f); //输出 n 的阶乘
11       return 0;
12   }
13   long Func(int n){
14       static long p = 1;//定义静态局部变量，初始化仅在第一次进入函数时执行一次
15       p = p * n;
16       return p;               //退出函数调用时仍保持上一次函数调用时的值
17   }
```

这个程序的运行结果如下：

```
10↙
10!=3628800
```

【温馨提示】由于静态局部变量的值能保持退出函数前所拥有的值，这使得包含静态局部变量定义的函数具有一定的"记忆"功能，而本例正是利用了这一记忆功能实现了阶乘的计算。然而这种"记忆"功能也使得函数对于相同的输入参数输出不同的结果，降低了程序的可理解性。因此，建议少用、慎用静态局部变量。

4.7 程序调试方法

本节主要讨论如下问题。

（1）何为 bug？何为 Debug？

变量的作用域与
存储类型小结

程序调试

（2）程序中常见的出错原因有哪些？常用的程序调试方法有哪些？

据说，在计算机发展的早期，数学家霍珀 G.M.在调试为计算机马克 1 号编制的程序时，计算机出现了故障，几经周折后发现是一只飞蛾被烤糊在计算机的两个继电器触点的中间，导致短路，待飞蛾取出后，计算机才恢复正常。于是人们打趣地将程序缺陷统称为 bug（本意为"虫子"），程序调试也因此被形象地称为 Debug（意为"捉虫子"）。现在 Debug 已成为计算机领域常见一个的专业术语，人们将寻找 bug 根源及修复 bug 的过程称为**调试（Debug）**。

对绝大多数人而言，程序不是编出来的，而是调出来的。即使是经验丰富的程序员也无法保证其编写的程序没有任何 bug，我们能做的就是尽量减少 bug 并尽早发现 bug。

程序测试可以发现程序中有 bug 存在，而定位 bug 的位置则需要依赖程序调试。类似于破案，程序测试让我们知道有坏事发生了，却不知道这个坏事究竟是谁干的。了解一些程序常见的出错原因，掌握一些常用的程序调试与排错技巧，有助于我们快速、准确地定位 bug 的位置、寻找 bug 产生的根源，进而修复 bug，减少排错所需的时间。

一般而言，程序中常见的出错原因归纳为以下 3 种。

（1）编译错误

编译错误（Compilation Error）是指在编译过程中发生的错误。程序编译不通过，说明程序中有**语法错误（ Syntax Error ）**，通常是程序中存在不符合语言的语法规定的语句，是初学者常犯的一类错误。借助编译提示信息，可以很容易修正编译错误。少数情况下，编译器提示的错误语句行可能并不是真正的错误所在行，需要调试者结合上下文才能找到真正的出错位置。

（2）链接错误

链接错误（Link Error）是指程序链接过程中发生的错误，常见的是**符号未定义（ Undefined Reference ）**和**符号重定义（ Redefinition ）**。这里的符号主要指函数或全局变量。在程序的编译过程中，只要符号被声明，编译即可通过，但是在链接的过程中，符号必须有具体的实现才可以成功链接。由于链接器在处理各个符号的时候，没有源文件的概念，只有目标文件,·因此链接器在报错的时候，只会给出错误的符号名称，而不会像编译器那样给出错误所在程序的行号。

例如，在某个源文件的某个位置调用了一个函数，如果源文件中给出了这个函数的声明，那么编译就可以通过。在链接的过程中，链接器将在各个代码段中寻找该函数的定义，如果在程序的所有位置都没有找到此函数的定义，那么链接器就会报出符号未定义的链接错误。符号重定义错误与符号未定义错误类似，如果链接器在链接的时候，发现一个符号在不同的地方有多个定义，这时就会产生符号重定义错误。

（3）运行时错误

运行时错误（Run-time Error）是指在程序运行时发生的错误。相对于编译时出现的语法错误而言，编译器通常不会给出运行时错误的提示信息，所以运行时错误更难被发现。常见的运行时错误有如下两种类型。

一种是逻辑错误。逻辑错误分为致命的和非致命的两类。非致命的逻辑错误不影响程序的运行，但程序的运行结果与预期不相符，即程序输出错误的结果，要么程序做的事情并不是程序设计者想做的，要么程序设计者想做的事情程序并没有做。致命的逻辑错误会导致程序无法正常运行，使程序失效或提前终止，这种错误往往是程序让计算机做了它无法做到的事情导致的，例如除 0 错误、因错误的条件导致的死循环、非法内存访问等，此时操作系统通常会终止程序的运行。

另一种是系统错误。系统错误是指程序没有语法错误和逻辑错误，但程序的正常运行依赖于某些外部条件的存在，因这些外部条件缺失（外部依赖项路径不正确，或者外部依赖项不存在），程序不能正常运行。例如，编程输出图片，但图片的路径存在错误，或者因缺少外部图形库，而无法使用图形库中的图形函数等。

集成开发环境集成了有关程序建立和源代码编辑、编译、执行和调试的各种功能。除了配有编译器，通常还会配有调试器。例如，集成开发环境 Code::Blocks 支持 20 多种主流编译器，通常采用开源的 GCC/G++编译器和与之配对的 GDB 调试器。调试器使用户可以按语句方式或按函数方式单步执行程序，在某个特定的语句行或某个特定条件发生时让程序暂停执行。另外，还可以按照某些指定格式显示监视窗口里变量的值，根据变量值的变化推断程序是否按设计者的意图在执行。若程序是按预定要求正常工作的，则这一行就算调试通过了，否则也就找到了错误所在行。通常，需要综合使用调试器提供的监视窗口和单步执行功能来调试程序。

正确使用调试工具能使调试工作事半功倍。常用的调试策略如下。

（1）缩减输入数据量，设法找到导致测试失败的最小输入。

（2）采用注释的办法"关掉"一些代码，缩小错误排查的代码区域，调试无误后再"打开"这些代码。

（3）根据"2-8 原则"，80%的 bug 聚集在 20%的模块中，经常出错的模块改错后还会经常出错，应该作为重点排查对象。

（4）在关键位置加设输出语句和检查代码。结合逆向思维和推理来增设输出语句，让程序全速运行并显示中间变量的值，有时比使用单步执行方法更有效率。

找到 bug 后，就要考虑如何修复 bug。修复 bug 时需要注意以下 3 个问题。

（1）不要急于修复 bug，先分析下引发 bug 的原因，以便对症下药。

（2）程序中可能潜伏着同一类型的多个 bug，一旦发现就要乘胜追击，找到并修复所有相似的 bug。

（3）修复 bug 后要立即进行回归测试，以避免修复一个 bug 后又引发其他新的 bug。

现在有很多开源的或商用的软件 bug 检测工具，如 CppCheck、Purify、Coverity、Fortify、Checkmarx 等。但工具只能起到辅助的作用，关键是要养成良好的编程习惯并进行防御式编程，降低 bug 出现的可能性。

函数设计和防御式编程需要遵循的几项基本原则如下。

（1）函数的规模要小，尽量控制在 50 行代码以内，因为这样的函数比代码行数更多的函数更容易维护，出错的概率更小。

（2）函数的功能要单一，不要让它身兼数职，即不要设计具有多用途的函数。

（3）仅通过函数参数和返回值在函数之间传递信息。

（4）在函数接口中清楚地定义函数的行为，包括入口参数、出口参数、返回状态、异常处理等，定义好函数接口以后，不要轻易改动。

（5）在函数的入口处，对参数的有效性和合法性进行检查，以增强程序的健壮性。

（6）在执行某些敏感性操作之前，应检查操作数的合法性及数据类型的匹配性，以避免发生除 0 错误、数值溢出、精度损失等。

（7）当函数需要返回值时，应确保函数中的所有条件控制分支都有返回值。

（8）在函数调用时应确保函数的实参类型与形参类型一致。在程序开头进行函数原型声明，并将函数参数的类型书写完整，这有助于编译器进行类型匹配检查。

（9）不要忽视编译器给出的任何警告信息，这些警告通常包含潜在的编码错误。

（10）简单为美，不要滥用技巧，不要让代码过于复杂。

4.8 AI 辅助编程实例

仍以 3.6 节的代码生成任务为例，假如提示词模板修改为：你是一个 C 语言专家，请你用 C 语言写一个计算课程平均分的程序，从键盘输入一个学生的 3 门课的成绩，用函数编程计算平均分，然后将函数返回的平均分输出到屏幕上。要求输入提示信息为 "Input three scores:"，输入格式为 "%f "。输出提示信息为 "The average score is:"，输出格式为 "%f "。

　　注意：这里增加了对计算平均分过程的明确要求，即用函数计算并返回平均分。此时，使用通义灵码生成的代码如下：

```
1    #include <stdio.h>
2    // 函数声明
3    float calculateAverage(float score1, float score2, float score3);
4    int main() {
5        float score1, score2, score3, average;
6        // 提示用户输入三门课程的成绩
7        printf("Input three scores: ");
8        // 读取用户输入的三门课程的成绩
9        scanf("%f %f %f", &score1, &score2, &score3);
10       // 调用函数计算平均分
11       average = calculateAverage(score1, score2, score3);
12       // 输出平均分
13       printf("The average score is: %f\n", average);
14       return 0;
15   }
16   // 函数定义
17   float calculateAverage(float score1, float score2, float score3) {
18       return (score1 + score2 + score3) / 3.0;
19   }
```

请读者自己运行代码并确认其是否符合需求。

4.9　本章知识点思维导图

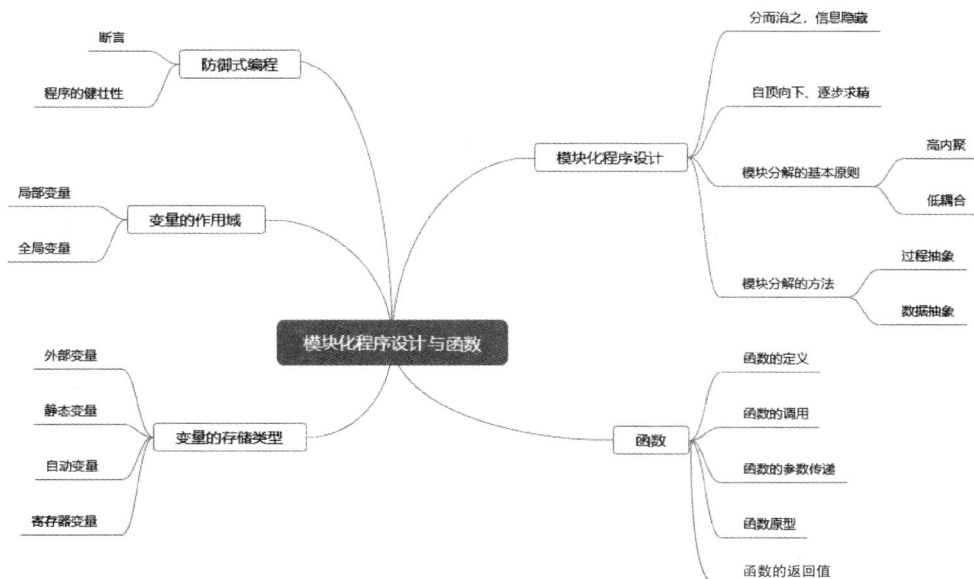

习题 4

4.1 选择题。

（1）下列说法中错误的是（　　　）。

A. 函数中的 return 语句可以有多个，但多个 return 语句并不表示可以用 return 语句从函数返回多个值，return 语句只能从函数返回一个值

B. 只有当实参与其对应的形参同名时，才共占同一个存储单元，此时形参值的变化会影响到实参值

C. 形参也是局部变量，只能在定义它的函数体内被访问

D. 实参与其对应的形参各占独立的存储单元，函数调用时的参数传递就是把实参的值复制给形参，即由实参向形参进行单向传值，因此形参值的变化不影响实参值

（2）下列说法错误的是（　　　）。

A. 当函数原型与函数定义中的形参类型不一致时，编译器一般都会指出参数类型不匹配的编译错误。因此，给出函数原型有助于编译器对函数参数进行类型匹配检查

B. 函数原型就是一条函数声明语句，不包括函数体

C. 无论何种情况，只要把用户自定义的所有函数都放在 main() 函数的前面，就可以不用写函数原型了

D. 函数调用时，要求实参与形参的数量相等且类型匹配，匹配的原则与变量赋值的原则一致。当函数调用时的实参与函数定义中的形参的类型不匹配时，某些编译器会发出警告，提示有可能出现数据信息丢失

（3）在下列哪些情况下适合使用断言？（　　　）（多选）

A. 检查程序中的各种假设的正确性。

B. 证实或测试某种不可能发生的状况确实不会发生。

C. 捕捉不应该或者不可能发生的非法情况。

D. 捕捉程序中有可能出现的错误。

4.2 判断题。

（1）作用域较大的局部变量将隐藏作用域较小的局部变量。（　　　）

（2）出现在不同的作用域内的同名变量，也会相互干扰。（　　　）

（3）静态变量的生存期是整个程序的运行期，在程序编译时会自动将其初始化为 0。（　　　）

（4）静态全局变量只能在定义它的文件内被访问，其他文件不能访问它。（　　　）

（5）函数可以嵌套调用，但不可以嵌套定义。（　　　）

4.3 **数字位数统计**。编程实现从键盘输入一个 int 型数据，输出该整数共有几位数字。

4.4 **最小公倍数**。编写计算两个正整数的最小公倍数的函数，实现在主函数中调用该函数计算并输出从键盘输入的任意两个正整数的最小公倍数。

4.5 **阶乘求和**。编写程序实现用户输入一个 [1,10] 范围内的数 n，计算并输出 $1! + 2! + 3! + \cdots + n!$ 的值。要求程序具有防止非法字符输入和错误输入的能力，即如果用户输入了非法字符或不在 [1,10] 范围内的数，要提示用户重新输入数据。

4.6 **验证角谷猜想**。对于任意一个自然数 n，若 n 为偶数，则将其除以 2，若 n 为奇

数，则将其乘 3 后再加 1，将所得运算结果再按照以上规则进行计算，如此经过有限次运算后，总可以得到自然数 1。例如，输入自然数 8，是偶数，则进行以下计算：$8 \div 2 = 4$，$4 \div 2 = 2$，$2 \div 2 = 1$。如果输入自然数 5，是奇数，则进行以下计算：$5 \times 3 + 1 = 16$，$16 \div 2 = 8$，$8 \div 2 = 4$，$4 \div 2 = 2$，$2 \div 2 = 1$。请编写程序验证角谷猜想。要求：由用户从键盘输入自然数 n（$0 < n \leqslant 100$）；对用户输入的数据进行合法性和有效性检查，直到用户输入符合要求为止；列出运算过程中的每一步。

4.7 **完全数判断**。完全数也称完美数或完数，它是指这样的一些特殊的自然数：它所有的真因子（即除了自身以外的约数）的和，恰好等于它本身，即自然数 m 的所有小于 m 的不同因子（包括 1）加起来恰好等于 m。注意，1 没有真因子，所以 1 不是完全数。例如，因为 $6 = 1 + 2 + 3$，所以 6 是一个完全数。请编写一个程序，判断整数 m 是否完全数。

4.8 **完全数统计**。请编写一个程序，输出 n 以内所有的完全数。n 是 [1,1000000] 范围内的自然数，由用户从键盘输入。如果用户输入的数不在此区间内，则输出 Input error!。

4.9 **统计特殊的星期天**。已知 1900 年 1 月 1 日是星期一，请编写一个程序，计算在 1901 年 1 月 1 日至某年 12 月 31 日期间共有多少个星期天是每月的第一天。要求：先输入年份 y，如果输入非法字符，或者输入的年份小于 1901，则提示重新输入；然后输出在 1901 年 1 月 1 日至 y 年 12 月 31 日期间星期天是每月第一天的天数。

4.10 以下计算 $a + aa + aaa + \cdots + aa\cdots a$（$n$ 个 a）的程序存在 bug，请利用程序调试方法分析程序的 bug。

```
1   #include <stdio.h>
2   #include <math.h>
3   long SumofNa(int a, int n);
4   int main(void){
5       int a, n;
6       scanf("%d,%d", &a, &n);
7       printf("sum=%ld\n", SumofNa(a, n));
8       return 0;
9   }
10  //函数功能：计算并返回 a + aa + aaa + … + aa…a 的结果
11  long SumofNa(int a, int n){
12      long sum = 0;
13      for (int i=1; i<=n; i++){
14          sum = sum + a * (pow(10, i) - 1) / 9;
15      }
16      return sum;
17  }
```

模块化程序设计与函数 | 第4章

第 5 章

常用的问题求解策略

内容导读

必学内容：枚举，递推，递归。

进阶内容：普通递归和尾递归的执行过程。

5.1 计算机的问题求解过程与问题求解策略

本节主要讨论如下问题。

（1）计算机是如何求解问题的？

（2）常用的问题求解策略有哪些？

人求解问题的第一步是理解问题，然后制订问题求解的策略和计划。而让计算机求解问题需要一个思维转换的过程，即人要像计算机一样去思考和解决问题。首先从实际问题中抽象、提炼出数学模型，然后将其转化为计算机能求解的算法。

以计算平方根的算法为例，平方根的数学定义可以表示为：对于一个数 x，如果有另外一个数 r，$r \geq 0$，并且 $r^2 = x$，则 r 就是 x 的平方根。但是这个数学定义只描述了平方根是什么，并未告诉计算机怎么做。要让计算机求解平方根，需要先将定义中的公式转化为一个迭代公式：$r = (r + x / r) / 2$。然后将其转化为计算机能求解的算法：先猜测一个平方根的初值 r，判断 r 的平方与 x 是不是在可容忍的误差范围内接近；若不接近，则按照迭代公式计算新的 r 值，继续判断 r 的平方与 x 是否足够接近；重复以上过程，直到它们足够接近或达到指定的迭代次数为止。

所谓计算机问题求解策略，是指在数学思想支持下的解题思路、方式、方法和策略，如贪心、分治、回溯、牛顿迭代等。以处理复杂问题时常用的分治策略为例，其基本思想就是将一个规模为 N 的原始问题分解为 k 个规模较小的子问题，这些子问题相互独立且合起来与原始问题等价。若子问题不能直接求解，则把子问题继续分解成更小的子问题，直到最后的子问题足够简单可直接求解为止。求出子问题的解，把各个子问题的解合并，即可得到原始问题的解。分治就是分而治之，分（Divide）是指将原来较大的问题划分为若干个较小的同类子问题来求解，而治（Conquer）则是指用这些小问题的解来构建原问题的解。其实质就是化繁为简、化难为易、化大为小。

下面重点介绍枚举、递推、递归等问题求解策略。

5.2 枚举

本节主要讨论如下问题。

（1）用枚举法求解问题的基本要素是什么？

（2）通常采用什么样的控制结构来实现枚举法？

枚举（Enumeration）也称**穷举（Exhaustion）**，即列举出待求解问题的所有可能情况，逐一检验其是否符合给定的判定条件，若当前情况符合，即可得到问题的一个解，若不符合，则继续检验下一种可能情况，直到所有情况都检验完毕为止。若所有情况的验证结果均不符合给定的判定条件，则说明该问题无解。枚举法充分利用了计算机运算速度快、准确度较高的特点，是一种既简单又很有效的问题求解策略。根据上述分析可知，用枚举法求解问题的两个基本要素如下。

（1）**确定枚举对象和枚举范围**：分析问题所涉及的情况、情况的数量或范围，可用循环结构实现。

（2）**确定判定条件**：符合什么条件才能成为问题的答案，可用分支结构实现。

枚举法的效率主要取决于枚举范围的大小，若要对算法进行效率优化，那么必须缩小枚举的范围。在枚举多个对象时，需要多重嵌套循环实现算法，为了提高循环语句的效率，除了根据一些启发式的信息缩小枚举范围以减少循环执行的次数或减少循环嵌套的层数外，如果可行，在多重循环中应将最长的循环放在最内层，将最短的循环放在最外层，以减少 CPU 跨切循环层的次数。综上，枚举法求解问题的关键是确定枚举对象及其枚举范围，以及判定条件。

枚举法的特点是算法实现简单、逻辑清晰、易于理解、编写程序简洁，但运算量较大。枚举法通常适用于求解只有几种组合、判断是否存在和不定方程等类型的问题。

【例 5.1】百鸡问题。百鸡问题是我国古代数学名著《张丘建算经》中的一个数学问题。《张丘建算经》为北魏张丘建所著，所载问题大部分为当时社会生活中的实际问题，涉及面广泛。百鸡问题具体如下，鸡翁一，值钱五；鸡母一，值钱三；鸡雏三，值钱一（公鸡每只 5 元，母鸡每只 3 元，小鸡 3 只 1 元）。百钱买百鸡，问鸡翁、母、雏各几何？请用枚举法编程计算，若用 100 元买 100 只鸡，则公鸡、母鸡和小鸡各能买多少只？

问题分析：假设公鸡、母鸡、小鸡的数量分别为 x、y、z，根据题意可以列出如下不定方程

$$x+y+z=100$$
$$5x+3y+z/3=100$$

采用枚举法求解首先要确定枚举对象和枚举范围。本例可将待求解的对象，即公鸡、母鸡、小鸡的数量，设为枚举对象，枚举范围可以设为 x、y、z 均从 0 变化到 100，需要用三重循环来实现。其次要确定判定条件——同时满足上述不定方程的 x、y、z 值即为所求。

根据上述分析，得到程序代码如下：

```
1    //第一种解法，使用三重循环进行枚举
2    #include <stdio.h>
3    int main(void){
4        for (int x=0; x<=100; x++){
5            for (int y=0; y<=100; y++){
```

```
6                for (int z=0; z<=100; z++){
7                    if (x+y+z == 100 && 5*x+3*y+z/3.0 == 100){
8                        printf("x=%d, y=%d, z=%d\n", x, y, z);
9                    }
10               }
11           }
12       }
13       return 0;
14   }
```

考虑 100 元买公鸡最多可买 20 只，买母鸡最多可买 33 只，所以，可令 x 从 0 变化到 20，y 从 0 变化到 33。而根据 $x+y+z=100$ 这一关系式，在 x 和 y 确定的条件下，可以直接由 x 和 y 来计算 z，即 $z=100-x-y$，此时只要判断 x、y、z 是否满足 $5x+3y+z/3=100$ 即可。这样就可以将三重循环改为双重循环来实现，优化后的程序代码如下：

```
1    //第二种解法，使用双重循环进行枚举
2    #include <stdio.h>
3    int main(void){
4        for (int x=0; x<=20; x++){
5            for (int y=0; y<=33; y++){
6                int z = 100 - x - y;
7                if (5*x+3*y+z/3.0==100){
8                    printf("x=%d, y=%d, z=%d\n", x, y, z);
9                }
10           }
11       }
12       return 0;
13   }
```

上述两个程序的运行结果如下：

x=0, y=25, z=75
x=4, y=18, z=78
x=8, y=11, z=81
x=12, y=4, z=84

注意，在本例程序代码中，z/3.0 不能写成 z/3，因为 z/3 是整除运算，多个 z 值会有相等的 z/3 计算结果，这样就会导致输出几组多余的 x、y、z 组合。

【例 5.2】素数判定。所谓素数（Prime Number），也称**质数**，是不能被 1 和它本身以外的其他整数整除的正整数。根据这个定义，负数、0 和 1 都不是素数，而 7 之所以是素数，是因为除了 1 和 7 以外，它不能被 2～6 的任何整数整除。请编写一个程序，根据素数的定义，采用枚举法判定用户从键盘输入的任意一个整数是否为素数。若为素数，则输出 Yes，否则输出 No。

问题分析：根据素数的定义，假设用户输入的整数是 m，若 m 能被 1 和 m 之间（不包括 1 和 m）的某个整数整除，则 m 不是素数，若上述范围内的所有整数都不能整除 m，则 m 是素数。

用数学的方法可以证明，不能被 $2\sim\sqrt{m}$（取整）的整数整除的数，也必定不能被 $\sqrt{m}+1\sim m$ 的任何整数整除。利用这一启发式信息可以缩小枚举的范围，即只要测试 $2\sim\sqrt{m}$ 的整数不能整除 m 即可判断 m 是素数。根据上述分析，可将枚举对象设为 i，枚举范围是 $2\sim\sqrt{m}$，判定条件就是 $m\%i$ 是否等于 0。

完整的程序代码如下：

```
1    #include <stdio.h>
2    #include <math.h>
3    #include <stdbool.h>
4    bool IsPrime(int m);
5    int main(void){
6        int m;
7        scanf("%d", &m);
8        if (IsPrime(m)){
9            printf("Yes\n");
10       }
11       else{
12           printf("No\n");
13       }
14       return 0;
15   }
16   //函数功能：判断m是否为素数，若为素数，则返回ture，若不为素数，则返回false
17   bool IsPrime(int m){
18       int squareRoot = (int)sqrt(m);
19       if (m <= 1)    return false;        //负数、0和1都不是素数
20       for (int i=2; i<=squareRoot; i++){
21           if (m % i == 0) return false; //若能被整除，则不是素数
22       }
23       return true;
24   }
```

程序的测试结果如表 5-1 所示。

表 5-1　素数判定程序的测试结果

测试用例编号	输入数据	预期输出结果	实际输出结果	测试结果
1	3	Yes	Yes	通过
2	2	Yes	Yes	通过
3	9	No	No	通过
4	1	No	No	通过
5	0	No	No	通过
6	−5	No	No	通过

【例 5.3】最大公因数。两个正整数的最大公因数（Greatest Common Divisor，GCD）是能够整除这两个正整数的最大整数。从键盘任意输入两个正整数 a 和 b，采用枚举法编程计算并输出这两个正整数的最大公因数。

问题分析：首先，确定枚举对象 a 和 b 的枚举范围。由于 a 和 b 的最大公因数不可能比 a 和 b 中的较小者还大，因此先找到 a 和 b 中的较小者 t，然后检验 t 到 1 之间的所有整数是否满足公因数条件。其次，确定判定条件。由于我们是从 t 开始逐次减 1 尝试每种可能，所以第一个满足公因数条件（同时被 a 和 b 整除）的 t 就是 a 和 b 的最大公因数。根据上述分析，得到枚举法实现的程序代码如下：

```
1    #include <stdio.h>
2    int Gcd(int a, int b);
3    int main(void){
```

```
4        int a, b;
5        scanf("%d,%d", &a, &b);
6        int c = Gcd(a,b);
7        if (c != -1){
8            printf("Greatest Common Divisor of %d and %d is %d\n", a, b, c);
9        }
10       else{
11           printf("Input number should be positive!\n");
12       }
13       return 0;
14   }
15   //函数功能：用枚举法计算a和b的最大公因数，输入负数时返回-1
16   int Gcd(int a, int b){
17       if (a <= 0 || b <= 0){
18           return -1;
19       }
20       int t = a < b ? a : b;
21       for (int i=t; i>0; i--){
22           if (a % i == 0 && b % i == 0){
23               return i;
24           }
25       }
26       return 1;
27   }
```

程序的第一次测试结果如下：

16,24↙
Greatest Common Divisor of 16 and 24 is 8

程序的第二次测试结果如下：

-16,-24↙
Input number should be positive!

5.3 递推

本节主要讨论如下问题。

（1）可递推求解的问题一般具有什么特点？

（2）常用的递推方法有哪两种？

递推

递推就是利用问题本身所具有的一种递推关系来求解问题的方法。所谓递推，是指从已知的初始条件出发，依据某种递推关系，逐次推出所要计算的中间结果和最终结果。其中，初始条件要么在问题中已经给定，要么需要通过对问题进行分析和化简后确定。

可递推求解的问题一般具有以下两个特点：（1）问题可以划分成多个状态；（2）除初始状态外，其他各个状态都可以用固定的递推关系式来表示。在实际问题中，一般不会直接给出递推关系式，而是需要通过正向顺推或者反向逆推，找出递推关系式。递推法求解问题的关键是找到求解问题的递推关系。

5.3.1 正向顺推

所谓**正向顺推**，就是从已知条件出发，向着所求问题前进，最后与所求问题联系起来。

来看下面的例子。

【例 5.4】Fibonacci 数列。科学家们发现，松果中的生长线、向日葵花盘中的螺线，以及植物的花瓣、萼片、果实的数目，都与一个奇特的数列相吻合，即 Fibonacci 数列：1,1,2,3,5,8,13,21,…。这个数列从第三项开始，每一项都是前两项之和。Fibonacci 数列是 13 世纪意大利数学家斐波那契（Fibonacci）在其所著的《**计算之书**》一书中借助兔子理想化繁殖问题引入的一个递推数列，被后人称为 **Fibonacci 数列**。请用正向顺推法编程计算 Fibonacci 数列的前 n 项。

问题分析：根据 Fibonacci 数列的性质，可得计算 Fibonacci 数列的数学递推公式如下：

$$\begin{cases} f_1 = 1 & n = 1 \\ f_2 = 1 & n = 2 \\ f_n = f_{n-1} + f_{n-2} & n \geqslant 3 \end{cases}$$

依次令 $n=1,2,3,\cdots$，由该递推公式可正向顺推求出 Fibonacci 数列的前几项为：1,1,2,3,5,8,13,21,34,55,89,144,…。我们可以使用如下两种方法进行递推。

方法 1　使用 3 个变量 f1、f2、f3 求出 Fibonacci 数列的第 n 项。用 f1、f2、f3 分别用于记录数列中相邻的 3 项数值，这样不断由前项求出后项，通过 $n-2$ 次递推，即可求出数列中的第 n 项，如下所示：

序号	1	2	3	4	5	6	7	8	9	10	11	12
数列值	1	1	2	3	5	8	13	21	34	55	89	144
第 1 次迭代	f1	f2	f3									
第 2 次迭代		f1	f2	f3								
第 3 次迭代			f1	f2	f3							
第 4 次迭代				f1	f2	f3						
第 5 次迭代					f1	f2	f3					
第 6 次迭代						f1	f2	f3				
第 7 次迭代							f1	f2	f3			
第 8 次迭代								f1	f2	f3		
第 9 次迭代									f1	f2	f3	
第 10 次迭代										f1	f2	f3

程序代码如下：

```
1   #include <stdio.h>
2   long Fib(int n);
3   int main(void){
4       long  n;
5       scanf("%ld", &n);
6       for (int i=1; i<=n; i++){
7           printf("%4ld", Fib(i));
8       }
9       return 0;
10  }
11  //函数功能：正向顺推法计算并返回 Fibonacci 数列的第 n 项
12  long Fib(int n){
13      long f1 = 1, f2 = 1, f3 = 2;
14      if (n == 1 || n == 2){
15          return 1;
16      }
17      else{
18          for (int i=3; i<=n; i++){ //每递推一次计算一项
```

```
19              f3 = f1 + f2;
20              f1 = f2;
21              f2 = f3;
22          }
23          return f3;
24      }
25  }
```

方法 2　使用两个变量 f1、f2 递推求出 Fibonacci 数列的第 *n* 项，如下所示：

序号	1	2	3	4	5	6	7	8	9	10	11	12
数列值	1	1	2	3	5	8	13	21	34	55	89	144
第 1 次迭代	f1	f2										
第 2 次迭代			f1	f2								
第 3 次迭代					f1	f2						
第 4 次迭代							f1	f2				
第 5 次迭代									f1	f2		
第 6 次迭代											f1	f2

程序代码如下：

```
1   #include <stdio.h>
2   long Fib(int n);
3   int main(void){
4       long  n;
5       scanf("%ld", &n);
6       for (int i=1; i<=n; i++){
7           printf("%4ld", Fib(i));
8       }
9       return 0;
10  }
11  //函数功能：正向顺推法计算并返回 Fibonacci 数列的第 n 项
12  long Fib(int n){
13      long f1 = 1, f2 = 1;
14      if (n == 1 || n == 2){
15          return 1;
16      }
17      else{
18          for (int i=1; i<(n+1)/2; i++){ //每递推一次计算两项
19              f1 = f1 + f2;
20              f2 = f2 + f1;
21          }
22          return  n % 2 != 0 ? f1 : f2;
23      }
24  }
```

上述两个程序的运行结果如下：

```
12✓
1   1   2   3   5   8   13   21   34   55   89   144
```

5.3.2　反向逆推

所谓**反向逆推**，就是从所求问题出发，向着已知条件靠拢，最后与已知条件联系起来。

来看下面的例子。

【例 5.5】猴子吃桃。猴子第一天摘下若干个桃子，吃了一半，还不过瘾，又多吃了一个。第二天早上又将剩下的桃子吃掉一半，并且又多吃了一个。以后每天早上都吃掉前一天剩下的一半零一个。到第 10 天早上再想吃时，发现只剩下一个桃子。采用反向逆推法编程计算第一天共摘了多少桃子。

问题分析：由题意可知，若猴子每天不多吃一个，则每天剩下的桃子数将是前一天的一半，换句话说就是每天实际剩下的桃子数加 1 后的结果刚好是前一天的一半，即猴子每天剩下的桃子数都比前一天的一半少一个，假设第 $i+1$ 天的桃子数是 x_{i+1}，第 i 天的桃子数 x_i，则有：

$$x_{i+1} = x_i/2 - 1$$

换言之，每天剩下的桃子数加 1 之后，刚好是前一天的一半，即：

$$x_i = 2 \times (x_{i+1} + 1)$$

第 n 天剩余的桃子数是 1，即 $x_n = 1$。

根据递推公式 $x_i = 2 \times (x_{i+1} + 1)$，从初值 $x_n = 1$ 开始反向逆推依次得到 $x_{n-1} = 4, x_{n-2} = 10, x_{n-3} = 22, \cdots$，直到推出第 1 天的桃子数为止。

例如，第 1 次反向逆推由第 10 天的 1 个桃子递推得到第 9 天的 4 个桃子，第 2 次反向逆推由第 9 天的 4 个桃子递推得到第 8 天的 10 个桃子，以此类推，直到第 9 次反向逆推由第 2 天的 766 个桃子递推得到第 1 天的 1534 个桃子为止。

从第 10 天反向逆推得到第 1 天的桃子数的具体过程如图 5-1 所示。

图 5-1 猴子吃桃问题的反向逆推过程示意

综上可得猴子吃桃问题的递推关系式为

$$x_n = 1 \qquad\qquad n = 10$$
$$x_n = 2 \times (x_{n+1} + 1) \qquad 1 \leqslant n < 10$$

以第 10 天的桃子数作为初值，根据以上递推关系，用循环语句从第 10 天的桃子数反向逆推出第 1 天的桃子数。将表示天数的变量 day 用于递推的循环控制，用变量 x 保存递推出来的桃子数。采用直到型循环实现的程序代码如下：

```
1    #include <stdio.h>
2    int MonkeyEatPeach(int day);
3    int main(void){
4        int days;
5        scanf("%d", &days);
6        int total = MonkeyEatPeach(days);
7        printf("x=%d\n", total);
8        return 0;
9    }
10   //函数功能：从第 day 天只剩下 1 个桃子反向逆推出第 1 天的桃子数
11   int MonkeyEatPeach(int day){
12       int x = 1;
13       do{
```

```
14          x = (x + 1) * 2;
15          day--;
16      }while (day > 1);
17      return x;
18  }
```

程序运行结果如下：

```
10↙
x=1534
```

5.4 递归

本节主要讨论如下问题。

（1）递归的数学基础是什么？递归函数的基本要素是什么？

（2）递归函数是怎样执行的？

（3）递归和迭代之间的关系是什么？

5.4.1 递归的内涵与数学基础

古人云"千里之行，始于足下""不积跬步，无以至千里"，它给人的启示不只是"万事开头难"和"凡事要从小事做起，从现在做起"，还蕴含了**递归（Recursion）**的思想。以走 1000 步为例，如何实现这一目标呢？

假设你已经走了 999 步，那么你再走一步就迈出了第 1000 步；

假设你已经走了 998 步，那么你再走一步就迈出了第 999 步；

……

直到你迈出了第 1 步，递归结束。

将其写成递归公式就是：

$$\text{walk}(n) = \begin{cases} 1 & n = 1 \\ \text{walk}(n-1) + 1 & n > 1 \end{cases}$$

它的含义是：假设 walk($n-1$) 已经求解完毕，那么计算 walk(n) 只需在 walk($n-1$) 基础上加 1 即可。显然，数学归纳法是递归的数学基础。

如果一个对象部分地由它自己组成或按它自己定义，则称它是**递归的（Recursive）**。递归是计算机科学的一个重要概念，是程序设计中常用的一种问题求解策略，它可根据其自身来定义或求解问题。

5.4.2 递归函数及其基本要素

如果一个函数在定义时，直接或间接地调用了自己，那么这种函数调用统称为**递归调用（Recursive Call）**，这样的函数就称为**递归函数（Recursive Function）**。如果 A 函数调用 B 函数，B 函数又反过来调用 A 函数，那么这种现象称为间接地递归调用。

一个递归函数必须包含如下两个基本要素。

（1）**基本条件（Base case）**。基本条件就是控制递归调用结束的条件，也称边界条件，代表递归的出口，它描述的是问题最简单的情况。每个递归算法必须至少有一个基本条件

能用非递归的方式计算得到，这样才能保证整个递归过程能在有限次数内终止。

（2）**一般条件（General case）**。一般条件定义了递归关系，控制递归调用向基本条件的方向转化，以保证递归过程能够持续地进行，从而使问题的规模变得越来越简单。任何递归调用都必须向着基本条件的方向进行，递归调用才能在有限次数内终止，否则将成为**无穷递归**。

仅当满足一定条件时，递归终止，称为**条件递归**。例如，计算 $n!$ 问题的一般条件可以用递归公式表示为

$$n! = n×(n-1)! \qquad 当\ n>1\ 时$$

仅当 n 等于 1 时递归终止，因此，计算 $n!$ 问题的基本条件可以表示为

$$n! = 1 \qquad 当\ n=1\ 时$$

若用 C 语言表示递归算法，则其一般形式为

```
if (递归终止条件)      //基本条件
    return   递归公式的初值;
 else                 //一般条件，表示递归关系
    return   递归函数调用返回的结果值;
```

一般而言，用分治策略设计的算法都可以用递归函数实现。从算法实现的角度考虑，由于分治得到的子问题与原问题是同类子问题，因此可以用相同的函数来求解。子问题与原问题的区别只是问题的规模不同，同一函数可以解决不同规模的同类子问题，这正是递归函数实现的基础。

【例 5.6】 分别用迭代和递归两种方法计算正整数 n 的阶乘即 $n!$。

方法 1 采用迭代法，根据阶乘的定义 $1×2×\cdots×(n-1)×n$ 计算 $n!$，相当于从前往后累乘计算 $n!$。因此，可以采用循环结构实现，程序代码如下：

```
1    #include<stdio.h>
2    unsigned int Fact(unsigned int n);
3    int main(void){
4        unsigned int n;
5        scanf("%u", &n);
6        printf("%u!=%u\n", n, Fact(n));
7        return 0;
8    }
9    //函数功能: 用迭代法从前往后计算 n 的阶乘并返回
10   unsigned int Fact(unsigned int n){
11       unsigned int i, p = 1;
12       for (i=1; i<=n; i++){
13          p = p * i;
14       }
15       return p;
16   }
```

当然，该程序中的函数 Fact() 也可以从后往前累乘来计算 $n!$。代码如下：

```
1    // 函数功能: 用迭代法从后往前计算 n 的阶乘并返回
2    unsigned int Fact(unsigned int n){
3      unsigned int i, p = 1;
4      for (i = n; i >= 1; i--){
```

```
5            p = p * i;
6        }
7        return p;
8    }
```

方法2 采用递归法，将 $n!$ 的计算用如下的数学公式递归定义：

$$n! = \begin{cases} 1 & n = 0, 1 \\ n \times (n-1)! & n \geq 2 \end{cases}$$

这里，基本条件是 $0! = 1$ 和 $1! = 1$；一般条件是将 $n!$ 表示成 $n \times (n-1)!$，即在调用函数 Fact() 计算 $n!$ 的过程中又调用函数 Fact() 来计算 $(n-1)!$。在递推阶段，相当于从后往前计算，在回归阶段，相当于从前往后计算。

采用递归函数实现的程序代码如下：

```
1    #include<stdio.h>
2    unsigned int Fact(unsigned int n);
3    int main(void){
4        unsigned int n;
5        scanf("%u", &n);
6        printf("%u!=%u\n", n, Fact(n));
7        return 0;
8    }
9    //函数功能：用递归法计算 n 的阶乘并返回
10   unsigned int Fact(unsigned int n){
11       if (n == 1 || n == 0){ //基本条件，即递归终止条件
12           return 1;
13       }
14       else{                          // 一般条件
15           return n * Fact(n-1); //递归调用
16       }
17   }
```

本例程序运行结果如下：

```
10↙
10!=3628800
```

在本例中，每次递归调用，实参变量的值都减 1，当其值减到 1 时，递归终止。递归的终止条件，相当于前文迭代计算中的循环终止条件。

【例 5.7】采用递归法编写求解例 5.5 的猴子吃桃问题的程序代码。

问题分析：根据例 5.5 的问题分析，可以将下面的递推公式采用递归方式求解。

$$x_n = 1 \qquad\qquad n = 10$$
$$x_n = 2 \times (x_{n+1} + 1) \qquad 1 \leq n < 10$$

采用递归法实现的程序代码如下：

```
1    #include  <stdio.h>
2    int MonkeyEatPeach(int days);
3    int main(void){
4        int days;
5        scanf("%d", &days);
6        int x = MonkeyEatPeach(days);
```

```
 7        printf("x = %d\n", x);
 8        return 0;
 9    }
10    //函数功能：用递归法求解猴子吃桃问题，由第 days 天推出第 days-1 天
11    int MonkeyEatPeach(int days){
12        if (days == 1){    //基本条件，递归结束条件对应循环结束条件
13            return 1;          //递归结束时的返回值对应递推初值
14        }
15        else{              //一般条件
16            return 2 * (MonkeyEatPeach(days-1) + 1); //递归调用，对应递推公式
17        }
18    }
```

5.4.3　递归的执行过程

递归的执行过程可分为两个阶段：**递推阶段**（也称**递归前进阶段**）和**回归阶段**（也称**递归返回阶段**）。在递推阶段，逐次将复杂的情形归结为较简单的情形来计算，直到归结为最简单的情形（满足基本条件）为止，递推阶段结束，开始进入回归阶段。在回归阶段，函数调用以逆序的方式回归，逐级返回到上一级调用函数计算，计算完返回到再上一级调用函数，直到返回到最初调用的函数为止，此时递归执行过程结束。

以计算 $n!$ 为例，在递推阶段，先把问题的规模减小，将其转化为求解 $(n-1)!$ 的子问题。在求解 $(n-1)!$ 时再转化为求解 $(n-2)!$ 的子问题，以此类推，直至计算 $1!$ 能立即得到结果 1 为止。在回归阶段，当获得最简单情形即 $1!$ 的解后，逐级返回，先将 $1!$ 的结果返回得到 $2!$ 的计算结果，再将 $2!$ 的结果返回得到 $3!$ 的计算结果……最后在得到 $(n-1)!$ 的计算结果后，将其返回得到 $n!$ 的计算结果。

以 $3!$ 的计算过程为例，其递归调用过程如下。

（1）Fact (3)——在 main()函数中，调用函数 Fact(3)计算 $3!$。

（2）{3 * Fact (2)}——计算 $3!$ 时，需先调用函数 Fact(2)计算 $2!$。

（3）{3 * {2 * Fact (1)}}——计算 $2!$ 时，需先调用函数 Fact(1)计算 $1!$。

（4）{3 * {2 * 1}}——计算 $1!$ 时，递归终止，Fact(1)返回 1 给 Fact(2)。

（5）{3 * 2}——Fact(2)返回 $2! = 2*1!=2*1=2$ 给 Fact(3)。

（6）6——Fact(3)返回 $3! = 3*2!=3*2=6$ 给 main()。

其中，前 3 个步骤属于递推阶段，在到达递归终止条件即得到本问题的最简形式 $1!$ 后，开始进入后面 3 个步骤表示的回归阶段。即当基本条件（即递归终止条件）不满足时，递归前进；当基本条件满足时，递归返回。

为了理解递归函数调用的执行过程，需要先了解栈内存的概念。不妨将栈内存理解为图 5-2 所示的筒结构，先放入筒中的数据被后放入筒中的数据"压住"，只有将后放入的数据取出后，才能取出先放入的数据，这称为**后进先出（Last In First Out，LIFO）**。将一个数据放入栈的操作，称为**入栈**，从栈中取出一个数据的操作，称为**出栈**。

栈的"后进先出"特点使其能够精确地满足函数调用和返回的顺序，因此特别适用于保存与函数调用相关的信息。保

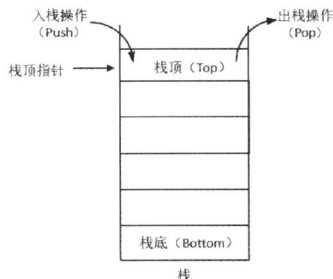

图 5-2　栈上的数据操作

常用的问题求解策略　第5章

存这些信息的栈空间，称为**栈帧（Stack Frame）**，它由 5 个区域组成：输入参数、返回值空间、计算表达式时用到的临时存储空间、函数调用时保存的状态信息（例如返回地址）和输出参数。一个栈帧中的输出参数就是下一个栈帧的输入参数。每当一个函数调用另外一个函数时，就会把一个栈帧的信息入栈。若被调函数返回，则针对这次函数调用的栈帧将被弹出，控制转移到被弹出栈帧中保存的函数返回地址处。每个被调函数都能在调用栈的顶部找到它所需的返回到主调函数的信息。如果一个函数调用了另外一个函数，则新的函数调用的栈帧将被压入调用栈，这样新的被调函数返回到主调函数所需的返回地址就位于调用栈的顶部。栈帧的生存周期就是被调函数的活动周期。当函数返回，不再需要函数内定义的局部变量时，相关栈帧就会从栈中弹出，程序就再也找不到那些局部变量了。

与普通的函数调用一样，在 x86 计算机上，递归调用通常是通过函数调用栈实现的。每调用一次函数，系统都将与函数调用相关的信息保存为一个栈帧压入栈中。重复此过程，直到满足递归终止条件为止。在函数调用结束之前，函数调用时产生的栈帧将一直保存在栈中。栈维护了每个函数调用的信息，直到函数返回后才释放。

以计算 3!为例，递归函数的调用顺序及其在递归调用过程中函数调用栈的变化情况如图 5-3 所示。

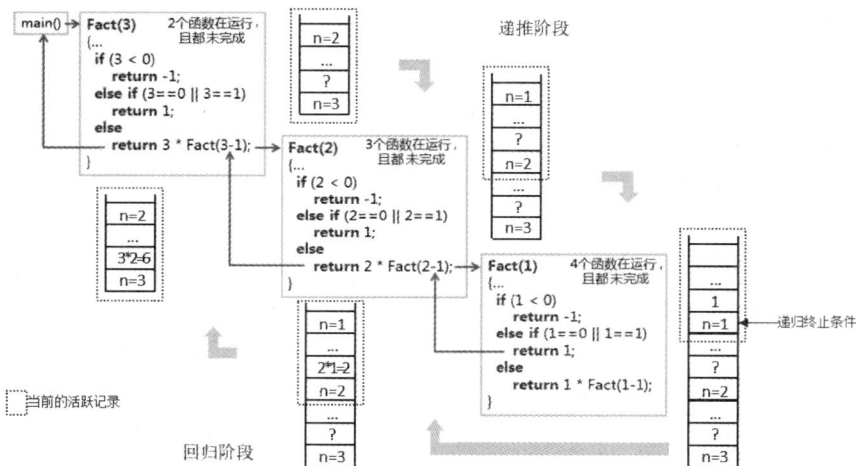

图 5-3 计算 3!的递归调用过程中其函数调用栈的变化情况

不建议使用递归深度较深的递归函数。这是因为当要处理的运算较复杂或数据较多时，有可能会使递归调用层数较多或所需的栈空间较大，此时很容易导致栈空间溢出，从而使程序异常终止。此外，在函数递归调用过程中，由于大量的信息需要保存和恢复，会额外增加函数调用的时空开销，因此递归程序的时空效率较低。

【温馨提示】在采用复杂指令集的 x86 计算机上，函数参数和返回值保存在栈中。而在采用精简指令集的 ARM 计算机上，函数参数和返回值保存在寄存器中。

5.4.4 递归与迭代的关系

从某种意义而言，递归是一种比迭代更强的循环结构。迭代是显式地使用重复结构，而递归则使用选择结构，通过递归调用实现重复结构。迭代和递归都涉及终止测试，迭代在循环继续条件为假时终止循环，递归则在遇到基本条件时终止递归。迭代不断修改循环控制变量的值，直到它使循环条件为假时结束循环。递归则不断产生最初问题的简化版本，直到简化出递归的基本条件时终止递归。如果循环继续条件永远为真，则迭代变成无限循环，如果递归永远无法简化出基本条件，则将变成无穷递归。迭代与递归在理论上可以等价代换，但是问题求解的思路完全不同。

下面，以计算最大公因数为例，进一步分析递归与迭代之间的关系。

【例 5.8】最大公因数。从键盘输入两个正整数 a 和 b，采用**欧几里得算法**编程计算并输出两个正整数 a 和 b 的最大公因数。

问题分析：欧几里得算法，也称辗转相除法，其主要思想是，对正整数 a 和 b，连续进行求余运算，直到余数为 0 为止，此时非 0 的除数就是最大公因数。设 $r = a \% b$ 表示 a 除以 b 的余数，若 $r \neq 0$，则将 b 作为新的 a，r 作为新的 b，即 $Gcd(a, b) = Gcd(b, r)$，重复 $a \% b$ 运算，直到 $r=0$ 为止，此时 b 为所求的最大公因数。例如，50 和 15 的最大公因数的求解过程可表示为：$Gcd(50, 15) = Gcd(15, 5) = Gcd(5, 0) = 5$。

该算法既可以用迭代程序实现，也可以用递归程序实现。用迭代程序实现的代码如下：

```
1    #include <stdio.h>
2    int Gcd(int a, int b);
3    int main(void){
4      int a, b;
5      scanf("%d,%d", &a, &b);
6      int c = Gcd(a,b);
7      if (c != -1){
8          printf("Greatest Common Divisor of %d and %d is %d\n", a, b, c);
9      }
10     else{
11         printf("Input number should be positive!\n");
12     }
13     return 0;
14   }
15   //函数功能：用欧几里得算法计算a和b的最大公因数，输入负数时返回-1
16   int Gcd(int a, int b){
17     int r;
18     if (a <= 0 || b <= 0){
19         return -1;
20     }
21     do{
22         r = a % b;
23         a = b;
24         b = r;
25     }while (r != 0);
26     return  a;
27   }
```

用递归程序实现的代码如下：

```
1    #include <stdio.h>
2    int Gcd(int a, int b);
3    int main(void){
4      int a, b;
5      scanf("%d,%d", &a, &b);
6      int c = Gcd(a,b);
7      if (c != -1){
```

```
8            printf("Greatest Common Divisor of %d and %d is %d\n", a, b, c);
9       }
10      else{
11
12          printf("Input number should be positive!\n");
13      }
14      return 0;
15  }
16  //函数功能：用递归法计算 a 和 b 的最大公因数，输入负数时返回-1
17  int Gcd(int a, int b){
18      if (a <= 0 || b <= 0){
19          return -1;
20      }
21      if (a % b == 0){            //基本条件
22          return b;
23      }
24      else{                       //一般条件
25          return Gcd(b, a%b); //递归调用
26      }
27  }
```

【例 5.9】**Fibonacci** 数列。利用如下递归公式，用递归法编程计算并输出 Fibonacci 数列的前 n 项。

$$\text{fib}(n) = \begin{cases} 1 & n=1 \\ 1 & n=2 \\ \text{fib}(n-1) + \text{fib}(n-2) & n>2 \end{cases}$$

程序代码如下：

```
1   #include <stdio.h>
2   long Fib(int n);
3   int main(void){
4       int n;
5       scanf("%d",&n);
6       for (int i=1; i<=n; i++){
7           int x = Fib(i);        //调用递归函数 Fib()计算 Fibonacci 数列的第 i 项
8           printf("Fib(%d)=%d\n", i, x);
9       }
10      return 0;
11  }
12  //函数功能：用递归法计算 Fibonacci 数列第 n 项的值
13  long Fib(int n){
14      if (n == 1 || n == 2){ //基本条件
15          return 1;
16      }
17      else{                       //一般条件
18          return (Fib(n-1) + Fib(n-2));  //递归调用
19      }
20  }
```

程序运行结果如下：

10✓

```
Fib(1)=1
Fib(2)=1
Fib(3)=2
Fib(4)=3
Fib(5)=5
Fib(6)=8
Fib(7)=13
Fib(8)=21
Fib(9)=34
Fib(10)=55
```

【例 5.10】编程输出计算 Fibonacci 数列的每一项时所需的递归次数。

问题分析：利用全局变量可以很容易地实现在输出 Fibonacci 数列的同时输出计算 Fibonacci 数列每一项时所需的递归次数。

不同于局部变量，全局变量从程序开始运行就占据内存，仅在程序结束时其所占内存才释放。由于全局变量的作用域是整个程序，且在程序运行期间始终占据着内存，因此在整个程序运行期间，都可以访问全局变量的值。这样，当多个函数必须共享同一个变量，或者少数几个函数必须共享大量变量且仅在有限的位置修改变量值的时候，可以考虑使用全局变量。

本例中使用全局变量，程序代码如下：

```
1    #include <stdio.h>
2    long Fib(int n);
3    int count;        //全局变量 count 用于累计递归函数被调用的次数，自动初始化为 0
4    int main(void){
5        int n;
6        scanf("%d", &n);
7        for (int i=1; i<=n; i++){
8            count = 0;     //计算 Fibonacci 数列下一项时将计数器 count 清零
9            int x = Fib(i);
10           printf("Fib(%d)=%d, count=%d\n", i, x, count);
11       }
12       return 0;
13   }
14   //函数功能：用递归法计算 Fibonacci 数列中的第 n 项的值
15   long Fib(int n){
16       count++;                     //累计递归函数被调用的次数，记录于全局变量 count 中
17       if (n == 1 || n == 2){ //基本条件
18           return 1;
19       }
20       else{                    //一般条件
21           return (Fib(n-1) + Fib(n-2));
22       }
23   }
```

程序运行结果如下：

```
10↙
Fib(1)=1, count=1
Fib(2)=1, count=1
Fib(3)=2, count=3
Fib(4)=3, count=5
Fib(5)=5, count=9
Fib(6)=8, count=15
```

```
Fib(7)=13, count=25
Fib(8)=21, count=41
Fib(9)=34, count=67
Fib(10)=55, count=109
```

计算 Fibonacci 数列第 6 项的递归调用过程如图 5-4 所示。可以看出，递归函数 Fib()的每一层递归调用的次数都有成倍增加的趋势，仅计算 Fib(6)就需要调用 15 次 Fib()。

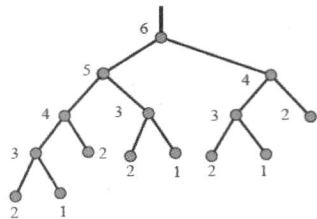

图 5-4 计算 Fib(6)的递归调用过程示意

与迭代程序相比，递归程序简洁、直观、精练、更符合数学公式的表示，结构清晰、可读性强。但是递归程序的时空效率偏低，因递归引起的一系列函数调用，增加了程序的时空开销，所以递归程序要耗费更多的时间和空间，还可能产生大量的重复计算。因此，应尽量用迭代替代递归来编写程序。

通常，下面 3 种情况可以使用递归算法进行求解：

（1）数学定义递归的，如计算阶乘或最大公因数等；

（2）数据结构是递归的，如队列、链表、树和图等；

（3）问题的解法是递归的，如汉诺塔、骑士游历、八皇后问题等。

但是从程序执行效率的角度考虑，当某个递归算法能方便地转换成递推或迭代算法时，应尽量避免使用递归，仅在不得不使用递归求解时才使用递归。

【例 5.11】汉诺（Hanoi）塔问题。已知有 3 根柱子，第一根柱子上从下往上按从大到小的顺序摞着 64 片圆盘。要求把圆盘从下面开始按同样顺序重新移到第二根柱子上，规定每次只能移动一个圆盘，且在小圆盘上不能放大圆盘。请编程输出 n（n>1）个圆盘从第一根柱子移到第二根柱子的过程。

汉诺塔问题
求解

问题分析：可以采用递归算法来求解这个问题，假设 n-1 个圆盘的汉诺塔问题已经解决，利用这个已解决的问题来求解 n 个圆盘的汉诺塔问题。

假设 n 个圆盘的汉诺塔的初始状态如图 5-5（a）所示，根据数学归纳法的基本思想，可将"上面的 n-1 个圆盘"看成一个整体，于是可将 n 个圆盘分成两个部分："上面 n-1 个圆盘"和最下面的第 n 个圆盘。这样，移动 n 个圆盘的汉诺塔问题可以表示为如下 3 个步骤：

（1）如图 5-5（b）所示，将前 n-1 个圆盘当作一个整体从第一根柱子移到第三根柱子上，即 A→C；

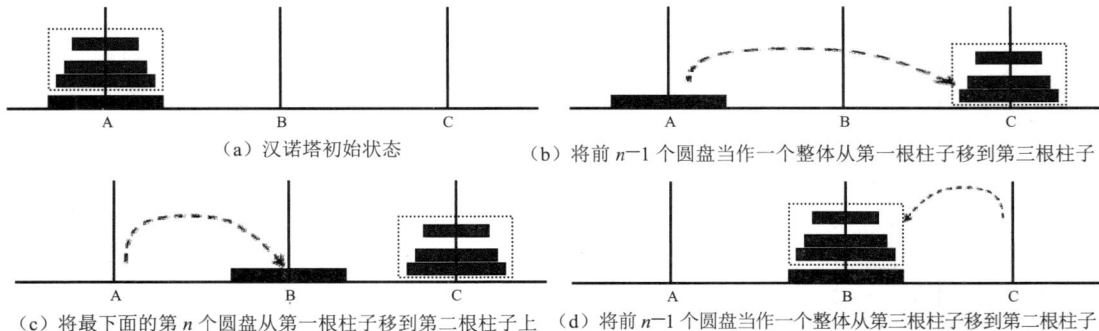

（a）汉诺塔初始状态

（b）将前 n-1 个圆盘当作一个整体从第一根柱子移到第三根柱子

（c）将最下面的第 n 个圆盘从第一根柱子移到第二根柱子上

（d）将前 n-1 个圆盘当作一个整体从第三根柱子移到第二根柱子

图 5-5 汉诺塔问题的递归求解示意

（2）如图 5-5（c）所示，将第 n 个圆盘从第一根柱子移到第二根柱子上，即 A→B；

（3）如图 5-5（d）所示，将前 n–1 个圆盘当作一个整体从第三根柱子移到第二根柱子上，即 C→B。

于是，"移动 n 个圆盘的汉诺塔问题"就转化为"移动 n–1 个圆盘的汉诺塔问题"，而"移动 n–1 个圆盘的汉诺塔问题"又可以用同样的方法转化为"移动 n–2 个圆盘的汉诺塔问题"，以此类推，直到遇到最简单的情况即"1 个圆盘的汉诺塔问题"时递归结束。对于"1 个圆盘的汉诺塔问题"，可直接将圆盘从一根柱子移到另一根柱子上。

根据以上分析，写出程序代码如下：

```
1    #include <stdio.h>
2    void Hanoi(int n, char a, char b, char c);
3    void Move(int n, char a, char b);
4    int main(void){
5        int n;
6        scanf("%d", &n);
7        Hanoi(n, 'A', 'B', 'C'); //调用递归函数 Hanoi()将 n 个圆盘借助 C 由 A 移动到 B
8        return 0;
9    }
10   //函数功能: 用递归方法将 n 个圆盘借助 c 从 a 移动到 b
11   void Hanoi(int n, char a, char b, char c){
12       if (n == 1){
13           Move(n, a, b);         //将第 n 个圆盘由 a 移到 b
14       }
15       else{
16           Hanoi(n-1, a, c, b);//递归调用 Hanoi()，将 n-1 个圆盘借助 b 由 a 移动到 c
17           Move(n, a, b);         //将第 n 个圆盘由 a 移到 b
18           Hanoi(n-1, c, b, a);//递归调用 Hanoi()，将 n-1 个圆盘借助 a 由 c 移动到 b
19       }
20   }
21   //函数功能:   将第 n 个圆盘从 a 移到 b
22   void Move(int n, char a, char b){
23
24       printf("Move %d: from %c to %c\n", n, a, b);
25   }
```

程序运行结果如下：

3↙
Move 1: from A to B
Move 2: from A to C
Move 1: from B to C
Move 3: from A to B
Move 1: from C to A
Move 2: from C to B
Move 1: from A to B

5.4.5 尾递归

当递归调用是整个函数体中最后执行的语句且它的返回值不属于表

尾递归

达式的一部分时，这种递归调用就称为**尾递归（Tail Recursion）**。尾递归是一种特殊的递归方式，它的深层递归调用所面对的不是越来越简单的问题，而是越来越复杂的问题。

【**例 5.12**】用尾递归方法计算阶乘。

采用尾递归实现的阶乘计算程序代码如下：

```
1    #include<stdio.h>
2    unsigned int Fact(unsigned int n, int a);
3    int main(void){
4        unsigned int n;
5        scanf("%u", &n);
6        printf("%u!=%u\n", n, Fact(n, 1));
7        return 0;
8    }
9    unsigned int Fact(unsigned int n, int a){
10       if (n==0 || n==1){    //基本条件，即递归终止条件
11           return a;
12       }
13       else{                 //一般条件
14           return  Fact(n-1, n*a); //尾递归调用
15       }
16   }
```

尾递归函数与普通的递归函数有什么不同？尾递归是如何工作的？

首先，从形式上看，计算 $n!$ 的尾递归函数增加了一个形参 a，这个计算阶乘的程序采用的递归公式如下：

$$F(n,a) = \begin{cases} a & n = 0,1 \\ F(n-1, n \times a) & n > 1 \end{cases}$$

其次，从递归调用过程上看，在每次递归调用中，令 a=n*a 并且 n=n-1。在第一次函数调用时，实参将 a 初始化为 1，因此，第一次递归调用时 a=n*1，第二次递归调用时 a=(n-1)*n，第三次递归调用时 a=(n-2)*(n-1)*n，以此类推，直到 n=1 满足递归终止条件为止，此时返回 a 的值为 2*3*…*(n-1)*n 即 n 的阶乘。

以 3! 的计算过程为例，尾递归的执行过程如图 5-6 所示，普通递归的执行过程如图 5-7 所示。

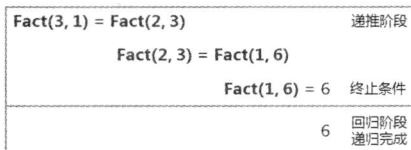

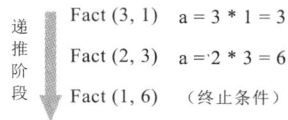

图 5-6 用尾递归计算 3! 的执行过程

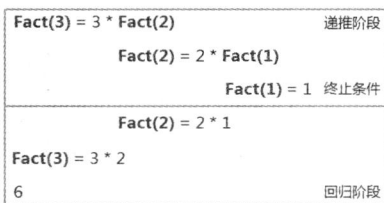

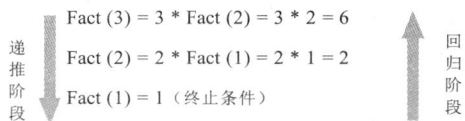

图 5-7 用普通递归计算 3! 的执行过程

对比图 5-6 和图 5-7 可知，普通递归是从前往后即按 1*2*3*…*(n–1)*n 的顺序计算阶乘的，而尾递归则是从后往前即按 n*(n–1)*(n–2)*…*2 的顺序计算阶乘的，到达递归终止条件时，即可得到计算结果，无须经历回归阶段。因此，相对于普通递归而言，尾递归更容易转换为与其等同的迭代控制结构。

对于普通递归，每一层递归调用的返回值都要依赖于下一层递归调用，即用 n 乘下一层递归调用的返回值才能确定当前层的返回值，也就是说函数在递归调用后并没有完成全部计算，需要下一层递归调用返回值时才能完成计算任务，因此不得不保存每次递归调用创建的栈帧，直到下一层递归调用的返回值确定为止。

而对于尾递归，由于在函数递归调用前所有的计算任务都已完成，并且当前层递归调用的计算结果保存在第二个参数 a 中传递给下一层递归调用，因此尾递归函数在回归过程中无须做任何操作，大多数现代编译器都可以利用此特点对尾递归程序进行优化。递归返回值时我们不需要在栈帧中做任何事，因此就没有保存当前栈帧的必要了，即下一层递归调用无须再创建一个新的栈帧，直接覆盖原来的栈帧即可，这样递归使用的栈空间就不会因递归深度的增加而增大，而且递归终止时的返回值可直接返回给主函数。图 5-8 所示为尾递归的函数调用顺序及在递归调用过程中函数调用栈的变化情况。

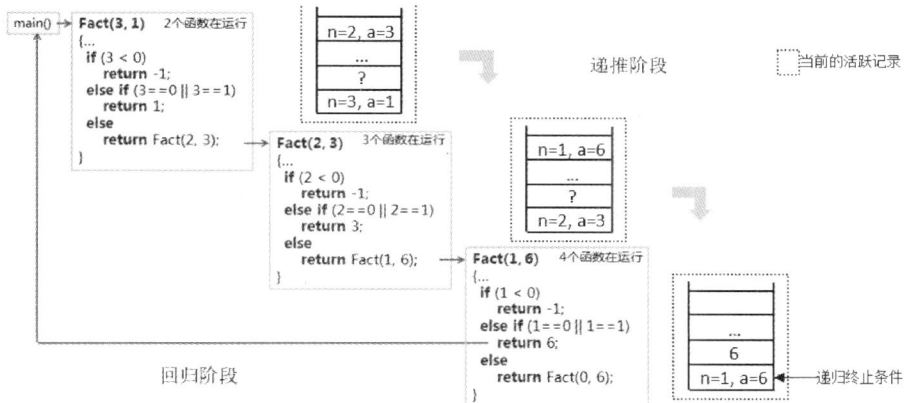

图 5-8　以尾递归函数调用的方式计算 3!

5.5　AI 辅助编程实例

【例 5.13】亲密数。如果整数 A 的真因子（包括 1，不包括 A 本身）之和等于 B，且整数 B 的真因子（包括 1，不包括 B 本身）之和等于 A，则将整数 A 和 B 称为亲密数。也就是说，互为亲密数的两个数不一定相等，但它们的真因子之和必须等于对方。例如，220 的真因子之和为 1+2+4+5+10+11+20+22+44+55+110=284，284 的真因子之和为 1+2+4+71+142=220，则 284 和 220 就为亲密数。请编写一个程序，判断两个整数 m 和 n 是否为亲密数。

问题分析：根据亲密数的特点可知，判断亲密数的关键在于编写一个计算某数真因子之和的函数。可利用循环，从 1 遍历到 x–1，依次检查其是否能被 x 整除，若能，则将其累加到求和变量 sum 中，最后返回 sum。在主函数中，根据 m 和 n 的真因子之和是否等于

对方来判定 *m* 和 *n* 是否为亲密数。

完整的代码如下：

```
1    #include <stdio.h>
2    int FactorSum(int x);
3    int main(void){
4        int m, n;
5        scanf("%d,%d", &m, &n);
6        if (FactorSum(m)==n && FactorSum(n)==m){   //若m和n是亲密数
7                printf("Yes!\n");
8        }
9        else{                          //若m和n不是亲密数
10           printf("No!\n");
11       }
12       return 0;
13   }
14   //函数功能：返回 x 的所有真因子之和
15   int FactorSum(int x){
16       int sum = 0;
17       for (int i=1; i<x; i++){
18           if (x % i == 0){
19               sum = sum + i;
20           }
21       }
22       return sum;
23   }
```

程序的运行结果如下：

```
284,220↙
Yes!
```

虽然程序的运行结果没问题，但是这段代码是否还有潜在的问题以及是否可以进一步优化呢？如果我们自己没有思路，那么可以求助智能编程工具。

在 VS Code 中使用通义灵码对函数 FactorSum() 进行代码优化，它给出的潜在问题分析和优化建议如下。

1. 潜在问题

（1）**边界条件处理不当**。当 x 小于或等于 1 时，程序不会进入循环，直接返回 0。这可能不是我们预期的行为，特别是对于 x == 1 的情况，因为 1 的真因子之和应该是 0（1 没有真因子）。

（2）**性能问题**。当前的实现中，循环从 1 到 x-1，检查每个数是否是 x 的真因子。这种做法的时间复杂度是 $O(n)$，可以进行优化。

2. 优化建议

（1）**边界条件处理**。明确处理 x <= 1 的情况，确保返回值符合预期。

（2）**性能优化**。可以通过只遍历到 sqrt(x) 来减少不必要的计算。如果 i 是 x 的真因子，那么 x / i 也是 x 的真因子。这样可以将时间复杂度降低到 $O(\sqrt{n})$。（注：$\sqrt{\ }$ 为根号。）

（3）**代码简化**。使用更简捷的加法表达式 sum += i 替代 sum = sum + i。

其给出的优化后的代码如下：

```
1   int FactorSum(int x){
2       if (x <= 1){
3           return 0;
4       }
5       int sum = 0;
6       for (int i = 2; i * i <= x; i++){
7           if (x % i == 0){
8               sum += i;
9               if (i * i != x && i != 1){
10                  sum += x / i;
11              }
12          }
13      }
14      return sum;
15  }
```

在给出上面的优化代码后，通义灵码还给出了对代码的解释，解释的内容如下。

（1）边界条件处理。增加了对 x <= 1 的显式处理，确保返回 0。

（2）性能优化。通过遍历到 sqrt(x) 并同时考虑 i 和 x / i，减少了不必要的计算。

（3）代码简化。使用了更简捷的加法表达式 sum += i。

这样优化后的代码不仅提高了性能，还确保了边界条件的正确处理。

使用通义灵码的 AI 程序员功能，将题目内容作为提示词输入，告知 AI 程序员编码需求，AI 程序员生成的代码如下：

```
1   #include <stdio.h>
2   int FactorSum(int x);
3   int AreAmicableNumbers(int m, int n);
4   int main(void){
5       int m, n;
6       scanf("%d,%d", &m, &n);
7       if (AreAmicableNumbers(m, n)){
8           printf("Yes!\n");
9       }
10      else{                    //若 m 和 n 不是亲密数
11          printf("No!\n");
12      }
13      return 0;
14  }
15  //函数功能：返回 x 的所有真因子之和
16  int FactorSum(int x){
17      int sum = 0;
18      for (int i=1; i<=x/2; i++){
19          if (x%i == 0){
20              sum = sum + i;
21          }
22      }
23      return sum;
24  }
25  // 判断两个整数是否为亲密数
26  int AreAmicableNumbers(int m, int n){
```

```
27        int sum_m = FactorSum(m);
28        int sum_n = FactorSum(n);
29        return (sum_m == n) && (sum_n == m);
30    }
```

可以看到，AI 生成的代码进一步把"判断两个整数是否为亲密数"提炼为了函数，使得代码的可读性更好。

下面再来看文心快码给出的调优建议。具体建议如下。

1. 问题与优化点

➤ 循环可以从 2 开始，因为 1 总是除 1 之外任何数的真因子，无须判断。

➤ 在 for 循环内部，可以直接累加真因子到 sum，而不是每次都重新赋值给 sum。

➤ 可以优化真因子的判断逻辑，只需检查到 sqrt(x)即可，因为一个大于 sqrt(x)的真因子必定和一个小于 sqrt(x)的真因子成对出现。

2. 修复后的代码片段

```
1     #include <math.h>
2     int FactorSum(int x)
3     {
4         int sum = 1;
5         int sqrt_x = (int)sqrt(x);
6         for (int i = 2; i <= sqrt_x; i++)
7         {
8             if (x % i == 0)
9             {
10                sum += i;
11                int complement = x / i;
12                if (complement != i && complement != x)
13                {
14                    sum += complement;
15                }
16            }
17        }
18        return sum;
19    }
```

3. 优化点总结

➤ 从 2 开始循环，默认 1 为真因子。

➤ 循环到 sqrt(x)提高效率。

➤ 避免重复加入平方根（对于完全平方数）。

通过对比，可以发现，虽然通义灵码和文心快码给出的优化代码略有差异，但是给出的优化算法建议都是一样的，这些优化建议对于我们完善自己的代码都是非常有益的。当需要计算某个较大范围的指定区间内的所有亲密数时，这种优化带来的性能提升是非常显著的。

5.6 本章知识点思维导图

习题 5

5.1 判断题。

（1）递归算法中只要包含基本条件，就不会成为无穷递归。（   ）

（2）函数直接调用自己或间接调用自己，都称为递归调用。（   ）

（3）一个递归算法必须包含一般条件和基本条件两个基本要素。（   ）

（4）递归程序的时空效率偏低，还可能产生大量的重复计算。因此，应尽量用迭代替代递归来编写程序。（   ）

5.2 **爱因斯坦的趣味数学题**。有一条长阶梯，若每步跨 2 阶，最后剩下 1 阶；若每步跨 3 阶，最后剩下 2 阶；若每步跨 5 阶，最后剩下 4 阶；若每步跨 6 阶，最后剩下 5 阶；只有每步跨 7 阶，最后才正好跨完。求长阶梯的阶数。

5.3 **马克思手稿中的趣味数学题**。男人、女人和小孩总计 30 人，在一家饭店吃饭，共花了 50 先令，每个男人各花 3 先令，每个女人各花 2 先令，每个小孩各花 1 先令，请用枚举法编程计算男人、女人和小孩各有几人。

5.4 **素数之和**。筛法是一种著名的快速计算素数的方法。所谓"筛"就是"对给定的到 n 为止的自然数，从中排除掉所有的非素数，最后剩下的就都是素数"，筛法的基本思想就是从 $1\sim n$ 的数列中依次筛掉 2 的倍数、3 的倍数、5 的倍数……sqrt(n)的倍数，即筛掉所有素数的倍数，直到数列中仅剩下素数为止，由于剩下的数不是任何数（1 除外）的倍数，因此剩下的一定是素数。

请用筛法编程计算并输出 $1\sim n$ 之间的所有素数之和。

5.5 **陈景润与哥德巴赫猜想**。1973 年，我国数学家陈景润攻克了数学界 200 多年悬而未决的世界级数学难题即哥德巴赫猜想中的"1＋2"。他的成果被国际数学界称为"陈氏定理"，写进许多数论书中。2009 年，陈景润被评为 100 位新中国成立以来感动中国人物之一。现在，请编程验证任何一个大于或等于 6 但不超过 2000000000 的足够大的偶数 n 总能表示为两个素数之和。例如，8=3+5，12=5+7 等。如果 n 符合哥德巴赫猜想，则输出将 n 分解为两个素数之和的等式，否则输出"n 不符合哥德巴赫猜想！"的提示信息。

5.6 **更相减损术计算最大公因数**。更相减损术是我国古代的数学专著《九章算术》中记载的一种求最大公因数的方法，其主要思想是从大数中减去小数，辗转相减，减到余数和减数相等，即得最大公因数。具体地，对正整数 a 和 b，当 $a>b$ 时，若 a 中含有

与 b 相同的公因数，则 a 中去掉 b 后剩余的部分 $a-b$ 中也应含有与 b 相同的公因数，对 $a-b$ 和 b 计算公因数就相当于对 a 和 b 计算公因数。反复使用最大公因数的上述性质，直到 a 和 b 相等为止，这时，a 或 b 就是它们的最大公因数。这 3 条性质也可以表示为：

性质 1　如果 $a>b$，则 a 和 b 与 $a-b$ 和 b 的最大公因数相同，即 $\mathrm{Gcd}(a, b) = \mathrm{Gcd}(a-b, b)$；

性质 2　如果 $b>a$，则 a 和 b 与 a 和 $b-a$ 的最大公因数相同，即 $\mathrm{Gcd}(a, b) = \mathrm{Gcd}(a, b-a)$；

性质 3　如果 $a=b$，则 a 和 b 的最大公因数与 a 值和 b 值相同，即 $\mathrm{Gcd}(a, b) = a = b$。

从键盘输入两个正整数 a 和 b，请分别采用迭代法和递归法，编程计算并输出两个正整数 a 和 b 的最大公因数。

5.7　**孪生素数**。相差为 2 的两个素数称为孪生素数。例如，3 与 5、41 与 43 等都是孪生素数。请编写一个程序，计算并输出 $[c,d]$（c、d 由用户输入）中的所有孪生素数对，并统计这些孪生素数的对数。先输入 $[c,d]$ 的下限值 c 和上限值 d，要求 $c>2$，如果数值不符合要求或出现非法字符，则重新输入。然后输出 $[c,d]$ 中的所有孪生素数对以及这些孪生素数的对数。

5.8　**回文素数**。所谓回文素数，是指对一个素数从左到右读和从右到左读都是相同的，例如 11、101、313 等。请编写一个程序，计算并输出 n 以内的所有回文素数，并统计这些回文素数的个数。先让用户输入一个取值在 $[100,1000]$ 的任意整数 n，如果超过这个范围或出现非法字符，则重新输入；然后输出 n 以内的所有回文素数，以及这些回文素数的个数。

5.9　**梅森素数**。素数有无穷多个，但目前只发现极少量的素数能表示成 2^i-1（i 为素数）的形式，形如 2^i-1 的素数（如 3、7、31、127 等），称为梅森素数或梅森尼数，它是以 17 世纪法国数学家马林·梅森（Marin Mersenne）的名字命名的。编程计算并输出指数 i 在 $[2,n]$ 中的所有梅森素数，并统计梅森素数个数，n 值由键盘输入，n 不大于 50。

5.10　**验证黄金分割比**。Fibonacci 数列的后一项与前一项的比值的极限约等于 0.618，这就是著名的黄金分割比，请编程验证这一结果。

5.11　**猴子吃桃**。请采用当型循环结构重新编写例 5.5 的程序，同时增加对用户输入数据的合法性验证（即不允许输入的天数是 0 和负数）。

5.12　**赶鸭子**。一个人赶着鸭子去每个村庄卖，每经过一个村庄卖出所赶鸭子的一半又一只。这样他经过了 n 个村庄后还剩两只鸭子，问他出发时一共赶了多少只鸭子？

5.13　**递归计算累加和**。请用递归函数编程计算 $1+2+3+\cdots+n$。

5.14　**n 层嵌套平方根**。请按如下计算公式，用递归函数编程计算 n 层嵌套平方根。

$$y(x)=\sqrt{x+\cdots+\sqrt{x+\sqrt{x}}}$$

5.15　**汉诺塔移动次数**。请用递归方法编程计算求解汉诺塔问题时完成 n 个圆盘的移动所需的移动次数。

5.16　**数字黑洞**。任意输入一个 3 的倍数的正整数，先计算这个数每一个数位上数字的立方，再求和得到一个新数，然后计算这个新数每一个数位上数字的立方，再求和，重复运算下去，结果都为 153。如果换另一个 3 的倍数，仍然可以得到同样的结论，因此 153 被称为"数字黑洞"。

例如，99 是 3 的倍数，按上面的规律运算如下：

$$9^3+9^3=729+729=1458$$

$$1^3+4^3+5^3+8^3=1+64+125+512=702$$
$$7^3+0^3+2^3=351$$
$$3^3+5^3+1^3=153$$
$$1^3+5^3+3^3=153$$

请采用递归方法编程验证任意一个 3 的倍数的正整数按上述计算逻辑都能得到"数字黑洞",并输出验证的步数。

5.17 多项式计算。请用递归的方法计算下列函数的值:$px(x,n) = x - x^2 + x^3 - x^4 + \cdots + ((-1)^n - 1)(x^n)$,已知 $n>0$。

5.18 水手分椰子。n($1<n\leqslant 8$)个水手在岛上发现一堆椰子,第 1 个水手把椰子分为等量的 n 堆,还剩下 1 个椰子给了猴子,该水手自己藏起 1 堆。然后,第 2 个水手把剩下的 $n-1$ 堆混合后重新分为等量的 n 堆,还剩下 1 个椰子给了猴子,第 2 个水手自己也藏起 1 堆。之后的水手依次按此方法分椰子。最后,第 n 个水手把剩下的椰子分为等量的 n 堆后,同样剩下 1 个椰子给了猴子。请编写一个程序,计算原来这堆椰子至少有多少个。

第6章 数组和排序查找算法

内容导读

必学内容：数组的定义和数组元素的初始化，数组元素的访问，一维数组和二维数组作函数参数，顺序查找，二分查找，冒泡排序，交换排序，选择排序。

6.1 一维数组和二维数组

本节主要讨论如下问题。

（1）如何定义一维数组和二维数组？如何对数组元素进行初始化？

（2）数组名在C语言中有什么特殊含义？数组元素在内存中是如何存储的？

1. 数组的定义

数组（Array）是一种构造数据类型，它是一组具有相同类型的变量的集合。几乎所有的高级语言中都有数组类型。就像用梁山好汉称呼《水浒传》中的一百单八将一样，对于数组中的数据，也可以使用一个统一的名字来标识它们，这个名字就称为**数组名**。构成数组的每个数据项称为**数组元素**。

数组的定义、引用和初始化

数组是一个有序的相同类型的数据的集合，其中一维数组的每个元素都有一个唯一的索引，用于访问和操作数组中的元素。对于二维数组，则需要两个索引来访问和操作数组中的元素。对于三维数组，则需要3个索引来访问和操作数组中的元素。

例如，一副扑克牌可以看成一个一维数组，将一副扑克牌按照花色或牌面分开摆放，那么就可以将其看成一个二维数组。若将52张牌按花色排就是一个4行13列的二维数组，按牌面排就是一个13行4列的二维数组。

下面的声明语句定义了一个名字为a、有8个元素的一维int型数组：

```
int a[8];
```

下面的声明语句定义了一个名字为b、有2行4列的二维int型数组：

```
int b[2][4];
```

下面的声明语句则定义了一个名字为c的三维int型数组：

```
int c[2][2][2];
```

数组名前面的类型关键字int代表该数组的**基类型（Base Type）**，即数组中元素的类型。索引的个数代表数组的**维数（Dimension）**。数组中的每个元素都有一个编号，这个编号就

是数组元素的**索引**（Index），也称为**下标**（Subscript）。

【温馨提示】数组的每一维的索引都是从 0 开始的。例如，一维数组 a 的索引从 0 变化到 7，而不是从 1 变化到 8。数组的索引之所以从 0 开始而不是从 1 开始，是因为可以使数组元素寻址的速度有些许提高。例如，数组元素 a[i] 的索引 i 直接代表了其相对于第一个元素的偏移位置，因此无须再执行减 1 运算。

如果希望使用从 1 到 n 而不是从 0 到 $n-1$ 作为数组的索引，可以声明一个有 $n+1$ 个元素的一维数组，即：

```
#define N 8
int a[N+1];
```

这样数组的索引将会从 0 变化到 8，但是只使用索引为 1 到 8 之间的元素，索引为 0 的元素将被忽略掉。

因为 C89 要求在编译时已知数组的长度，不支持使用变量定义数组的长度，所以把数组的长度定义为宏常量能避免在程序中直接使用常数定义数组的长度。C99 允许用变量定义数组的长度，例如：

```
int n;
scanf("%d", &n);
int a[n];              //仅 C99 支持，C89 不支持
```

2. 数组元素的引用和输入输出

访问或引用数组元素是通过数组名加上方括号及其索引的形式来实现的。在用索引引用数组中的元素时，索引可以是整型常量，也可以是整型变量或整型表达式。以下面的二维数组 a 为例，a[i][j] 就表示二维数组 a 的第 i 行第 j 列元素，可以使用下面的循环语句依次输入数组中的元素值：

```
for (int i=0; i<2; i++)           //外层循环控制行索引 i 的变化
{
    for (int j=0; j<4; j++)       //内层循环控制列索引 j 的变化
    {
        scanf("%d", &a[i][j]);
    }
}
```

而依次输出数组中的元素值，则使用下面的循环语句：

```
for (int i=0; i<2; i++)           //行索引变化
{
    for (int j=0; j<4; j++)       //列索引变化
    {
        printf("%4d", a[i][j]);
    }
    printf("\n");                 //在一行元素输出之后，输出换行符
}
```

3. 数组的逻辑存储结构和物理存储结构

以图 6-1 所示的一维数组 a 为例，其第 1 个位置上的元素为 a[0]，值为 6，第 2 个位置

数组和排序查找算法 ╱ **第 6 章**

上的元素为 a[1]，值为 7，依次类推，最后一个即第 8 个位置上的元素为 a[7]，值为 2。

对于二维数组而言，在数组定义时声明的第一维长度代表了其有多少行，第二维长度代表了其每一行有多少列，因此二维数组需要用两个索引确定各元素在数组中的位置。以图 6-2 所示具有 2 行 4 列的二维数组 b 为例，其第一行的第 1 个元素为 b[0][0]，值为 6，第 2 个元素为 b[0][1]，值为 7，第 3 个元素为 b[0][2]，值为 5，第 4 个元素为 b[0][3]，值为 8。同理，第二行的第 1 个元素为 b[1][0]，值为 9，第 2 个元素为 b[1][1]，值为 0，依次类推。

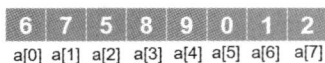

图 6-1　一维数组的逻辑存储结构和索引变化　图 6-2　二维数组的逻辑存储结构及其索引变化

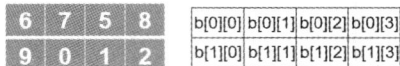

如图 6-3 所示，三维数组 c 的各元素依次是：c[0][0][0]、c[0][0][1]、c[0][1][0]、c[0][1][1]、c[1][0][0]、c[1][0][1]、c[1][1][0]、c[1][1][1]。

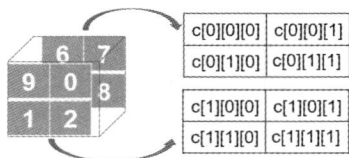

在定义数组时，之所以必须指定数组的基类型和数组每一维的长度，是因为编译器要根据这些信息为数组预留出相应大小的存储空间。数组的基类型决定了每个数组元素占内存空间的字

图 6-3　三维数组的逻辑存储结构及其索引变化

节数，即 sizeof(基类型)，数组每一维的长度决定了数组元素的个数，因此一维数组在内存中占用的字节数为数组长度×sizeof(基类型)，二维数组占用的字节数为第一维长度×第二维长度× sizeof(基类型)。

数组元素具有顺序存储、随机访问的特点，这与其在内存中的物理存储结构相关。数组元素按顺序存储在一段连续的存储空间中，不带索引的数组名就代表了这个连续存储空间的首地址。一维数组的数组元素在内存中的物理存储结构与其逻辑结构是相同的。但二维数组的数组元素在内存中则是按行存储的，即一行行地放入内存，而不是一列列地放入内存。以二维数组 b 为例，其在内存中的物理存储结构如图 6-4 所示。

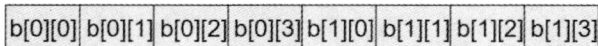

图 6-4　二维数组在内存中的物理存储结构

数组元素在内存中的顺序存储方式使得可以对数组元素进行随机访问，因为只要已知数组的首地址（即数组名），即可根据数组在内存中的物理存储结构计算出每个数组元素相对于首地址的偏移量，进而计算得到每个数组元素在内存中的位置。

4．数组元素的初始化

在定义数组的同时，可以用花括号括起来的初始化列表对数组元素进行显式初始化。例如，可按如下方式对一组数组元素进行初始化。

```
int a[8] = {6, 7, 5, 8, 9, 0, 1, 2};
```

【温馨提示】初始化列表中提供的初值个数不能大于数组定义的长度。

当初始化列表中提供的初值个数小于数组定义的长度，仅对数组的部分元素进行显式初始化时，未被初始化的元素将被自动初始化为 0。

对于一维数组，当初始化列表给出全部元素的初值时，可省略对一维数组长度的声明。此时，系统会自动按照初始化列表中提供的初值个数确定一维数组的长度。例如，下面的语句将数组长度自动定义为 8：

```
int a[] = {6, 7, 5, 8, 9, 0, 1, 2};
```

对于二维数组，既可以逐个元素初始化，也可以逐行初始化。例如，下面的两行语句是等价的：

```
int b[2][4] = {6, 7, 5, 8, 9, 0, 1, 2};          //按元素初始化
int b[2][4] = {{6, 7, 5, 8}, {9, 0, 1, 2}}; //按行初始化
```

对于二维数组，即使初始化列表给出了全部元素的初值，也只能省略第一维的长度声明，系统会自动按照初始化列表中提供的初值个数确定二维数组第一维的长度，但是第二维的长度声明不能省略，例如：

```
int b[][4] = {{6, 7, 5, 8}, {9, 0, 1, 2}};
```

这与二维数组在内存中按行存储相关。因为 C 语言中的二维数组在内存中是按行顺序连续存储的，编译器在寻址每个数组元素时必须知道每一行有多少个元素，才能知道第二行的数据是从哪里开始的。

按行初始化时，只要给出所有行的初始化列表（每一行的初值个数可以小于数组该行实际长度），第一维的长度声明就可以省略。例如下面两行语句是等价的：

```
int b[][4] = {{6, 7, 5}, {9}};                    //按行初始化每一行的部分元素
int b[][4] = {{6, 7, 5, 0}, {9, 0, 0, 0}}; //按行初始化每一行所有的元素
```

C99 和 C11 允许对数组进行**指派初始化**。指派初始化允许直接使用索引来初始化数组元素。例如，下面的语句：

```
int a[4] = {[0]=1, [3]=3, [7]=5};
```

相当于

```
int a[8] = {1, 0, 0, 3, 0, 0, 0, 5};
```

未初始化的数组元素的值是什么？ 这取决于数组的存储类型。如果用 static 将数组定义为静态存储类型，或者在所有函数外部定义了数组，那么数组元素的值将在编译时自动初始化为 0，这是因为静态和外部变量都是在静态存储区分配内存的，其内存地址在编译时已经确定。对于自动存储类型的变量，由于编译器无法预知它们在程序运行期间所分配的内存地址，因此无法将其自动初始化为 0，数组元素的值将是随机数。

6.2 数组作函数参数

本节主要讨论如下问题。

（1）何为按值调用和模拟按引用调用？二者有什么区别？

（2）如何向函数传递一维数组或二维数组？

向函数传递数组

（3）如何保护数组元素的值在被调用函数中不被修改？

6.2.1　按值调用与模拟按引用调用

C 语言中的参数传递方式有两种：**按值调用（Call by Value）**与**模拟按引用调用（Call by Reference）**。"模拟"表示其不是 C 语言中真正的按引用调用。

如图 6-5 所示，按值调用是将实参的副本单向传值给被调用函数中的形参，由于实参与形参占不同的内存单元，所以对形参的修改只是修改了实参副本的值，不会影响到实参。若要通过形参来修改相应实参的值，要么使用 return 语句，要么使用模拟按引用调用。return 语句只能返回一个值，若要"返回"多个值给主调函数，则要使用模拟按引用调用。

之所以称其为模拟按引用调用，是因为它是通过传递实参的地址值来模拟按引用调用的，并不是真正传递实参的**引用（Reference）**。采用模拟按引用调用时，通过将实参地址的副本传递给形参，使得被调用函数可以通过与主调函数共享内存的方式来修改实参的值，以达到与按引用调用相同的目的。

在 C 语言中，用数组或指针作函数参数都属于模拟按引用调用。如图 6-6 所示，由于数组名代表数组的首地址，经过由实参向形参的单向值传递后，形参和实参都指向了实参数组的首地址，这样就相当于形参数组共享了实参数组所占的存储空间，从而使得在被调用函数中修改形参数组元素的值就相当于修改实参数组元素的值。这样做的另一个好处是可以提升程序的性能，因为相对于传递全部数组元素的副本，只复制一个首地址值的效率要高得多。

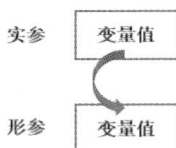

图 6-5　普通变量作函数参数按值传递　　图 6-6　数组名作函数实参模拟按引用传递

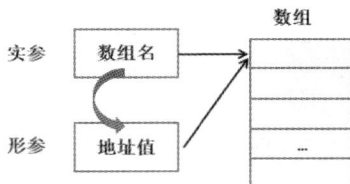

用数组名作为函数实参时，形参数组和实参数组无论同名与否，都指向实参数组所占连续内存单元的首地址。而用普通变量作为函数实参时，由实参向形参单向传递的是变量的内容，不是变量的地址，因此无论它们是否同名，都代表内存中不同的存储单元。

6.2.2　一维数组作函数参数

当用一维数组作函数形参时，可以不在数组名后的方括号内指定数组的长度，通常用另一个整型形参来指定数组的长度。即使在形参数组名后的方括号内指定了数组的长度，编译器也会忽略这个长度值。因此，形参数组名后方括号内的数字并不能真正表示从实参接收的数组的大小，向函数传递一维数组时，最好同时再用另一个形参来传递数组的长度。

例如，计算最大值函数的函数原型可以声明为

```
int FindMax(int a[], int n);
```

在主调函数中，需要用一维数组的数组名作函数实参。例如，可以在主调函数中按以

下方式调用并输出 FindMax()函数返回的最大值：

```
printf("Max = %d\n", FindMax(num, n));
```

除非主调函数明确要求被调函数修改主调函数中实参的值，否则都应使用按值调用来向被调函数传递实参，这样可防止主调函数中的实参被意外改写，同时也是"最小权限原则"的具体体现。若不需要或不希望被调函数修改主调函数中数组元素的值，那么通过在形参数组的类型关键字前加上 const 限定符，可以达到保护形参数组元素值不被意外修改的目的。**const 限定符**的作用是告诉编译器被其限定的变量的值是不可修改的，这样可以减少程序排错所需的时间，使程序易于修改和维护。

按值调用是将函数调用中的实参的副本传递给被调函数，即使被调函数修改了这个副本，主调函数中的实参也不会发生改变。在多数情况下，被调函数需要修改主调函数传递过来的数值才能完成目标任务。如果被调函数只是为了从主调函数那里获得批量的数据或一个大数据对象，而选择了数组作函数形参，在完成具体任务的过程中并不需要在被调函数中修改它们的值，那么安全起见，应将这个形参声明为 const 类型，以确保其不会被意外修改。当形参被声明为 const 类型后，若有语句试图去改写它的值，编译器要么会给出警告，要么会提示错误，具体取决于所使用的编译器。

例如，计算最大值函数的函数原型修改为

```
int FindMax(const int a[], int n);
```

此时，如果在被调函数的函数体内试图修改形参的值，那么将会产生编译错误。在 Code::Blocks 下编译时可能会提示"对只读的内存空间进行赋值操作"的编译错误：

```
error:assignment of read-only location 'xx'
```

C99 还支持函数用一个可变长数组作为形参，即形参数组的长度可以是一个整型变量，但表示数组长度的这个整型变量也必须同时传递给函数。

例如，对于下面的函数声明语句：

```
int FindMax(int a[], int n);
```

C99 允许将该函数原型写为如下形式：

```
int FindMax(int n, int a[n]);
```

但不可以写为

```
void FindMax(int a[n]);
```

这将引发编译错误。

本节以计算 Fibonacci 数列和求最值为例，介绍一维数组作函数参数时的参数传递。

【例 6.1】用数组改写例 5.4 的程序，计算 Fibonacci 数列的前 n 项。

方法 1 若采用和例 5.4 程序一样的函数原型：

```
long Fib(int n); //计算并返回 Fibonacci 数列的第 n 项
```

则程序代码如下：

```
1    #include <stdio.h>
2    #define N 100
3    long Fib(int n);
```

```
4    int main(void)
5    {
6      long n;
7      scanf("%ld", &n);
8      for (int i=1; i<=n; i++)
9      {
10         printf("%4ld", Fib(i));
11     }
12     return 0;
13   }
14   //函数功能：计算并返回 Fibonacci 数列的第 n 项
15   long Fib(int n)
16   {
17     long f[N] = {0, 1, 1};
18     for (int i=3; i<=n; i++)
19     {
20         f[i] = f[i-1] + f[i-2];
21     }
22     return f[n];
23   }
```

方法 2　若用数组作函数参数，则计算 Fibonacci 数列前 *n* 项的函数原型可设计如下：

void Fib(long f[], int n);　//计算 Fibonacci 数列的前 n 项

由于数组作函数参数属于模拟按引用调用，Fibonacci 数列的前 *n* 项在计算之后均已保存在数组 f 中，因此 Fib()函数无须用 return 语句返回 Fibonacci 数列的各项。

程序代码如下：

```
1    #include <stdio.h>
2    #define N 100
3    void Fib(long f[], int n);
4    int main(void)
5    {
6      long n, f[N];
7      scanf("%ld", &n);
8      Fib(f, n);
9      for (int i=1; i<=n; i++)
10     {
11         printf("%4ld", f[i]);
12     }
13     return 0;
14   }
15   //函数功能：计算 Fibonacci 数列的前 n 项
16   void Fib(long f[], int n)
17   {
18     f[1] = 1;
19     f[2] = 1;
20     for (int i=3; i<=n; i++)
21     {
22         f[i] = f[i-1] + f[i-2];
23     }
24   }
```

【例 6.2】计算最大值。从键盘任意输入一些正整数，当输入负数时，表示输入结束，然后计算并输出其中最大的数。

计算最大值

问题分析：如图 6-7 所示，计算最大值的基本思路是先假设这组数据中的第一个数为当前的最大值 max，然后其余的数依次与当前最大值 max 进行比较。一旦发现后面的某个数大于当前的最大值，就用这个较大数修正当前的最大值 max。这样，当全部数据都比较完以后，返回最大值 max。同理，若求最小值，将求最大值算法中比较两数大小时使用的大于运算符改为小于运算符即可。

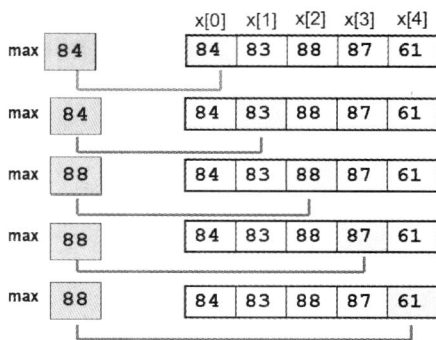

图 6-7 最大值求解过程的示意

本例需要实现如下两个模块。

（1）将从键盘读数据的操作封装为函数 ReadNum()，采用 do-while 循环输入数据，直到用户输入-1 为止，然后返回输入的数据总数。函数原型如下：

```
int ReadNum(int num[]);
```

（2）将计算最大值的操作封装为函数 FindMax()。函数原型如下：

```
int FindMax(const int a[], int n);
```

最后，编写主函数，先调用函数 ReadNum()输入数据，返回数据总数，然后调用函数 FindMax()，输出函数返回的最大值。完整的程序代码如下：

```
1    #include <stdio.h>
2    #define N 40
3    int ReadNum(int num[]);
4    int FindMax(const int a[], int n);
5    //主函数
6    int main(void){
7        int num[N];
8        int n = ReadNum(num);    //输入数据，直到输入负数为止，返回输入的数据总数
9        printf("Total = %d\n", n);
10       printf("Max = %d\n", FindMax(num, n));
11       return 0;
12   }
13   //函数功能：输入数据，当输入负数时，结束输入，返回输入的数据总数
14   int ReadNum(int num[]){
15       int i = -1;
16       do{
17           i++;
18           scanf("%d", &num[i]);
19       }while (num[i] > 0);    //输入负数时结束输入
20       return i;               //返回输入的数据总数
21   }
22   //函数功能：计算并返回数组中的最大值
23   int FindMax(const int a[], int n){
24       int max = a[0];         //假设 a[0]为当前的最大值
25       for (int i=1; i<n; i++){
```

```
26          if (a[i] > max){        //若 a[i]更大
27              max = a[i];          //用 a[i]值替换当前最大值
28          }
29      }
30      return max;                  //返回最大值
31  }
```

程序运行结果如下：

```
84 ↙
93 ↙
88 ↙
87 ↙
61 ↙
-1 ↙
Total = 5
Max = 93
```

【例 6.3】**计算最大值并输出其索引**。修改例 6.2 的编程任务，从键盘任意输入一些正整数，当输入负数时，表示输入结束，然后计算并输出其中的最大值及其索引。

问题分析：如图 6-8 所示，求解最大值索引的具体求解思路是先假设这组数据中的第一个数为当前的最大值，记录其索引 maxIndex，其余的数依次与当前最大值即索引为 maxIndex 的数组元素进行比较。一旦发现后面某个数大于当前的最大值，则用该数的索引修正当前最大值的索引 maxIndex。这样，当全部数据比较完以后，返回最大值的索引 maxIndex。

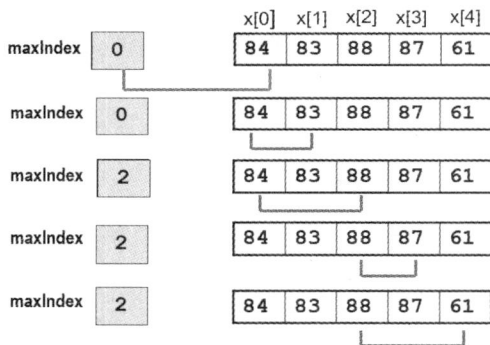

图 6-8 最大值索引的求解过程的示意

程序代码如下：

```
1   #include <stdio.h>
2   #define N 40
3   int ReadNum(int num[]);
4   int FindMaxIndex(const int a[], int n);
5   // 主函数
6   int main(void){
7       int num[N];
8       int n = ReadNum(num); //输入数据，直到输入负数为止，返回输入的数据总数
9       printf("Total = %d\n", n);
10      int pos = FindMaxIndex(num, n);
```

```
11        printf("Max = %d pos = %d\n", num[pos],pos);
12        return 0;
13    }
14    // 函数功能：输入数据，当输入负数时，结束输入，返回输入的数据总数
15    int ReadNum(int num[]){
16        int i = -1;
17        do{
18            i++;
19            scanf("%d", &num[i]);
20        }while (num[i] > 0); //输入负数时结束输入
21        return i;              //返回输入的数据总数
22    }
23    //函数功能：计算并返回数组中最大值的索引
24    int FindMaxIndex(const int a[], int n){
25        int maxIndex = 0; //假设a[0]为当前的最大值
26        for (int i=1; i<n; i++){
27            if (a[i] > a[maxIndex]) //若a[i]更大{
28                maxIndex = i; //用 i 替换当前最大值的索引
29            }
30        }
31        return maxIndex; //返回最大值的索引
32    }
```

程序运行结果如下：

84 ✓

93 ✓

88 ✓

87 ✓

61 ✓

-1 ✓

Total = 5

Max = 93,pos = 1

【温馨提示】用外部输入的数据作为数组索引对数组元素进行访问时，必须对数据的大小进行严格的校验，确保数组索引在有效范围内，否则会因索引越界而导致缓冲区溢出等严重的错误。牢记数组的索引从 0 开始，对于确保数组的索引不超出数组的边界很重要。

6.2.3   二维数组作函数参数

当形参被声明为二维数组时，可以不指定数组第一维的长度，用另一个整型形参来指定数组第一维的长度，但是第二维的长度必须指定，不能省略。这是因为二维数组元素在内存中是按行存储的。

以图 6-9 所示的具有 2 行 4 列的二维数组和图 6-10 所示的具有 4 行 2 列的二维数组为例，虽然它们都有 8 个 int 型元素，在内存中占相同的字节数，起始地址均为&b[0][0]，但相同索引的数组元素在两种数组定义下可能具有不同的内存地址。对于图 6-9 所示的二维数组，b[1][0]相对于数组首地址的偏移量为 1×4+0，而对于图 6-10 所示的二维数组，b[1][0]相对于数组首地址的偏移量却为 1×2+0。可见，二维数组的第二维长度在计算数组元素的内存地址时具有重要的作用。因为编译器只有知道数组每一行中有多少元素（即列的长度），才能知道

下一行的数组元素从哪个存储单元开始，从而准确地找到待访问数组元素所在的内存地址。

当声明二维数组的形参，或者在定义二维数组的同时对数组元素进行初始化时，必须指定二维数组的第二维长度。对于更高维的数组而言，只有第一维的长度在上述两种情况下可以省略，其他维都必须指定。

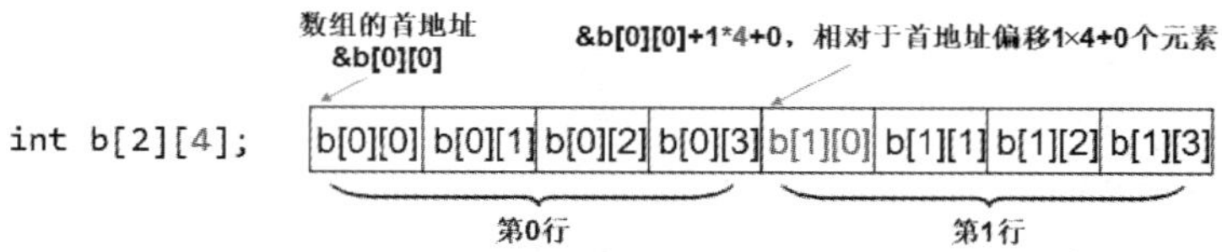

图 6-9　声明为 2 行 4 列的二维数组在内存中的物理存储结构

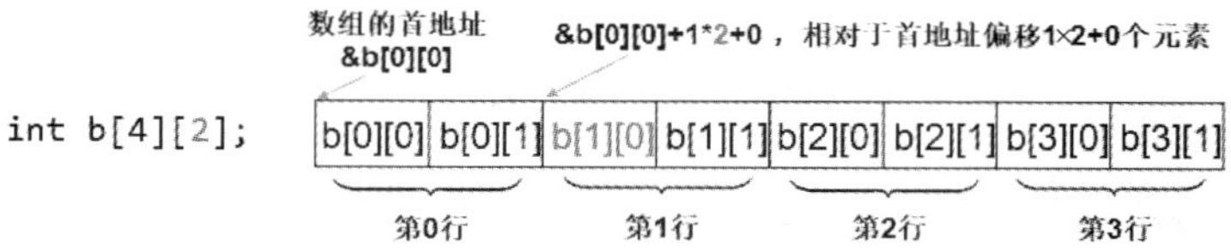

图 6-10　声明为 4 行 2 列的二维数组在内存中的物理存储结构

【例 6.4】杨辉三角。杨辉三角是我国数学史上的一个伟大成就，早在南宋，数学家杨辉于 1261 年所著的《详解九章算法》中就详细记载了杨辉三角，因其引自 11 世纪中叶（约 1050 年）贾宪的《释锁算书》，因此杨辉三角也被称为"贾宪三角"。在欧洲，布莱瑟·帕斯卡（Blaise Pascal）于 1654 年才发现这一规律，称其为"帕斯卡三角形"。帕斯卡的发现比杨辉要晚 393 年，比贾宪晚 600 多年，所以有些书也称其为"中国三角形"（Chinese Triangle）。

如图 6-11 所示，杨辉三角的一个非常重要的性质是：两条斜边上的数字均为 1，其他位置上的每个数字等于上一行的左右两个数字之和。

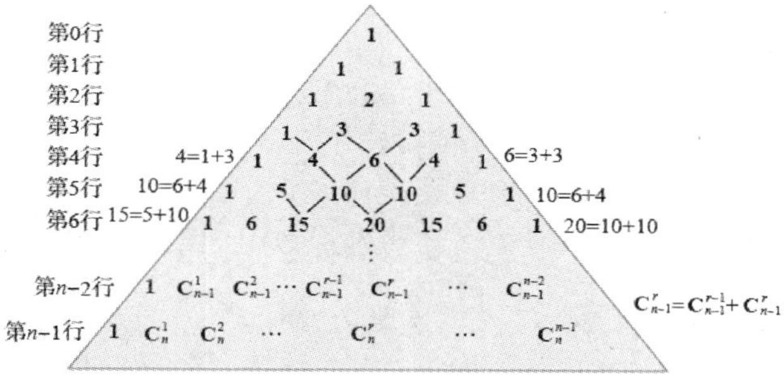

图 6-11　杨辉三角

现在，请根据这一性质，编程计算并输出直角的杨辉三角。

问题分析：如果用一个二维数组来存储杨辉三角中每一行、每一列的数字，那么根据杨辉三角的性质即可计算得到杨辉三角上的所有数字。程序代码如下：

```
1   #include<stdio.h>
2   #define  N  20
3   void  CalculateYH(int a[][N], int n);
4   void  PrintYH(int a[][N], int n);
5   int main(void){
6       int a[N][N] = {0}, n;
```

```
7        scanf("%d", &n);
8        CalculateYH(a, n);
9        PrintYH(a, n);
10       return 0;
11    }
12    //函数功能：计算杨辉三角前 n 行元素的值
13    void CalculateYH(int a[][N], int n){
14        for (int i=0; i<n; ++i){
15            a[i][0] = 1;
16            a[i][i] = 1;
17        }
18        for (int i=2; i<n; ++i){
19            for (int j=1; j<=i-1; ++j){
20                a[i][j] = a[i-1][j-1] + a[i-1][j];
21            }
22        }
23    }
24    //函数功能：以直角三角形形式输出杨辉三角前 n 行元素的值
25    void PrintYH(int a[][N], int n){
26        for (int i=0; i<n; ++i){
27            for (int j=0; j<=i; ++j){
28                printf("%-4d", a[i][j]); //负号表示输出结果左对齐
29            }
30            printf("\n");
31        }
32    }
```

其中，函数 CalculateYH()也可以写为

```
1    //函数功能：计算杨辉三角前 n 行元素的值
2    void CalculateYH(int a[][N], int n){
3        for (int i=0; i<n; ++i){
4            for (int j=0; j<=i; ++j){
5                if (j==0 || i==j){
6                    a[i][j] = 1;
7                }
8                else{
9                    a[i][j] = a[i-1][j-1] + a[i-1][j];
10                }
11            }
12        }
13    }
```

程序的运行结果如下：

```
10
  1
  1   1
  1   2    1
  1   3    3    1
  1   4    6    4    1
  1   5   10   10    5    1
  1   6   15   20   15    6    1
  1   7   21   35   35   21    7   1
  1   8   28   56   70   56   28   8   1
  1   9   36   84  126  126   84  36   9   1
```

6.3 查找算法

查找算法

本节主要讨论如下问题。

（1）顺序查找算法的基本原理是什么？

（2）什么情况下适合使用顺序查找算法？

（3）二分查找算法的基本原理是什么？

（4）二分查找对算法有什么要求？

6.3.1 顺序查找

查找（Searching） 就是指在大量的信息列表中寻找一个特定的信息元素。最简单、最朴素的查找算法，就是用**查找键（Search Key）**逐个与表中的数据（即数组元素）相比较以实现查找，称为**顺序查找（Sequential Search）**或**线性查找（Linear Search）**。

如图 6-12 所示，顺序查找算法的基本过程为：从表中的第一个（或最后一个）记录开始，将记录的关键字与给定的查找键值逐一进行比较，当某个记录的关键字与给定的查找键值相等时，即找到所查的记录，查找成功；反之，若查到最后一个记录也没有找到关键字与给定的查找键值相等的记录，则表明表中没有所查的记录，查找失败。

由于顺序查找算法不要求待查找的数据表有序，因此对于规模较小或无序排列的数据表，适合用顺序查找算法。

顺序查找算法的优点是简单、直观，不要求待查找的线性表是有序排列的；缺点是查找效率较

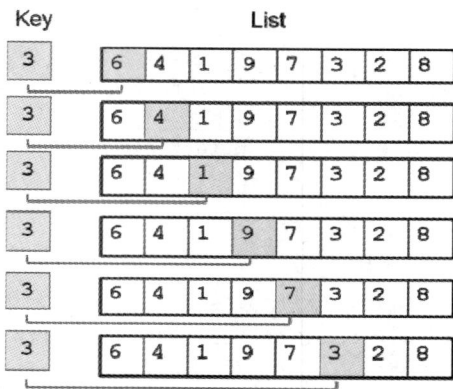

图 6-12　顺序查找过程示意

低。在最坏的情况下，在查找关键字位于所有数据的尾部且数据量较大时，或者已知数据中不存在该值时，查找次数将等于总数据量的大小。在最好的情况（数据在第一个位置）下，只需查找一次。从平均情况来看，需要将一半的数组元素与查找关键字进行比较。

【例 6.5】顺序查找。从键盘任意输入一些学生的学号和某门课程的成绩，当输入负数时，表示输入结束，然后从键盘任意输入一个学号，查找并输出该学号学生的成绩，若找不到，则输出 Not found!。

问题分析：本例需要编写程序实现如下两个模块。

（1）将从键盘读取学生学号和成绩的操作封装为函数 ReadScore()，采用 do-while 循环输入数据，直到用户输入-1 为止，然后返回输入的学生总数。函数原型如下：

```
int ReadScore(long num[], float score[]);
```

（2）将顺序查找算法封装为函数 LinSearch()，若找到，则返回查找键在 num 数组中的索引，否则返回-1。函数原型如下：

```
int LinSearch(long num[], long key, int n);
```

最后编写主函数，由于 LinSearch()返回-1 表示没找到，所以在主函数中调用 LinSearch()

时，一定要检查函数的返回值是否为-1。若不为-1，则输出相应学号学生的成绩，否则输出 Not found!。完整的程序代码如下：

```c
1    #include <stdio.h>
2    #define N 40
3    int ReadScore(long num[], float score[]);
4    int LinSearch(const long num[], long key, int n);
5    // 主函数
6    int main(void)
7    {
8        long num[N], key;
9        float score[N];
10       int n = ReadScore(num, score);//输入数据，直到输入负数为止，返回输入的数据总数
11       printf("Total = %d\n", n);
12       printf("Input the searching ID:");
13       scanf("%ld", &key);
14       int pos = LinSearch(num, key, n);
15       if (pos != -1)                //若找到
16       {
17           printf("score = %f\n", score[pos]);
18       }
19       else                         //若未找到
20       {
21           printf("Not found!\n");
22       }
23       return 0;
24   }
25   // 函数功能：输入学生的学号和成绩，当输入负数时，结束输入，返回学生总数
26   int ReadScore(long num[], float score[])
27   {
28       int i = -1;
29       printf("Input students' IDs and scores:\n");
30       do{
31           i++;
32           scanf("%ld%f", &num[i], &score[i]);
33       }while (num[i] > 0 && score[i] > 0);    //输入负数时结束输入
34       return i;                                //返回学生总数
35   }
36   //函数功能：顺序查找值为 key 的数组元素，若找到，则返回 key 在数组中的索引，否则返回-1
37   int LinSearch(const long num[], long key, int n)
38   {
39       for (int i=0; i<n; i++)     //遍历表中每个数据
40       {
41           if (num[i] == key)      //若找到
42           {
43               return i;           //则返回 key 在数组中的索引
44           }
45       }
46       return -1;                  //若循环结束仍未找到，则返回-1
47   }
```

程序的两次测试结果如下：

① `Input students' IDs and scores:`
`2410122 84` ↙
`2410123 93` ↙
`2410124 88` ↙
`2410125 87` ↙
`2410126 61` ↙
`-1 -1` ↙
`Total = 5`
`Input the searching ID: 2410123`↙
`score = 93.000000`
② `Input students' IDs and scores:`
`10122 84` ↙
`10123 93` ↙
`10124 88` ↙
`10125 87` ↙
`10126 61` ↙
`-1 -1` ↙
`Total = 5`
`Input the searching ID:2410128`↙
`Not found!`

6.3.2　二分查找

二分查找（**Binary Search**），也称**折半查找**，或者对分搜索法。其基本思想是：利用表的中点位置将线性表分成前、后两个子表，选取中点位置的记录，将该记录的关键字与查找键值 key 进行比较。如果二者相等，则查找成功，返回与 key 匹配的记录的索引；否则，将查找范围缩小为原来的一半，依据查找键值 key 与中点位置记录的关键字比较的结果，确定是在前一个子表还是后一个子表中继续查找，重复以上过程，直至找到满足条件的记录，或者根本查不到记录，此时查找失败（即关键字不存在）。另外，这也是一种典型的分而治之的方法。使用该算法的前提是表中数据必须采用顺序存储结构，且必须按关键字大小对表中数据进行有序排列。

顺序查找算法不要求数据表是有序的，但使用二分查找算法则要求数据表是有序的。所以，对于无序的数据，若要使用二分查找算法，应先对数据进行排序处理。

如图 6-13 所示，假设待查找的数据表已按升序排列，则二分查找算法的步骤如下。

第 1 步：将由 n 个有序排列（以升序为例）的数据组成的数组确定为初始搜索区间，令区间左端点为 low= 0，区间右端点为 high = $n-1$。

第 2 步：若 low≤high，则重复后续步骤。

第 3 步：计算搜索区间[low, high]的中点位置的元素索引 mid，利用中点位置的元素将数组分成前、后两个子区间，前一子区间为[low, mid-1]，后一子区间为[mid+1, high]。

第 4 步：以区间中点位置即索引为 mid 的数组元素作为比较对象，将查找键值与中点位置的数组元素进行比较；若二者相等，则查找成功，返回中点位置的元素索引 mid，算法结束；若前者大于（降序时改为"小于"）后者，则在后一个子区间继续二分查找；若前者小于（降序时改为"大于"）后者，则在前一个子区间继续二分查找。

第 5 步：只要折半后的区间满足 low≤high 就重复第 3 步和第 4 步，直到查找键值与中点位置的元素相等（表示查找成功），如图 6-13（a）所示，或者直到区间不能继续二分（例如 low≤high 为假时，表示查找失败）为止，如图 6-13（b）所示。

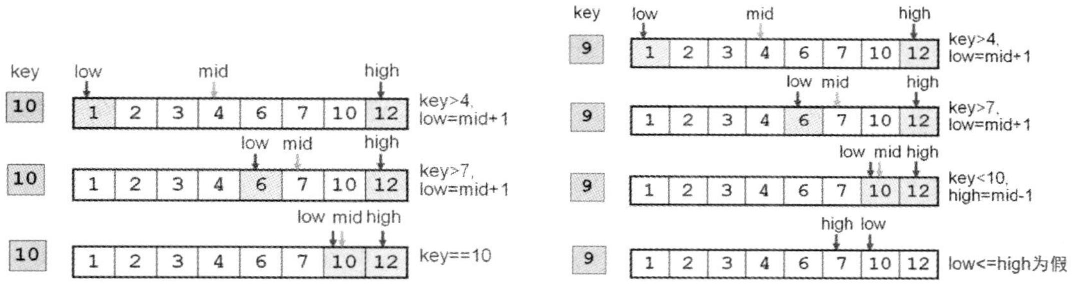

（a）查找成功的情况　　　　　　　　（b）查找失败的情况

图 6-13　二分查找过程原理示意

由于每次比较之后，都将目标数组中一半的元素排除在比较范围之外。所以理论上，二分查找算法最多需要的比较次数是第一个大于数组元素个数的 2 的幂次数。以查找一个拥有 1024 个元素的数组为例，采用二分查找算法，在最坏的情况下只需 10 次比较。因为不断地用 2 来除 1024 得到的商分别是 512、256、128、64、32、16、8、4、2、1，即 1024（2^{10}）用 2 除 10 次就可以得到 1。用 2 除一次就相当于二分查找算法中的一次比较。因此，当待查找数据有序排列时，二分查找算法比顺序查找算法的平均查找速度快得多。

由于待查找区间每次折半后，都要重复之前的查找过程，只是每次的查找范围在不断缩小，因此二分查找算法可以有递归和迭代两种实现方式。

【例 6.6】二分查找。将例 6.5 程序改为用二分查找算法实现，假设学生记录是按学号升序排列的。

问题分析：只需将例 6.5 程序中的顺序查找函数 LinSearch()替换为二分查找函数BinSearch()即可。

（1）递归实现的 BinSearch()函数如下：

```
1   //函数功能：二分查找值为 key 的数组元素，若找到，则返回数组元素的索引，否则返回-1
2   int BinSearch(const long num[], long key, int low, int high){
3       int mid = low + (high - low) / 2;      //取数据区间的中点
4       if (low > high){   //递归结束条件
5           return -1;      //没找到
6       }
7       if (key > num[mid]){
8           return BinSearch(num, key, mid+1, high); //在后一个子表查找，修改区间左端点
9       }
10      else if (key < num[mid]){
11          return BinSearch(num, key, low, mid-1);    //在前一个子表查找，修改区间右端点
12      }
13      return mid;      //找到，返回找到的索引
14  }
```

（2）迭代实现的 BinSearch()函数如下：

```
1   //函数功能：二分查找值为 key 的数组元素，若找到，则返回数组元素的索引，否则返回-1
```

```
2     int BinSearch(const long num[], long key, int low, int high){
3         while (low <= high){                    //循环继续条件
4             int mid = low + (high - low) / 2;   //取数据区间的中点
5             if (key > num[mid]){
6                 low = mid + 1;                     //在后一个子表查找，修改区间的左端点
7             }
8             else  if (key < num[mid]){
9                 high = mid - 1;                    //在前一个子表查找，修改区间的右端点
10            }
11            else{
12                return mid;                        //找到，返回找到的索引
13            }
14        }
15        return -1;                             //没找到
16    }
```

由于 BinSearch() 的函数接口发生了变化，将顺序查找函数 LinSearch() 的第 3 个形参由数组长度改为了搜索区间的左、右端点，所以原来主函数中的函数调用语句

```
int pos = LinSearch(num, key, n);
```

需要修改为

```
int pos = BinSearch(num, key, 0, n-1);//在[0,n]中查找学号key，返回索引
```

本例是采用减法代替加法来计算数据区间的中点值 mid 的。为什么这样做？这是因为如果数组很长，并且待查找数据位于数组的尾部，那么 low 和 high 的值可能就会很大，在执行 mid = (high + low) / 2;语句时，low 和 high 之和将有可能超出 limits.h 中定义的有符号整数的极限值，从而导致数值溢出的发生。

6.4 排序算法

本节主要讨论如下问题。

（1）冒泡排序的基本原理是什么？有哪几种常见的遍历方式？

（2）交换排序和选择排序各自的基本原理是什么？二者的区别是什么？

所谓**排序（Sorting）**就是以特定的方式，按照选取的某个关键字，将一组"无序"的记录序列调整为"有序"的过程。排序算法分为内部排序和外部排序两大类。若整个排序过程在内存中即可完成，则称为内部排序。反之，若参与排序的记录数量很大，整个序列的排序过程需要访问外存才能完成，则称为外部排序。本书仅介绍内部排序算法。

常用的排序算法有**冒泡排序（Bubble Sort）**、**交换排序（Exchange Sort）**、**选择排序（Selection Sort）**、**快速排序（Quick Sort）**、**归并排序（Merge Sort）**、**插入排序（Insertion Sort）**等。本章只介绍前 3 种算法。

6.4.1 冒泡排序算法

冒泡排序的原理极为简单，其基本思想是：每次比较两个相邻的元素，如果它们的顺序错误就把它们交换过来。如果是按升序排序，则对相邻的

冒泡排序

两个数据进行比较时，仅当排在后面的数小于排在前面的数时才交换其位置，即每次比较都是"将小数放在前面，大数放在后面"。反之，如果是按降序排序，则仅当排在后面的数大于排在前面的数时才交换其位置，即每次比较都是"将大数放在前面，小数放在后面"。

以升序排序为例，如图 6-14 所示，从后往前遍历可以在每一遍操作中都将参与比较的数列中的最小数上升到序列的顶部。例如，在第一遍操作中，先两两比较最后两个数 0 和 2，因为小的数在后面，所以互换位置，0 前进一个位置；然后再向前两两比较 0 和 4，因为小的数在后面，所以互换位置，0 又前进了一个位置；以此类推，直到最小的数 0 归位。与此类似，后面每一遍操作都是从后向前依次比较相邻的两个数，将二者中较小的数放前面，只要顺序不对，就互换位置。在每一遍比较结束后，序列的顶部都是已经归位的数，即排好序的数。重复此步骤，直到 n-1 遍比较后，n 个数全部归位按升序排好序。

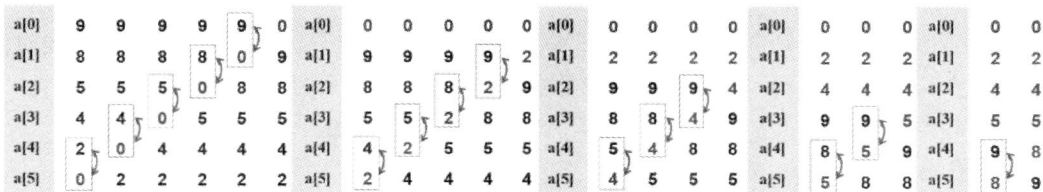

图 6-14　从后往前遍历的冒泡升序排序示意

这里，每将一个数归位，就称为"一遍"或"一趟"。这样，n 个数总计需要 n-1 遍比较即可全部归位。由于每一遍比较都能排好一个数，因此每一遍中参与比较的数都比前一遍的数少一个。

降序排序与升序排序的不同之处是，如果升序用小于运算符比较两个数的大小，那么降序排序就改用大于运算符比较两个数的大小，且仅当后面的数比前面的数大时才将其互换位置。

因为在算法的每一遍操作中，值相对较小的数据会像水中的气泡一样逐渐上升到数组的顶部，与此同时，较大的数据逐渐地下沉到数组的底部，于是这个排序算法就有了一个很形象的名字"冒泡排序"。

除了可以从后往前遍历，还可以从前往后遍历。对于升序排序，在执行从前往后遍历的相邻两个数比较时，需要将较大的数后移，以保证序列的底部都是排好序的。如图 6-15 所示，在每一遍操作中都将参与比较的较大者沉到序列的底部，排好序的数据总是位于序列的底部，这样的冒泡排序也称为**沉降排序（Sinking Sort）**。

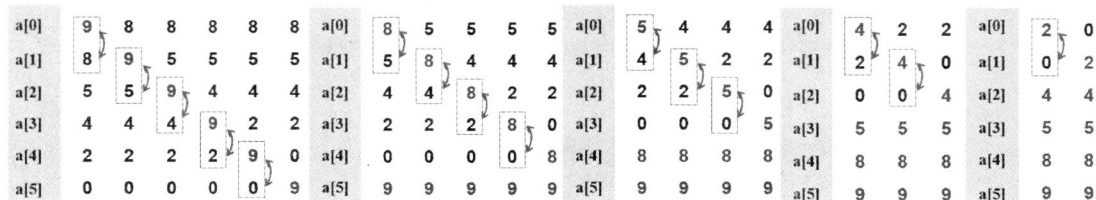

图 6-15　从前往后遍历的冒泡升序排序示意

【例 6.7】冒泡排序。从键盘任意输入一些学生的学号和某门课程的成绩，当输入负数时，表示输入结束，请采用冒泡排序编程对学生的成绩按学号进行升序排序。

问题分析：本例需要编写实现 3 个函数，除了将从键盘读取学生学号和成绩的操作封装为函数 ReadScore() 外，还要编写如下两个函数。

（1）将输出排序结果的操作封装为函数 PrintScore()，其函数原型如下：

```
void PrintScore(const long num[], const float score[], int n);
```

（2）将冒泡排序算法封装为函数 BubbleSort()，其函数原型如下：

```
void BubbleSort(long num[], float score[], int n);
```

可以使用双重循环结构实现冒泡排序。外层循环变量 i 从 0 变化到 n-2，控制 n-1 遍比较操作，内层循环变量 j 控制在每一遍比较操作中进行 n-1-i 次的相邻两个数比较。

先采用图 6-14 所示的冒泡排序算法实现，由于是从后往前依次对相邻的两个数比较大小，所以内层循环变量 j 是从 n-1 变化到 i 的。

【温馨提示】对一组记录信息进行排序时，通常只选取记录中的一个子项作为排序关键字，排序时将由关键字决定记录的全部子项的排列顺序。

例如，本例是将学号选为关键字，即根据学号决定整个记录的顺序，因此在交换时需要移动整个记录的数据，即记录中的所有数据项（包括学号和成绩）都要进行交换。

完整的程序代码如下：

```
1    #include <stdio.h>
2    #define N 40
3    int ReadScore(long num[], float score[]);
4    void BubbleSort(long num[], float score[], int n);
5    void PrintScore(const long num[], const float score[], int n);
6    // 主函数
7    int main(void){
8        long num[N];
9        float score[N];
10       int n = ReadScore(num, score);//输入数据，直到输入负数为止，返回输入的数据总数
11       printf("Total = %d\n", n);
12       BubbleSort(num, score, n);
13       PrintScore(num, score, n);
14       return 0;
15   }
16   //函数功能：输入学生的学号和成绩，当输入负数时，结束输入，返回学生总数
17   int ReadScore(long num[], float score[]){
18       int i = -1;
19       printf("Input students' IDs and scores:\n");
20       do{
21           i++;
22           scanf("%ld%f", &num[i], &score[i]);
23       }while (num[i] > 0 && score[i] > 0);      //输入负数时结束输入
24       return i;                                 //返回学生总数
25   }
26   //函数功能：按冒泡排序，对学生记录数据按学号进行升序排序
27   void BubbleSort(long num[], float score[], int n){
28       for (int i=0; i<n-1; i++){
29           for (int j=n-1; j>i; j--){   //从后往前两两比较，小的数前移
30               if (num[j] < num[j-1]){ //按学号进行升序排序
31                   long temp1 = num[j];
32                   num[j] = num[j-1];
```

```
33                      num[j-1] = temp1;
34                      float temp2 = score[j];
35                      score[j] = score[j-1];
36                      score[j-1] = temp2;
37                  }
38              }
39          }
40  }
41  //函数功能：输出学生的学号和成绩
42  void PrintScore(const long num[], const float score[], int n){
43      printf("Sorted results:\n");
44      for (int i=0; i<n; i++){
45          printf("%ld\t%.0f\n", num[i], score[i]);
46      }
47  }
```

若采用图 6-15 所示的冒泡排序算法实现，由于是从前往后依次对相邻的两个数比较大小，所以内层循环变量 j 是从 0 变化到 n-1-i 的。其对应的函数实现代码如下：

```
1   //函数功能：按冒泡排序，对学生记录数据按学号进行升序排序
2   void BubbleSort(long num[], float score[], int n){
3       for (int i=0; i<n-1; i++){
4           for (int j=0; j<n-1-i; j++){        //从前往后两两比较，大的数"沉底"
5               if (num[j] > num[j+1]){         //按学号进行升序排序
6                   long temp1 = num[j];
7                   num[j] = num[j+1];
8                   num[j+1] = temp1;
9                   float temp2 = score[j];
10                  score[j] = score[j+1];
11                  score[j+1] = temp2;
12              }
13          }
14      }
15  }
```

程序运行结果如下：
```
Input students' IDs and scores:
2410126 61 ↙
2410122 84 ↙
2410125 87 ↙
2410124 88 ↙
2410123 93 ↙
-1 -1 ↙
Total = 5
Sorted results:
2410122 84
2410123 93
2410124 88
2410125 87
2410126 61
```

冒泡排序的优点是易于理解、实现简单、比较次数已知、算法稳定。但缺点是效率较低，因为每次只能移动相邻的两个数据，即在每一次交换中，一个元素只能向它的最终目标位置移动一个位置。由于算法的核心是一个双重循环，因此其时间复杂度是 $O(n^2)$。快速

排序算法是对冒泡排序算法的改进，其时间复杂度是 $O(n\log n)$。感兴趣的读者可以查阅算法和数据结构的相关书籍。

6.4.2 交换排序算法

交换排序

冒泡排序是对相邻的两个数进行比较，每一遍比较都会将一个数归位。**交换排序**则是将待排序序列中的第一个数与后面所有的数依次比较，这实际上蕴含了求最值的思想。以升序排序为例，第一遍的目标是将最小的数归位，按求最小值的方式在整个序列中找最小的数，将其放在数组的第一个元素位置，第二遍的目标是将第二小的数归位，在序列剩余的数中找到最小的数，将其放在数组的第二个元素位置，后面以此类推，即每一遍比较都是将剩余的尚未排好序的数中的最小值放到前面已排好序的序列末尾，直到最后剩下一个数无须再进行比较。

交换升序排序的过程如图 6-16 所示。第一遍比较时，有 n 个数参与比较，将第一个数分别与后面所有的数进行比较，若后面的数较小，则交换后面这个数和第一个数的位置；这一遍结束后，最小的数就放在了第一个位置。第二遍比较时，参与比较的数变为 $n-1$ 个，对这 $n-1$ 个数再找出其中最小的一个数放在第二个位置。以此类推，直到第 $n-1$ 遍比较，参与比较的数变为 2 个，求出其中较小的一个数放在第 $n-1$ 个位置，剩下的最后一个数自然就为最大的数，放在序列的最后，即第 n 个位置。

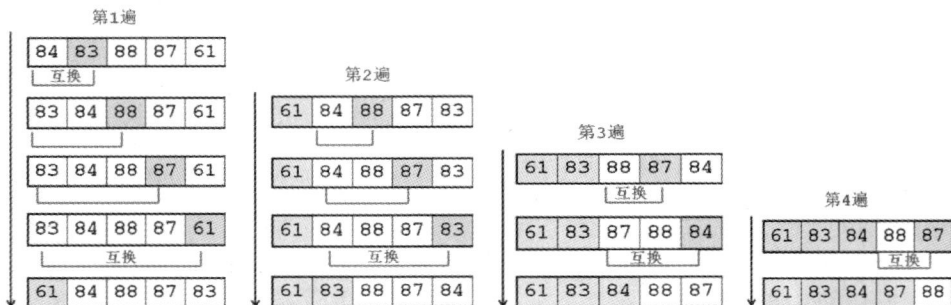

图 6-16 交换升序排序示意

【例 6.8】交换排序。修改例 6.7 的程序，用交换排序对学生成绩按学号升序排序。

问题分析：根据图 6-16 所示的原理，使用双重循环结构实现交换排序函数。外层循环变量 i 从 0 变化到 n-2，控制执行的遍数，内层循环变量 j 从 i+1 变化到 n-1，控制在每一遍比较操作中参与比较的数的个数。将该算法写成程序代码如下：

```
1    //函数功能：按交换排序，对学生记录数据按学号进行升序排序
2    void ExchangeSort(long num[], float score[], int n){
3        for (int i=0; i<n-1; i++){
4            for (int j=i+1; j<n; j++){
5                if (num[j] < num[i]){ //按学号进行升序排序
6                    long temp1 = num[j];
7                    num[j] = num[i];
8                    num[i] = temp1;
9                    float temp2 = score[j];
10                   score[j] = score[i];
11                   score[i] = temp2;
12               }
```

6.4.3　选择排序算法

交换排序在每一遍寻找最值的过程中都要频繁地交换数据。**选择排序**对此进行了改进。选择排序中的每一遍比较也相当于一个计算最值的过程，只不过省去了频繁交换更新当前最大值的过程，仅在找到最值所处的位置后再进行数据的移动。这样，每一遍比较中最多只进行一次数据交换操作，因为 n 个数排序需要 $n-1$ 遍比较，所以算法最多有 $n-1$ 次两数交换操作。

选择升序排序的过程如图 6-17 所示。在每一遍的比较中，只记录当前最小数在序列中的索引，通过将剩余的待比较的数与这个索引位置上的当前最小数进行比较，确定在这一遍比较中哪个位置上的数是最小的，然后最多只进行一次交换即可将其放到相应位置上，整个算法最多需要 $n-1$ 次数据交换即可完成排序过程。

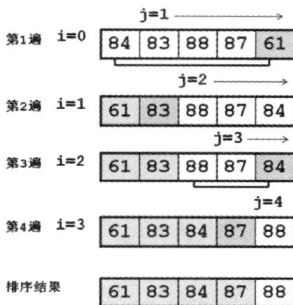

图 6-17　选择升序排序示意

【例 6.9】**选择排序**。修改例 6.7 的程序，用选择排序对学生成绩按学号升序排序。选择排序的函数实现如下：

```
1   //函数功能：按选择排序，对学生记录数据按学号进行升序排序
2   void SelectionSort(long num[], float score[], int n){
3       for (int i=0; i<n-1; i++){
4           int k = i;
5           for (int j=i+1; j<n; j++){
6               if (num[j] < num[k]){      //按学号进行升序排序
7                   k = j;                 //记录最小数的索引
8               }
9           }
10          if (k != i){                   //若最小数的索引不是i
11              long temp1 = num[k];
12              num[k] = num[i];
13              num[i] = temp1;
14              float temp2 = score[k];
15              score[k] = score[i];
16              score[i] = temp2;
17          }
18      }
19  }
```

6.5 AI 辅助编程实例

仍以 3.6 节的代码生成任务为例，假如提示词模板修改为：你是一个 C 语言专家，请你用 C 语言写一个计算课程平均分的程序，从键盘输入一个学生的 3 门课的成绩，用循环语句计算平均分，并将计算结果输出到屏幕上。要求输入提示信息为 "Input three scores:"，输入格式为 "%f"。输出提示信息为 "The average score is:"，输出格式为 "%f"。

注意：这里增加了对计算平均分过程的明确要求，即用循环语句计算平均分。此时，使用通义灵码生成的代码如下：

```
1    #include <stdio.h>
2    int main() {
3        float scores[3], sum = 0.0, average;
4        // 提示用户输入三门课程的成绩
5        printf("Input three scores: ");
6        // 使用循环读取用户输入的三门课程的成绩
7        for (int i = 0; i < 3; i++) {
8            scanf("%f", &scores[i]);
9            sum += scores[i];
10       }
11       // 计算平均分
12       average = sum / 3.0;
13       // 输出平均分
14       printf("The average score is: %f\n", average);
15       return 0;
16   }
```

如果将提示词进一步修改为：你是一个 C 语言专家，请你用 C 语言写一个计算课程平均分的程序，从键盘输入一个学生的 3 门课的成绩，用函数和循环语句计算平均分，并将函数返回的平均分输出到屏幕上。要求输入提示信息为 "Input three scores:"，输入格式为 "%f"。输出提示信息为 "The average score is:"，输出格式为 "%f"。

注意：这里增加了用函数封装计算平均分过程的明确要求。此时，使用通义灵码生成的代码如下：

```
1    #include <stdio.h>
2    // 函数声明
3    float calculateAverage(float scores[], int n);
4    int main() {
5        float scores[3], sum = 0.0, average;
6        // 提示用户输入三门课程的成绩
7        printf("Input three scores: ");
8        // 使用循环读取用户输入的三门课程的成绩
9        for (int i = 0; i < 3; i++) {
10           scanf("%f", &scores[i]);
11       }
12       // 调用函数计算平均分
13       average = calculateAverage(scores, 3);
14       // 输出平均分
15       printf("The average score is: %f\n", average);
```

```
16      return 0;
17    }
18    // 函数定义
19    float calculateAverage(float scores[], int n) {
20      float sum = 0.0;
21      for (int i = 0; i < n; i++) {
22        sum += scores[i];
23      }
24      return sum / n;
25    }
```

请读者自己运行代码并确认其是否符合需求。

6.6 本章知识点思维导图

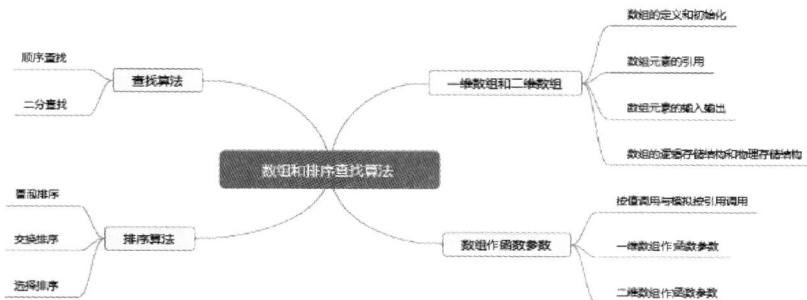

习题 6

6.1　单选题。

（1）以下能对外部二维数组 a 进行正确初始化的语句是（　　　　）。

A.　int a[2][] = {{1,0,1},{5,2,3}};

B.　int a[][3] = {{1,2,1},{5,2,3}};

C.　int a[2][4] = {{1,2,1},{5,2},{6}};

D.　int a[][3] = {{1,0,2},{},{2,3}};

（2）若二维数组 a 有 m 列，则在 a[i][j] 之前的元素个数为（　　　　）。

A.　j*m+i　　　　　　　B.　i*m+j　　　　　　C.　i*m+j−1　　　　　　D.　i*m+j+1

（3）C 语言中形参的默认存储类型是（　　　　）。

A.　自动（auto）　　　B.　静态（static）　　C.　寄存器（register）　　D.　外部（extern）

（4）若用数组名作为函数调用时的实参，则实际上传递给形参的是（　　　　）。

A.　数组的首地址　　　　　　　　　　　　B.　数组的第一个元素值

C.　数组中全部元素的值　　　　　　　　　D.　数组元素的个数

（5）下列说法正确的是（　　　　）。

A.　数组名作函数参数时，修改形参数组元素值会导致实参数组元素值的修改

B.　在声明函数的二维数组形参时，通常不指定数组的大小，而用另外的形参来指定数组的大小

C. 在声明函数的二维数组形参时，可省略数组第二维的长度，但不能省略数组第一维的长度

D. 数组名作函数参数时，是将数组中所有元素的值传给形参

6.2 判断题。

（1）C 语言中的二维数组在内存中是按列存储的。（　　　）

（2）在 C 语言中，数组的索引都是从 0 开始的。（　　　）

（3）在 C 语言中，不带索引的数组名代表数组的首地址。（　　　）

（4）在 C 语言中，只有当实参与其对应的形参同名时，才共占同一个存储单元。（　　　）

6.3 **验证黄金分割比**。Fibonacci 数列的后一项与前一项的比值的极限约等于 0.618，这就是著名的黄金分割比，请编程验证这一结果。

6.4 **3 位数构成**。将 1 到 9 这 9 个数字分成 3 个 3 位数，要求第 1 个 3 位数正好是第 2 个 3 位数的 1/2，是第 3 个 3 位数的 1/3。请编程输出所有符合这一条件的 3 位数。

6.5 **阿姆斯特朗数**。阿姆斯特朗数是一个 n 位数，其本身等于各位数字的 n 次方之和。从键盘输入数据的位数 n（$n \leq 8$），编程输出所有的 n 位阿姆斯特朗数。

6.6 **素数之和**。请用筛法编程计算并输出 $1 \sim n$ 的所有素数之和。

6.7 **奇数次元素查找**。假设有一个长度为 n（假设 n 不超过 20，由用户从键盘输入）的整型数组，且用户输入的数组元素范围是 $0 \sim N-1$（例如 N 为 40），其中只有一个元素在数组中出现了奇数次，请编程找出这个在数组中出现奇数次的元素。

6.8 **好数对**。已知一个集合 A，对 A 中任意两个不同的元素，若其和仍在 A 内，则称其为好数对，例如，对于由 1、2、3、4 构成的集合，因为有 1+2=3，1+3=4，所以好数对有两个。请编程统计并输出集合中好数对的个数。要求先输入集合中元素的个数和相应个数的元素，然后输出好数对的个数。已知集合中最多有 1000 个元素。如果输入的数据不满足要求，则重新输入。

6.9 **对角线元素之和**。从键盘输入 n 及一个 $n \times n$ 阶矩阵，请编程计算 $n \times n$ 阶矩阵的两条对角线元素之和。

6.10 **矩阵乘法**。利用公式 $c_{ij} = \sum_{k=1}^{n} a_{ik}b_{kj}$ 计算矩阵 A 和矩阵 B 之积。已知 a_{ij} 为 $m \times n$ 阶矩阵 A 的元素（$i=1,2,\cdots,m$，$j=1,2,\cdots,n$），b_{ij} 为 $n \times m$ 阶矩阵 B 的元素（$i=1,2,\cdots,n$，$j=1,2,\cdots,m$），c_{ij} 为 $m \times m$ 阶矩阵 C 的元素（$i=1,2,\cdots,m$，$j=1,2,\cdots,m$）。

6.11 **幻方矩阵检验**。在 $n \times n$ 阶幻方矩阵（$n \leq 15$）中，每一行、每一列、每一条对角线上的元素之和都是相等的。请编写一个程序，将这些幻方矩阵中的元素保存到一个二维整型数组中，然后检验其是否为幻方矩阵。要求先输入矩阵的阶数 n（假设 $n \leq 15$），再输入 $n \times n$ 阶矩阵，如果该矩阵是幻方矩阵，则输出 It is a magic square!，否则输出 It is not a magic square!。

6.12 **Fibonacci 数列生成**。Fibonacci 数列与杨辉三角之间的关系如图 6-18 所示，请利用这种关系编程生成 Fibonacci 数列。

图 6-18　Fibonacci 数列与杨辉三角的关系

6.13 **计算矩阵最大值及其位置**。请编写一个程序，

计算 $m×n$ 阶矩阵中元素的最大值及其所在的行、列索引。先输入 m 和 n 的值（已知 m 和 n 的值都不超过 10），然后输入 $m×n$ 阶矩阵的元素值，最后输出最大值及其所在的行、列索引。

6.14　**计算鞍点**。请编写一个程序，找出 $m×n$ 阶矩阵中的鞍点，即该位置上的元素是该行上的最大值，并且是该列上的最小值。先输入 m 和 n 的值（已知 m 和 n 的值都不超过 10），然后输入 $m×n$ 阶矩阵的元素值，最后输出其鞍点。如果矩阵中没有鞍点，则输出 No saddle point!。

6.15　**二分法求方程的根**。用二分法求一元三次方程 $x^3-x-1=0$ 在[1, 3]中误差不大于 10^{-6} 的根。先从键盘输入迭代初值 x_0 和允许的误差 ε，然后输出求得的方程根和所需的迭代次数。

6.16　**参赛选手分数统计**。在北京冬奥会上，花样滑冰比赛为 9 人裁判制，裁判组的执行分是通过计算 9 个计分裁判的执行分的修正平均值来确定的，即去掉最高分（若有多个相同最高分，只去掉一个）和最低分（若有多个相同最低分，只计算一个）并计算出剩余 7 个裁判执行分的平均分。假设每个裁判打分为百分制，最低 0 分，最高 100 分，请编程计算某参赛选手的最终比赛分数。

6.17　**计算众数**。假设有一个长度为 n（假设 n 不超过 20，由用户从键盘输入）的整型数组 a（假设数组元素的取值范围为 1 ~ 10），请编程计算数组中元素的众数。

6.18　**计算中位数**。假设有一个长度为 n（假设 n 不超过 20，由用户从键盘输入）的整型数组 a，请编程计算数组中元素的中位数。中位数是指所有数据排序后正中间的一个数。如果有 2 个，通常取最中间的两个数的平均数作为中位数（取整）。

6.19　**数列合并**。已知两个不同长度的、升序排列的数列（假设数列的长度都不超过 10），请编程将其合并为一个数列，使合并后的数列仍保持升序排列。要求由用户从键盘输入两个数列的长度，并输入两个升序排列的数列，然后输出合并后的数列。

6.20　**双向冒泡排序**。既然冒泡算法既可以从前往后遍历交换，也可以从后往前遍历交换，那么就可以进行双向遍历，即在每一遍操作中同时从前往后和从后往前遍历，这就是双向冒泡排序算法。请用双向冒泡排序算法重新求解例 6.7。

第**7**章　指针及其应用

第 **7** 章

内容导读

必学内容：指针类型和指针变量，指针变量的解引用，指针变量作函数参数。

进阶内容：函数指针及其应用。

7.1　指针的概念

本节主要讨论如下问题。

（1）变量的寻址方式有哪两种？

（2）什么是指针？如何定义指针变量？何为指针变量的基类型？

（3）如何利用指针变量进行间接引用？何为指针变量的解引用？

7.1.1　变量的地址和变量的寻址方式

若要理解指针，需要从变量的基本属性和寻址方式入手。**变量有哪些基本属性？**首先，**变量名**标识了编译器为变量分配的内存单元，可以把它看成对程序中数据存储空间的抽象。其次，编译器会根据变量的**数据类型（Data Type）**为其分配相应字节数的存储空间，并且这些存储空间的每个字节都有一个地址，变量在内存中所占存储空间的首字节的地址就称为变量的**地址（Address）**。在这个地址开始的存储空间中存放的数据，称为变量的**值（Value）**。

通常有两种方式访问变量的值，一种是**直接引用（Direct Access）**，也称**直接寻址（Direct Addressing）**，另一种是**间接引用（Indirect Access）**，也称**间接寻址（Indirect Addressing）**。直接引用就是直接到变量名标识的存储单元中读写变量的值，而间接引用就是通过其他变量找到变量的地址后再到相应的地址单元中读写变量的值。

若要获得变量的地址，需要用到一个新的运算符&，称为**取地址运算符（Address Operator）**。内存地址值是一个无符号整数，从 0 开始，依次递增。为表达方便，通常把地址写成以 0x 开头的十六进制数。32 位计算机使用 32 位地址，最多支持 2^{32} 字节（4GB）内存。在多数平台上，printf()函数中的转换说明符%p 表示以十六进制整数形式输出一个内存地址。

【温馨提示】在不同的计算机、不同的操作系统下，输出的变量地址可能是完全不同的。

7.1.2　指针变量的定义、初始化及其解引用

1．用什么类型的变量存放地址？

指针（Pointer）是 C 语言中的一种特殊的数据类型，指针类型的变

指针变量的定义、
初始化及其解引用

量称为**指针变量**。指针变量主要用于存放某个变量的地址。如图 7-1 所示，通过变量名引用变量的值是直接引用，而通过指针变量引用变量的值则是间接引用。指针变量可保存地址，使程序员直接访问内存成为可能。

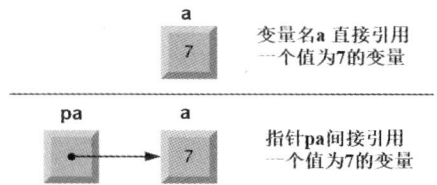

图 7-1 直接和间接引用变量

2. 如何定义指针变量？

指针变量定义的一般语法格式如下：

类型关键字 *指针变量名；

其中，类型关键字代表指针变量可以指向的变量的数据类型，即**指针变量的基类型**。例如：

```
int  *pa;
```

从后往前将该声明语句读为：pa 是一个指针变量，它指向一个 int 型变量，即 pa 是一个指向 int 型变量的指针变量。当*以这种方式出现在变量定义中时，表示被定义的变量是一个指针变量。

定义两个具有相同基类型的指针变量，需要使用下面的语句：

```
int *pa, *pb;     // 定义了可以指向 int 型数据的指针变量 pa 和 pb
```

而不能使用：

```
int *pa, pb;      // 定义了可以指向 int 型数据的指针变量 pa 和 int 型变量 pb
```

这里的*只对变量定义中的 pa 起作用。建议在一个变量定义语句中最好只声明一个变量，以防止上述同时声明指针变量和非指针变量带来的混淆。

上面的变量定义语句只声明了指针变量的名字及其基类型，并未给指针变量进行初始化，因此其值是一个随机数，表示不确定指针变量指向了哪里。使用**未初始化的指针**（**Uninitialized Pointer**），即在不确定指针变量指向哪里的情况下，访问指针变量指向的内存，有可能引起非法内存访问，进而导致程序崩溃。

因此，在使用指针变量之前，必须对指针进行初始化。指针变量初始化的方法就是将一个变量的地址存入这个指针变量中，既可以在定义指针变量时存入，也可以通过一个赋值语句来完成。

【温馨提示】指针变量只能用同一基类型的变量的地址来进行初始化，即指针变量只能指向同一基类型的变量。

例如：

```
int a = 7;        //定义了 int 型变量 a，并将其初始化为 7
int *pa = &a;     //定义了基类型为 int 型的指针变量 pa，并将其指向 int 型变量 a
```

这里是用 int 型变量 a 的地址对 int 型指针变量 pa 进行初始化，它意味着 pa 指向了 a（见图 7-1）。指向某变量的指针变量，通常简称为某变量的指针。虽然指针变量的值就是它存放的变量的地址值，但在概念上变量的指针并不等同于变量的地址。变量的地址是一个常量，不能对其进行赋值。而变量的指针则是一个变量，其值是可改变的。

指针及其应用 / **第 7 章**

如果在定义指针变量时无法确定让其指向哪里，那么为了避免因使用未初始化的指针变量而导致的非法内存访问，可将指针变量初始化为 NULL（在 stdio.h 中定义为 0 的符号常量），即：

```
int *pa = NULL;    //在定义指针变量pa的同时将其初始化为空指针
```

何为空指针？ 值为 NULL 即不指向任何对象的指针，称为**空指针**或**无效指针**。

【温馨提示】值为 NULL 的指针并不一定就是指向地址为 0 的内存单元的指针。每个 C 语言编译器都被允许用不同的方式来表示空指针，而且并非所有编译器都使用零地址。例如，某些编译器让空指针使用不存在的内存地址。0 是可以直接赋值给指针变量的唯一整数值，虽然将指针初始化为 0 等价于初始化为 NULL，但是初始化为 NULL 更好，因为这样显式强调了该变量是一个指针。

空指针在防御式编程中非常有用。在后面学习动态内存分配和文件操作时，都会用到这个指针。当动态内存分配或文件打开不成功时，会返回空指针，这样通过检查函数返回值是否为空指针即可检查动态内存申请或文件打开操作是否成功。

3．为什么要指定指针变量的基类型？

只知道地址，就能正确地解析指针变量吗？从这个地址开始的多少个字节的数据是有效的？用什么数据类型去理解指针变量指向的内存中的数据？指针的基类型可以用来回答这些问题。例如，假设有下面的指针变量定义语句：

```
int *pa = &a;    //定义了基类型为int型的指针变量pa，并将其指向int型变量a
```

上面语句定义了 pa 是一个基类型为 int 型的指针变量，并且 pa 指向了变量 a，如图 7-2 所示。在 32 位计算机上指针变量占 4 个字节内存，用于保存它指向的变量的地址，由于 pa 指向的整型变量 a 占 4 个字节的内存，因此从变量 a 的地址（&a）开始的 4 个字节内的数据才是可以通过 pa 间接访问的有效数据，同时还要用 int 型数据的存储方式来解释 pa 指向的内存中的数据。

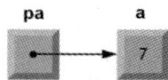

图 7-2　内存中指向 int 型变量的指针的图形表示

4．如何利用指针变量进行间接引用？

如何通过指针变量间接访问它所指向的变量呢？这就需要使用**间接寻址运算符**（**Indirection Operator**），它是一个一元运算符，通常也被称为**指针运算符**（**Pointer Operator**）或者**解引用运算符**（**Dereferencing Operator**），它返回指针变量指向的变量的值。通过使用间接寻址运算符引用指针变量指向的变量的值，称为**指针的解引用**（**Pointer Dereference**），或者**解引用指针**（**Dereferencing a pointer**）。

例如，假设 pa 指向了变量 a，则语句

```
*pa = 0;
```

是通过指针的解引用为 pa 指向的变量 a 重新赋以一个新值 0。

注意，上面这条语句中的*与下面语句中的*具有不同的含义。

```
int *pa = &a;
```

第二条语句中的*是指针类型说明符，用于指针变量的定义。而第一条语句中的*是间

接寻址运算符，用于读取并显示指针变量指向的变量的值。

【温馨提示】解引用未初始化的指针变量，有可能引发非法内存访问错误。对空指针解引用，将会引发致命的运行时错误，导致程序崩溃。正因如此，在使用指针变量前一定要对指针变量进行初始化，使其指向合法的、确定的存储单元。

7.2 指针变量作函数参数

本节主要讨论如下问题。

（1）如何利用指针形参在被调函数中修改主调函数中变量的值？

（2）数组作函数形参和指针作函数形参有什么相同之处？

如图 7-3 所示，普通变量作函数参数是按值调用方式，是将实参的副本传给形参，因此在被调函数中对形参值的修改不会影响实参。若要在被调函数中修改实参的值，则需使用模拟按引用调用。用数组和指针变量作函数参数，由于都是向被调函数传递一个地址值，通过修改指定地址单元中的数据，实现从被调函数向主调函数"返回"修改后的数据值，因此都是模拟按引用调用。return 语句只能从函数返回一个值，基本类型的数组作函数参数只能从函数返回多个相同类型的数据值，而指针作函数参数为从函数返回多个不同类型的数据值提供了可能。

如图 7-4 所示，指针变量作函数参数是将变量的地址传给形参，使得实参和指针形参都指向了待修改的变量，这样在被调函数中通过指针形参即可修改它所指向的变量的值。因此，若要在被调函数中修改某个变量的值，只要将那个变量的地址传给被调函数，并且在被调函数中用指针形参来接收这个地址即可。

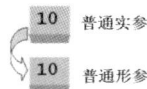

图 7-3　普通变量作函数参数实现按值调用　　图 7-4　指针变量作函数参数实现模拟按引用调用

【例 7.1】运行下面程序并分析程序的运行结果。

```
1    #include <stdio.h>
2    void Replace1(int var);
3    void Replace2(int *var);
4    void Display(int var);
5    int main(void){
6        int original = 1;
7        printf("before replace:");
8        Display(original);
9        Replace1(original);    //第一次替换
10       printf("after first replace:");
11       Display(original);
12       Replace2(&original);    //第二次替换
13       printf("after second replace:");
14       Display(original);
15       return 0;
16   }
17   void Replace1(int var){
```

指针及其应用 / 第7章

```
18        var = 0;
19    }
20    void Replace2(int *var){
21        *var = 0;
22    }
23    void Display(int var){
24        if (var == 0){
25            printf("0\n");
26        }
27        else if (var == 1){
28            printf("1\n");
29        }
30    }
```

程序运行结果：

```
before replace:1
after first replace:1
after second replace:0
```

下面来分析程序中 Replace1() 和 Replace2() 这两个函数的执行过程。

main() 函数调用 Replace1() 的执行过程如下。

第 1 步：执行第 6 行语句，给变量 original 赋值为 1。如图 7-5 所示，在调用函数 Replace1() 之前，形参变量 var 尚未被分配内存，因此形参 var 的值是未定义的，即形参变量 var 的值是随机值。

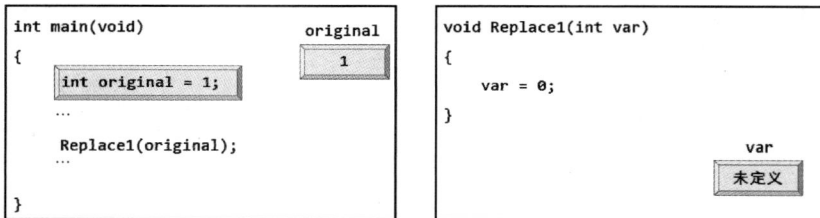

图 7-5　在 main() 函数调用 Replace1() 之前

第 2 步：执行第 9 行的 Replace1() 函数调用，控制流程从 main() 函数转到被调函数 Replace1()，给形参 var 分配内存，同时将实参 original 的值传给函数 Replace1() 的形参 var。如图 7-6 所示，函数 Replace1() 接收 main() 函数传过来的实参后，形参 var 的值变为 1。

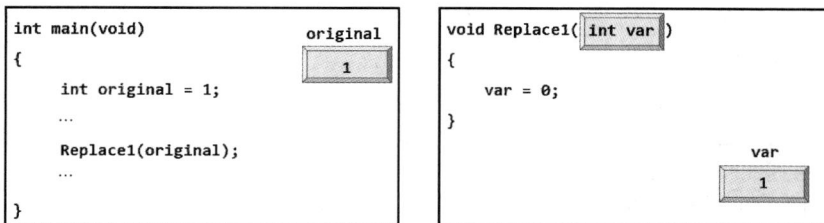

图 7-6　函数 Replace1() 接收 main() 函数传过来的实参后

第 3 步：如图 7-7 所示，在函数 Replace1() 中将形参 var 的值修改为 0，由于实参和形参各自占不同的内存单元，因此实参 original 的值并未发生变化。

第 4 步：如图 7-8 所示，控制流程从函数 Replace1() 返回 main() 函数，并释放给形参 var

分配的内存,内存中的 var 值变为未定义的,由于形参的值不会反向传给实参,因此实参变量 original 的值仍为 1。

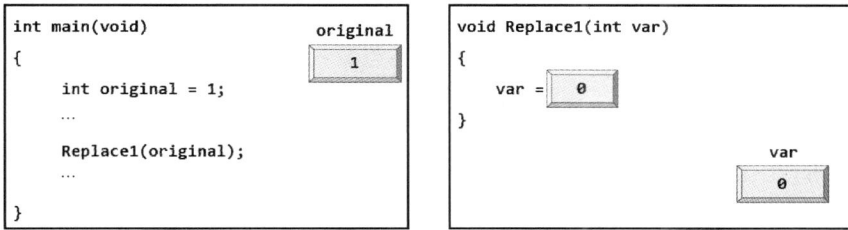

图 7-7　函数 Replace1()修改形参 var 的值但尚未返回 main()函数

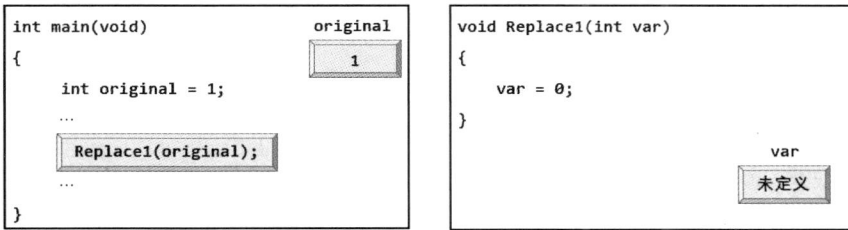

图 7-8　从函数 Replace1()返回 main()函数后

main()函数调用 Replace2()的执行过程如下。

第 1 步:如图 7-9 所示,在 main()函数调用 Replace2()之前,尚未给形参变量 var 分配内存,因此形参 var 的值是未定义的,即形参变量 var 指向哪里是不确定的。

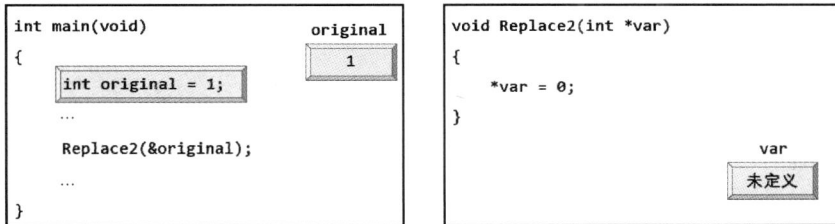

图 7-9　在 main()函数调用 Replace2()之前

第 2 步:执行第 12 行的 Replace2()函数调用语句,控制流程从 main()函数转到 Replace2(),给指针形参 var 分配内存,同时将变量 original 的地址值作为实参传给函数 Replace2()的形参 var。如图 7-10 所示,函数 Replace2()接收 main()函数传过来的变量 original 的地址后,指针形参 var 指向了主调函数中的变量 original,在从 Replace2()函数返回前,变量 original 的值仍为 1。

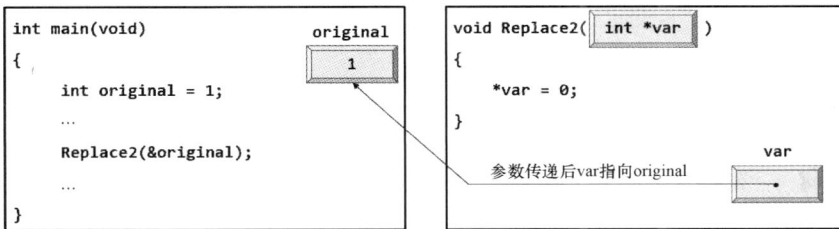

图 7-10　函数 Replace2()接收 main()函数传过来的实参但在修改*var 的值之前

指针及其应用　第7章

第 3 步：函数 Replace2()执行了向 var 指向的变量（即主调函数中的 original）赋值的运算即修改*var 的值，因此，在返回 main()函数之前，original 的值已经变为 0，如图 7-11 所示。

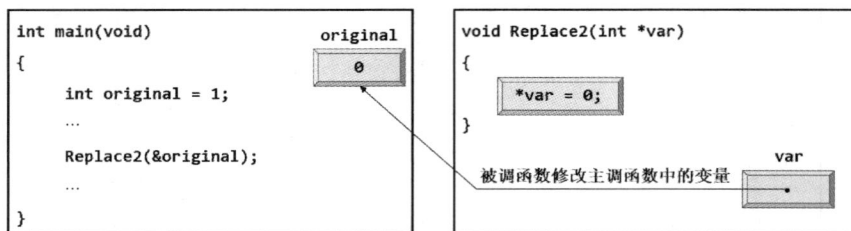

図 7-11　在修改*var 的值之后但在程序控制返回 main()函数之前

通过上述分析不难发现，指针变量作函数形参为在被调函数中修改主调函数中变量的值提供了一种非常高效的手段。若要在被调函数中修改某个变量的值，只要将这个变量的地址传给被调函数并将形参定义为指针来接收这个地址即可。这样，在被调函数中就可以通过间接引用的方式修改主调函数中的相应变量的值了。如果要修改主调函数中多个变量的值，则需要定义多个指针形参。

【例 7.2】从键盘任意输入两个整数，编程实现将其交换后再重新输出。请通过单步执行的方式运行下面程序，并分析哪个两数交换函数能够真正实现两个数的交换。

指针变量作为函数
参数——典型实例

```
1    #include  <stdio.h>
2    void  Swap1(int x, int y);
3    void  Swap2(int *x, int *y);
4    int main(void){
5        int  a = 15, b = 8;
6        printf("Before swap1: a=%d, b=%d\n", a, b);
7        Swap1(a, b);
8        printf("After swap1: a=%d, b=%d\n", a, b);
9        a = 15;
10       b = 8;
11       printf("Before swap2: a=%d, b=%d\n", a, b);
12       Swap2(&a, &b);
13       printf("After swap2: a=%d, b=%d\n", a, b);
14       return 0;
15   }
16   void  Swap1(int x, int y){
17       int  temp;
18       temp = x;
19       x = y;
20       y = temp;
21   }
22   void  Swap2(int *x, int *y){
23       int  temp;
24       temp = *x;
25       *x = *y;
26       *y = temp;
27   }
```

程序的运行结果如下：

```
Before swap1: a=15, b=8
After swap1: a=15, b=8
Before swap2: a=15, b=8
After swap2: a=8, b=15
```

由程序的运行结果可知，函数 Swap1()并没有实现两数互换。这是因为函数 Swap1()执行的是按值调用，即将实参 a 和 b 的值的副本传给形参 x 和 y（见图 7-12），而 C 语言中的函数参数传递是"单向传值"，即将实参的值单向传递给形参，由于实参和形参在内存中分别占据不同的存储单元，因此形参的值不能回传给实参，这就意味着修改形参 x 和 y 的值不会影响实参 a 和 b 的值（见图 7-13）。

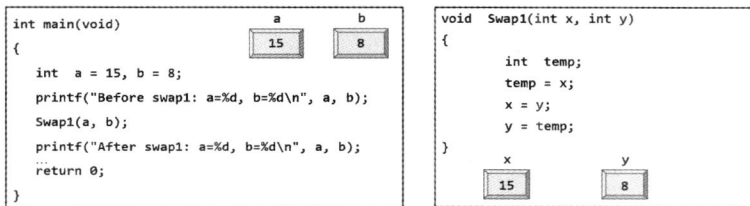

图 7-12　调用函数 Swap1()后但在执行其函数体中的语句之前

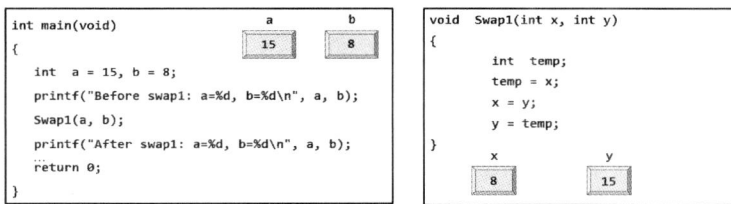

图 7-13　执行函数 Swap1()函数体中的语句之后

由于 main()函数对函数 Swap2()的调用是模拟按引用调用，将变量 a 和 b 的地址值分别传给形参指针变量 x 和 y，使得 x 指向了 a，y 指向了 b（见图 7-14），于是*x 和*y 的值互换就相当于 a 和 b 的值互换（见图 7-15）。

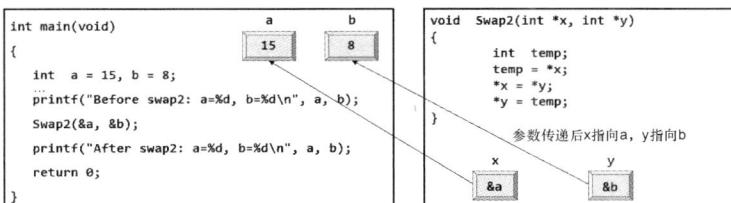

图 7-14　调用函数 Swap2()后但在执行其函数体中的语句之前

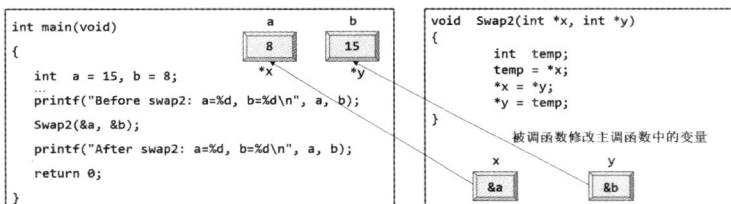

图 7-15　在执行函数 Swap2()函数体中的语句之后

指针及其应用　第 7 章

7.3 函数指针及其应用

本节主要讨论如下问题。

（1）什么是函数指针？如何给函数指针赋值？

（2）函数指针有什么应用？

函数指针

7.3.1 函数指针的概念

函数指针（**Function Pointer**）就是**指向函数的指针**（**Pointer to a Function**）。

定义一个可以指向有两个 int 型形参且返回值也为 int 型的函数指针 f，语法格式如下：

```
int (*f)(int, int);
```

可按如下方式解释这个定义：

```
int (*f) (int, int);
     1                  1.指针指向
        2               2.具有两个 int 型参数的函数
  3                     3.返回 int 型数据
```

按照从内往外读声明符的方式，圆括号的优先级最高且为左结合，所以先解释第一个圆括号中 f 前面的*，然后再解释(*f)后面的圆括号。f 的类型表示为

f ⟶ * ⟶ (int, int) ⟶ int

注意，*f 两侧的圆括号不能省略，它将*和 f 先结合，表示 f 是一个指针变量。然后，(*f)与其后的(int, int)结合，表示该指针变量指向一个函数，该函数有两个 int 型形参，其返回值是 int 型的，所以 f 是一个函数指针变量。

对指向函数的指针变量进行初始化，就是用一个函数在内存中的入口地址对其进行初始化，这样就可以让函数指针指向这个函数，对函数指针的解引用就相当于调用它指向的函数。用什么表示函数的入口地址呢？正如用不带方括号的数组名来表示数组的首地址一样，可用不带圆括号的函数名来表示函数的入口地址（即存储函数第一条指令的内存地址），函数名就相当于一个指向其函数入口的指针常量。因此，假设有函数原型

```
int Max(int x, int y);
```

则下面的赋值语句：

```
f = Max;
```

就相当于让函数指针 f 指向了函数 Max()。

正如对一个指向变量的指针进行解引用就可以访问它所指向的变量的值一样，对一个指向函数的指针进行解引用就是调用它所指向的函数。因此语句

```
result = (*f)(a, b);
```

就相当于语句

```
result = Max(a, b);
```

其中，(*f)(a, b)是函数指针的解引用形式。当然，也可以不使用函数指针解引用的方式

来调用函数指针指向的函数，可以把函数指针当作函数名来直接调用其指向的函数，即：

```
result = f(a, b);
```

第一种通过函数指针解引用方式调用函数的方法含义更直观，因为它显式地说明了 f 是一个指向函数的指针。而第二种把函数指针当作函数名来直接调用函数的方法使得函数指针 f 看上去很像是真正的函数，容易误导用户去文件中寻找函数 f 的定义。

初学者还很容易将函数指针和返回类型为指针的函数原型相混淆。请看下面的语句：

```
int *f(int, int);
```

它与前面的函数指针定义的区别仅在于*f两侧没有圆括号。由于 C 语言中圆括号的优先级最高，所以对于此语句需要先解释 f 后面的圆括号，然后再解释 f 前面的*，即可按如下方式解释这个定义：

```
int  *  f  (int, int);
```

1. 函数名
2. 函数具有两个 int 型形参
3. 函数返回 int* 型指针

即 f 的类型被表示为

$$f \longrightarrow (int, int) \longrightarrow * \longrightarrow int$$

这说明，f 是一个有两个 int 型形参并返回 int 型指针的函数。

函数指针的一个重要应用就是编写通用功能的函数。来看下面的例子。

【例 7.3】下面程序仅用于演示函数指针的应用。

```
1    #include <stdio.h>
2    void Fun(int x, int y, int (*f)(int, int));
3    int Max(int x, int y);
4    int Min(int x, int y);
5    int main(void){
6        int a, b;
7        scanf("%d,%d", &a, &b);
8        Fun(a, b, Max);
9        Fun(a, b, Min);
10       return 0;
11   }
12   void Fun(int x, int y, int (*f)(int, int)){ //函数指针变量作函数形参
13       int result = (*f)(x, y);                //调用函数指针变量 f 指向的函数
14       printf("%d\n", result);
15   }
16   int Max(int x, int y){
17       printf("max=");
18       return x>y ? x : y;
19   }
20   int Min(int x, int y){
21       printf("min=");
22       return x<y ? x : y;
23   }
```

程序的运行结果如下：

```
15,8↙
max=15
min=8
```

在这个程序中，总共定义了 3 个函数 Fun()、Max()、Min()，其中函数 Fun()的第 3 个形参为函数指针。下面来分析 main()函数对 Fun()函数的调用过程。以第 8 行的 Fun()函数调用为例，其执行过程如下。

第 1 步：在程序第 8 行，用函数名 Max 作函数实参调用函数 Fun()，表示将函数 Max()的入口地址传给 Fun()的函数指针形参 f，如图 7-16 所示。

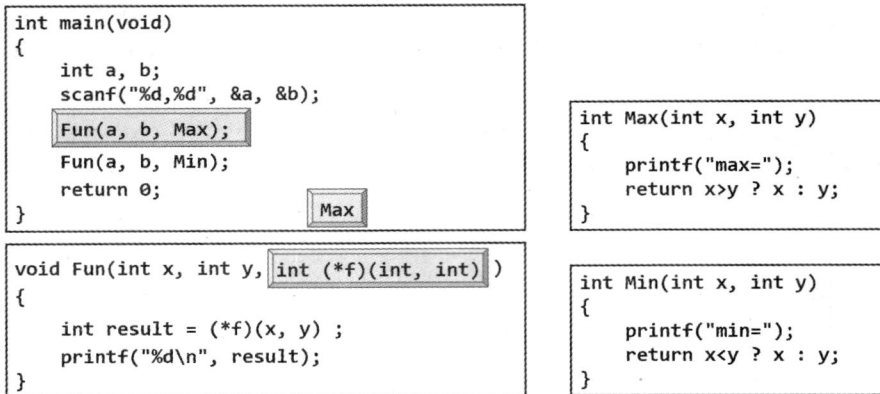

图 7-16　main()函数第一次调用 Fun()但尚未执行 Fun()函数体中的语句

第 2 步：函数 Fun()的函数指针形参 f 接收函数名实参 Max 后，执行第 13 行的语句，执行(*f)(x, y)就相当于调用函数 Max()，如图 7-17 所示。

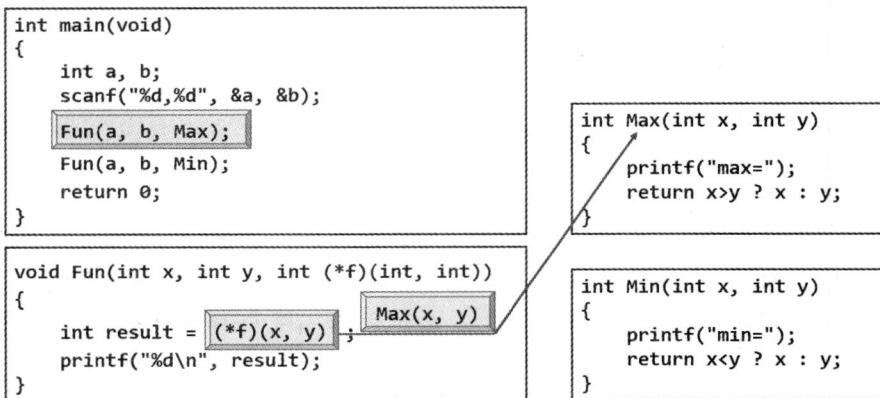

图 7-17　执行 Fun()函数体中的语句并调用函数 Max()

第 3 步：执行(*f)(x, y)函数调用后，将返回的 x 和 y 中的较大值赋值给变量 result。

同理，如图 7-18 和图 7-19 所示，程序第 9 行用函数名 Min 作实参调用函数 Fun()，将函数 Min()的入口地址传给 Fun()的函数指针形参 f，这样第 13 行执行(*f)(x, y)函数调用就相当于执行 Min()函数调用，此时调用该函数返回的是 x 和 y 中的较小值。

如果把函数的入口地址作为实参传递给另一个函数，那么在被调函数中就可以利用函数指针来调用其所指向的函数了，被作为参数传递的函数，或者说通过函数指针调用的函数，称为**回调函数**（**Callback Function**）。

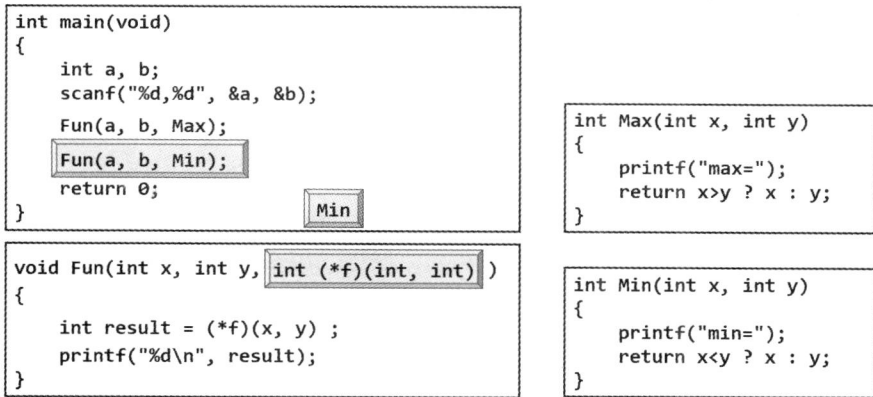

```
int main(void)
{
    int a, b;
    scanf("%d,%d", &a, &b);
    Fun(a, b, Max);
    Fun(a, b, Min);
    return 0;
}
```

```
int Max(int x, int y)
{
    printf("max=");
    return x>y ? x : y;
}
```

```
            Min
```

```
void Fun(int x, int y, int (*f)(int, int) )
{
    int result = (*f)(x, y) ;
    printf("%d\n", result);
}
```

```
int Min(int x, int y)
{
    printf("min=");
    return x<y ? x : y;
}
```

图 7-18   main()函数第二次调用 Fun()但尚未执行 Fun()函数体中的语句

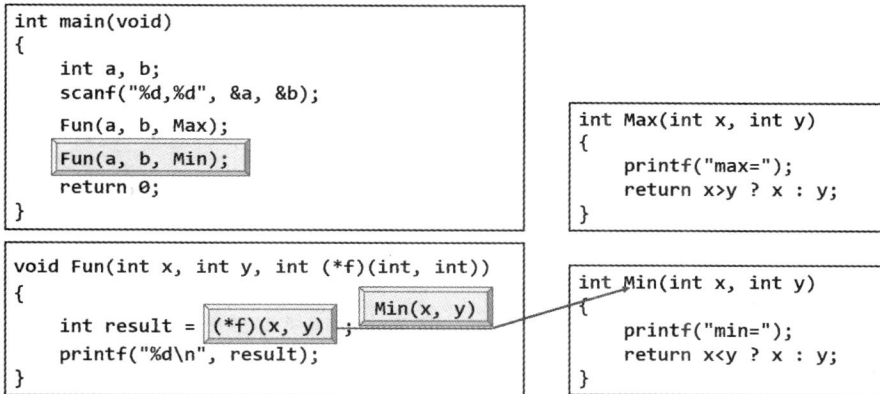

```
int main(void)
{
    int a, b;
    scanf("%d,%d", &a, &b);
    Fun(a, b, Max);
    Fun(a, b, Min);
    return 0;
}
```

```
int Max(int x, int y)
{
    printf("max=");
    return x>y ? x : y;
}
```

```
void Fun(int x, int y, int (*f)(int, int))
{
    int result = (*f)(x, y) ;
    printf("%d\n", result);
}
```

```
            Min(x, y)
```

```
int Min(int x, int y)
{
    printf("min=");
    return x<y ? x : y;
}
```

图 7-19   执行 Fun()函数体中的语句并调用 Min()

例如，这里通过函数指针 f 调用的函数 Max()和 Min()就是回调函数，而使用函数指针形参的函数 Fun()就是一个具有通用功能的函数，函数指针形参接收不同的函数入口地址就会调用不同的函数，从而执行不同的功能。可见，使用函数指针的好处是有助于编写具有通用功能的函数。

根据前面的分析可知，上面的程序执行效果与下面的程序是等价的。

```
1    #include <stdio.h>
2    int Max(int x, int y);
3    int Min(int x, int y);
4    int main(void){
5        int a, b;
6        scanf("%d,%d", &a, &b);
7        int (*f)(int, int);
8        f = Max;
9        printf("%d\n", (*f)(a, b));
10       printf("%d\n", f(a, b));
11       f = Min;
12       printf("%d\n", (*f)(a, b));
```

```
13        return 0;
14    }
15    int Max(int x, int y){
16        printf("max=");
17        return x>y ? x : y;
18    }
19    int Min(int x, int y){
20        printf("min=");
21        return x<y ? x : y;
22    }
```

不过，这个程序没什么意义，只是方便读者理解前一个程序的执行过程而已，因为既然可以在 main()函数中直接调用 Max()和 Min()，就没必要舍近求远使用函数指针了。前一个程序是为了编写一个既能求较大值又能求较小值的通用函数 Fun()，所以才使用函数指针。

7.3.2 函数指针的应用

本节以计算函数的定积分为例，介绍函数指针的实际应用。

【例 7.4】计算函数的定积分。采用图 7-20 所示的梯形法。可以近似计算如下两个连续函数在[a, b]内的定积分。请编程输出这两个函数的定积分计算结果。

$$y_1 = \int_0^1 (1 + x^2)\mathrm{d}x$$

$$y_2 = \int_0^3 \frac{x}{1 + x^2}\mathrm{d}x$$

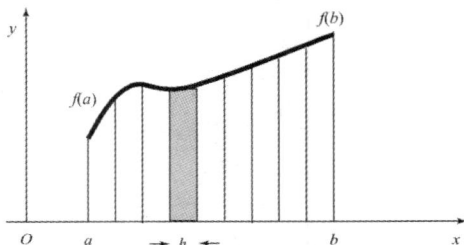

图 7-20 梯形法求函数定积分

问题分析：梯形法近似计算定积分的基本思想就是通过计算连续函数 f(x)、直线 x=a、x=b 与 x 轴所围成的曲边梯形的面积来作为函数 f(x)在[a, b]内的定积分的近似值。

曲边梯形面积的计算过程为：将[a, b]划分成 n 等份（例如设定 n 为 100），等分区间的长度为 h = (b–a) / n，将每个曲边梯形的面积用 n 个直边小梯形的面积近似，求出 n 个直边小梯形的面积累加和，当 n 取得足够大时，直边梯形的面积之和就近似等于定积分的值。

因此，用梯形法近似计算连续函数在[a, b]内的定积分的公式如下：

$$\int_a^b f(x)\mathrm{d}x = \frac{h}{2}[f(a) + f(a+h)] + \frac{h}{2}[(f(a+h) + f(a+2h))] + \cdots + \frac{h}{2}[f(a+(n-1)h) + f(b)]$$

$$= \frac{h}{2}[f(a) + 2f(a+h) + 2f(a+2h) + \cdots + 2f(a+(n-1)h) + f(b)]$$

$$= h\left[\frac{1}{2}(f(a) + f(b)) + \sum_{i=1}^{n-1} f(a+ih)\right]$$

可以采用两种方法实现。

方法 1   不采用函数指针编写程序，具体的程序代码如下：

```
1    #include <stdio.h>
2    double IntegralFunc1(double a, double b, int n);
3    double IntegralFunc2(double a, double b, int n);
```

```
4    double Func1(double x);
5    double Func2(double x);
6    int main(void){
7        double y;
8        y = IntegralFunc1(0.0, 1.0, 100);
9        printf("y1=%f\n", y);
10       y = IntegralFunc2(0.0, 3.0, 100);
11       printf("y2=%f\n", y);
12       return 0;
13   }
14   //函数功能：用梯形法计算函数 Func1()的定积分
15   double IntegralFunc1(double a, double b, int n){
16       double s = (Func1(a) + Func1(b)) / 2;
17       double h = (b - a) / n;
18       for (int i=1; i<n; i++)
19       {
20           s =  s + Func1(a + i * h);
21       }
22       return s * h;
23   }
24   //函数功能：计算 Func1()的函数值
25   double Func1(double x){
26      return 1 + x * x;
27   }
28   //函数功能：用梯形法计算函数 Func2()的定积分
29   double IntegralFunc2(double a, double b, int n){
30       double s = (Func2(a) + Func2(b)) / 2;
31       double h = (b - a) / n;
32       for (int i=1; i<n; i++){
33           s =  s + Func2(a + i * h);
34       }
35       return s * h;
36   }
37   //函数功能：计算 Func2()的函数值
38   double Func2(double x){
39      return x / (1 + x * x);
40   }
```

程序的运行结果如下：

```
y1=1.333350
y2=1.151212
```

这个程序中有两个计算定积分的函数 IntegralFunc1()与 IntegralFunc2()，这两个函数中的大部分代码是类似的，不但编码效率低，程序的结构也不够简洁。更重要的是，若要再计算其他函数的定积分还要再定义一个计算定积分的函数。如何设计一个通用的定积分计算函数呢？这就需要使用函数指针作函数形参。这个通用的定积分计算函数的原型为

```
Integral(double(*f)(double), double a, double b, int n);
```

其中，形参 a 和 b 分别代表积分下限和积分上限，n 代表划分的区间数。第一个被声明为函数指针类型的形参 f，用于接收被积函数的入口地址。

方法 2　采用函数指针编写程序，具体的程序代码如下：

　　　　　　　　指针及其应用 / 第7章

```
1    #include <stdio.h>
2    double Integral(double(*f)(double), double a, double b, int n);
3    double Func1(double x);
4    double Func2(double x);
5    int main(void){
6        double y;
7        y = Integral(Func1, 0.0, 1.0, 100);    //函数名作函数实参
8        printf("y1=%f\n", y);
9        y = Integral(Func2, 0.0, 3.0, 100);    //函数名作函数实参
10       printf("y2=%f\n", y);
11       return 0;
12   }
13   //函数功能：函数指针变量作函数形参，用梯形法计算 f 指向的函数的定积分
14   double Integral(double(*f)(double), double a, double b, int n){
15       double s = ((*f)(a) + (*f)(b)) / 2; //调用函数指针变量 f 指向的函数
16       double h = (b - a) / n;
17       for (int i=1; i<n; i++){
18           s =  s + (*f)(a + i * h);              //调用函数指针变量 f 指向的函数
19       }
20       return s * h;
21   }
22   //函数功能：计算 Func1()的函数值
23   double Func1(double x){
24       return 1 + x * x;
25   }
26   //函数功能：计算 Func2()的函数值
27   double Func2(double x){
28       return x / (1 + x * x);
29   }
```

在这个程序中，当被积函数变化时，无须修改函数代码，只要将不同的被积函数名作为实参传给被调函数 Integral()即可计算出不同函数的定积分。

7.4 指针与一维数组的关系

本节主要讨论如下问题。

（1）如何理解指针变量的值加 1 和减 1？

（2）指针和一维数组之间有什么关系？

7.4.1　指针的运算

指针可以参与的运算包括增 1(++)、减 1(－－)和加减整数等算术运算、关系运算，以及赋值运算。

1. 指针的算术运算

移动指针的指向需要使用算术运算。增 1(++)和减 1(－－)运算通常用来移动指针的指向使其指向下一个操作对象，通过指针移动遍历数组元素的效率更高。

【温馨提示】当对指针加减一个整数时，并不是简单地加减这个整数，而是用这个整数

指针的算术运算

乘指针所指向对象的字节长度，即指针算术运算的结果依赖于指针的基类型（指针所指向对象的数据类型）。也就是说，指针变量加 1 运算实际上是对指针变量加上 1*sizeof(指针的基类型)个字节。

【温馨提示】p+1 与 p++本质上是两种不同的操作，虽然二者都是执行指针变量 p 加 1 运算，但 p+1 并不改变当前指针的指向，而 p++相当于执行 p = p + 1，因此 p++操作改变了指针的指向。

如图 7-21 所示，假设 a 是有 10 个 int 型元素的一维数组，通过语句

```
int *p = a;  //相当于int *p = &a[0];
```

使得 int 型指针变量 p 指向了 int 型数组的第一个元素 a[0]，此时执行语句

```
*p = 5;
```

就相当于执行

```
a[0] = 5;
```

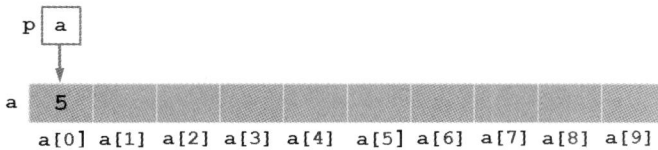

图 7-21　指针变量 p 指向了数组的首地址

【温馨提示】正确使用指针的一个基本原则就是让指针变量指向与其基类型相同的数组元素。例如，这里是 int 型指针变量 p 指向了 int 型数组的首地址，即 p 指向了 a[0]。此时，可以通过 p+i 运算移动指针 p 的指向使其指向 a[i]，但 p+i 并不是将指针变量 p 向后移动 i 个字节，而是向后移动 i*sizeof(int)个字节，相当于移动 i 个元素的距离，这样 p+i 就变成了 a[i]的地址即&a[i]。当然，在指针移动的过程中，一定要保证指针的指向不超过数组的边界，否则将出现缓冲区溢出错误。

此外，仅在两个指针指向同一个数组的元素时，如图 7-22 所示，指针相减运算才有意义。假设有如下变量定义语句：

```
int *p = &a[i], *q = &a[j];
```

即 p 指向了 a[i]，q 指向了 a[j]，则 q-p 的结果就是两个数组元素索引之间的距离 j-i。

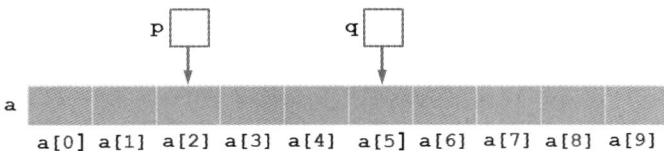

图 7-22　指针变量 p 和 q 分别指向了数组中的不同元素

对于初学者，比较容易混淆的两个运算是*p++和(*p)++。由于后缀++运算符的优先级高于一元运算符*，所以*p++相当于*(p++)，表示自增运算++的运算对象是 p 而不是*p，但是由于是后缀自增运算，所以需要先计算*p，然后再对 p 进行加 1 运算；而(*p)++显然是对*p 执行加 1 运算，即对指针变量 p 指向的内容加 1，而不是对指针变量 p 执行加 1 运算。

指针及其应用　第 7 章

2．指针的关系运算

与指针的算术运算一样，指针的关系运算也是针对数组元素而言的，即当两个指针指向同一个数组中的元素时，指针比较运算才有意义。

因数组在内存中是连续存储的，所以指向同一数组中不同元素的两个指针的关系运算常用于比较它们所指元素在数组中的前后位置关系。指针比较的结果依赖于数组中两个元素的相对位置。例如，如图 7-22 所示，q > p 为真，而 q <= p 为假。

另一个常见的指针比较运算用于判断指针是否为空指针，将在第 8 章和第 9 章介绍。

3．指针的赋值运算

除了 void 指针（将在第 9 章介绍）外，仅在类型相同时，一个指针才能赋值给另一个指针。例如，语句

```
q = p;
```
相当于让 q 指向和 p 指向的数组元素。

7.4.2　利用指针访问一维数组

理解指针和一维数组之间的关系，必须要了解数组元素在内存中是如何存储的。一维数组的所有数组元素在内存中都是连续存储的，在已知数组的首地址和数组的基类型（基类型决定了每个元素所占内存的字节数）的情况下，通过首地址加上相对于 a[0] 的索引偏移量即可实现对数组中任意元素的寻址。假设有数组声明语句

指针和一维数组之间的关系

```
int a[10];
```
以下两个等价关系对于理解指针和一维数组之间关系非常重要。

```
&a[i] ←→ a+i
a[i] ←→ *(a+i)
```

第一个等价关系式的含义：a 是数组的首地址，代表数组中索引为 0 的元素 a[0] 的地址即 &a[0]，a+i 代表数组中索引为 i 的元素 a[i] 的地址即 &a[i]。

第二个等价关系式的含义：*a 或 *(a+0) 表示取出索引为 0 的元素的值即 a[0]，*(a+i) 表示取出索引为 i 的元素的值 a[i]。数组元素之所以能通过这种方法来访问，是因为数组的索引运算符 [] 实际上就相当于执行指针运算。因此，a[i] 会被编译器解释为 *(a+i)，而 &a[i] 则被解释为指针表达式 a+i。

如果定义了一个 int 型指针变量 p，并让 p 指向了 int 型数组 a 的首地址，那么 p 的值就是 &a[0]，*p 就是取出 p 指向的数组元素 a[0]，p+i 的值就是 &a[i]，而 *(p+i) 的值就是 a[i]。

在了解指针和一维数组之间的关系后，就可以用指针法代替索引法来实现数组元素的连续访问。用指针法间接访问数组元素的代码如下：

```
1   for (p = a; p<a+n; p++){
2        scanf("%d", p);      //用指针法访问数组元素
3   }
4   for (p = a; p<a+n; p++){
5        printf("%4d", *p);   //用指针法访问数组元素
```

```
6      }
```

这里，通过执行 p++ 操作使指针变量 p 依次指向下一个元素，进而依次访问数组 a 中的每一个元素。第 2 行的 p 指出读入的数据要保存的地址，而第 5 行的*p 是取出 p 指向的元素的内容。

在 C 语言中，数组和指针经常是可以互换使用的。数组名可以看成常量指针，指针也可以用于任何涉及数组索引的操作，这意味着也可以把指针当作数组名来寻址数组中的元素。采用指针的索引表示法访问数组元素的代码如下：

```
1      p = a;                          //p=a 等价于 p=&a[0]
2      for (i=0; i<n; i++){
3          scanf("%d", &p[i]);   //&p[i]等价于 p+i
4      }
5      p = a;                          //在再次循环开始前，确保指针 P 指向数组首地址
6      for (i=0; i<n; i++){
7          printf("%4d", p[i]); //p[i]等价于*(p+i)
8      }
```

【温馨提示】尽管这里的 p 和 a 一样都指向了数组的首地址，但是 p 是指针变量，其值是可以改变的，而数组名 a 是指针常量，其值是不能改变的。这就意味着，可以对 p 执行增 1 或减 1 运算，但是不能对 a 执行增 1 或减 1 运算。

对于一维数组而言，用数组名和用指向数组的指针变量作函数实参，向被调函数传递的都是数组的首地址，同时无论是数组还是指针变量作函数形参，它们接收的都是数组的首地址，都是模拟按引用调用。

【温馨提示】数组作函数形参实际上已退化为指针，所以数组形参和指针形参可以互换使用，在被调函数中既可通过索引运算，也可通过指针运算来间接访问数组中的元素。

之所以 C 语言编译器会把形参数组名转换为指针，是因为数组形参只起到接收实参数组首地址的作用，形参接收到实参数组首地址后，形参数组与实参数组就相当于共享了内存中的同一段存储空间。

【例 7.5】编程分别用数组和指针变量作函数参数，先输入 10 个 int 型数据，然后输出这 10 个数。

首先，编写主函数，在调用 InputArray()和 OutputArray()这两个自定义函数时，需要用数组名作函数实参，将数组的首地址传给被调函数，程序代码如下：

```
1      #include <stdio.h>
2      int main(void){
3        int  a[10];
4        InputArray(a, 10);                //用数组名作函数实参
5        OutputArray(a, 10);               //用数组名作函数实参
6        return 0;
7      }
```

然后，编写 InputArray()和 OutputArray()这两个自定义函数。

方法 1 被调函数的形参声明为数组类型，通过索引运算访问数组元素，程序代码如下：

```
1      void InputArray(int a[], int n);
2      void OutputArray(int a[], int n);
3      void InputArray(int a[], int n){     //形参声明为数组，输入数组元素值
```

指针及其应用 / 第 7 章

```
4      for (int i=0; i<n; i++){
5          scanf("%d", &a[i]);                //通过索引运算访问数组元素
6      }
7  }
8  void OutputArray(int a[], int n){    //形参声明为数组，输出数组元素值
9      for (int i=0; i<n; i++){
10         printf("%4d", a[i]);               //通过索引运算访问数组元素
11     }
12     printf("\n");
13 }
```

方法 2　被调函数的形参声明为数组类型，通过指针运算访问数组元素，程序代码如下：

```
1  void InputArray(int a[], int n);
2  void OutputArray(int a[], int n);
3  void InputArray(int a[], int n){    //形参声明为数组，输入数组元素值
4      for (int i=0; i<n; i++){
5          scanf("%d", a+i);              //a+i 等价于&a[i]
6      }
7  }
8  void OutputArray(int a[], int n){    //形参声明为数组，输出数组元素值
9      for (int i=0; i<n; i++){
10         printf("%4d", *(a+i));         //*(a+i)等价于a[i]
11     }
12     printf("\n");
13 }
```

方法 3　被调函数的形参声明为指针变量，通过指针运算访问数组元素，程序代码如下：

```
1  void InputArray(int *pa, int n);
2  void OutputArray(int *pa, int n);
3  void InputArray(int *pa, int n){      //形参声明为指针变量，输入数组元素值
4      for (int i=0; i<n; i++, pa++){
5          scanf("%d", pa);                 //通过指针运算访问数组元素
6      }
7  }
8  void OutputArray(int *pa, int n){     //形参声明为指针变量，输出数组元素值
9      for (int i=0; i<n; i++, pa++){
10         printf("%4d", *pa);              //通过指针运算访问数组元素
11     }
12     printf("\n");
13 }
```

方法 4　被调函数的形参声明为指针变量，通过索引运算访问数组元素，程序代码如下：

```
1  void InputArray(int *pa, int n);
2  void OutputArray(int *pa, int n);
3  void InputArray(int *pa, int n){      //形参声明为指针变量，输入数组元素值
4      for (int i=0; i<n; i++){
5          scanf("%d", &pa[i]);             //形参声明为指针变量时也可以按索引方式访问数组
6      }
7  }
8  void OutputArray(int *pa, int n){     //形参声明为指针变量，输出数组元素值
9      for (int i=0; i<n; i++){
```

```
10          printf("%4d", pa[i]);        //形参声明为指针变量时也可以按索引方式访问数组
11      }
12      printf("\n");
13  }
```

由于数组作函数形参时，编译器并不真正为其分配内存，只是分配一个可以接收并保存地址值的内存，因此实际上它已退化为指针，此时既可以把形参数组当作指针来使用，也可以像指针变量一样执行a++运算。所以，方法2的程序还可修改为

```
1   void InputArray(int a[], int n);
2   void OutputArray(int a[], int n);
3   void InputArray(int a[], int n){    //形参声明为数组，输入数组元素值
4       for (int i=0; i<n; i++, a++){
5           scanf("%d", a);
6       }
7   }
8   void OutputArray(int a[], int n){  //形参声明为数组，输出数组元素值
9       for (int i=0; i<n; i++, a++){
10          printf("%4d", *a);
11      }
12      printf("\n");
13  }
```

程序的运行结果如下：

```
1 2 3 4 5 6 7 8 9 10↙
    1   2   3   4   5   6   7   8   9   10
```

在程序第3行或第8行的后面插入下面语句即可验证上面分析的正确性：

```
printf("size = %d\n", sizeof(a));
```

此时程序输出的并不是 n 个数组元素所占内存的字节数 4*n，而是用来存储指针值所需内存的字节数 4。

在使用指针时，应注意以下安全编码规范：

（1）使用指针前一定要对指针进行初始化，让指针指向确定的存储单元，不要使用未初始化的指针；

（2）在使用指针前检查指针是否为空指针；

（3）不要对指向非数组的指针加上或减去整数；

（4）不要对不引用同一数组的两个指针执行减法或比较运算；

（5）避免整型数据与指针类型数据之间的互相转化。

7.5 AI 辅助编程实例

仍以 3.6 节的代码生成任务为例，假如提示词模板修改为：你是一个 C 语言专家，请你用 C 语言写一个计算课程平均分的程序，从键盘输入一个学生的 3 门课的成绩，用指针做函数参数计算平均分，并将函数返回的平均分输出到屏幕上。要求输入提示信息为 "Input three scores:"，输入格式为 "%f"。输出提示信息为 "The average score is:"，输出格式为 "%f"。

注意：这里增加了对函数参数的明确要求，即用指针做函数参数。此时，使用通义灵码生成的代码如下：

```
1    #include <stdio.h>
2    // 函数声明
3    float calculateAverage(float *scores, int n);
4    int main() {
5        float scores[3], average;
6        // 提示用户输入三门课程的成绩
7        printf("Input three scores: ");
8        // 使用循环读取用户输入的三门课程的成绩
9        for (int i = 0; i < 3; i++) {
10           scanf("%f", &scores[i]);
11       }
12       // 调用函数计算平均分
13       average = calculateAverage(scores, 3);
14       // 输出平均分
15       printf("The average score is: %f\n", average);
16       return 0;
17   }
18   // 函数定义
19   float calculateAverage(float *scores, int n) {
20       float sum = 0.0;
21       for (int i = 0; i < n; i++) {
22           sum += *(scores + i);
23       }
24       return sum / n;
25   }
```

请读者自己运行代码并确认其是否符合需求。

7.6 本章知识点思维导图

习题 7

7.1 单选题。

（1）设有语句 int array[3][4];，则在下面几种引用索引为 i 和 j 的数组元素的方法中，不正确的引用方式是（   ）。

A. array[i][j]   B. *(*(array + i) + j)

C. *(array[i] + j)   D. *(array + i*4 + j)

（2）声明语句 int (*p)();的含义是（   ）。

A. p 是一个指向一维数组的指针变量

B. p 是指针变量，指向一个 int 型数据

C. p 是一个指向函数的指针，该函数的返回值是 int 型的

D. 以上都不对

（3）声明语句 int *f();的含义是（　　　　）。

A. f 是一个用于指向 int 型数据的指针变量

B. f 是一个用于指向一维数组的行指针

C. f 是一个用于指向函数的指针变量

D. f 是一个返回值为指针类型的函数名

7.2　判断题。

（1）指针就是地址。（　　　　）

（2）指针变量必须初始化才能使用，否则其指向是不确定的，可能引起非法内存访问。
（　　　　）

（3）指针变量只能指向同一基类型的变量或数组。（　　　　）

（4）指针变量可参与任何算术运算、关系运算和赋值运算。（　　　　）

（5）指针变量加 1 就是加上一个字节。（　　　　）

7.3　请判断下面两个 Swap() 函数能否实现两数互换。

```
1    void Swap(int *x, int *y){
2        int *pTemp;
3        pTemp = x;
4        x = y;
5        y = pTemp;
6    }
```

```
1    void Swap(int *x, int *y){
2        int *pTemp;
3        *pTemp = *x;
4        *x = *y;
5        *y = *pTemp;
6    }
```

7.4　**日期转换 V1.0**。输入某年某月某日，用如下函数原型编程计算并输出它是这一年的第几天。

```
void DayofYear(int year, int month, int *pDay);
```

7.5　**日期转换 V2.0**。输入某一年的第几天，用如下函数原型编程计算并输出它是这一年的第几月第几日。

```
void MonthDay(int year, int yearDay, int *pMonth, int *pDay);
```

7.6　**排序函数重写**。利用例 7.2 中的函数 Swap2()，重写第 6 章例 6.7、例 6.8、例 6.9 中的代码，即分别用冒泡排序算法、交换排序算法和选择排序算法编写排序函数。

7.7　**n 阶矩阵的转置矩阵**。利用例 7.2 中的函数 Swap2()，分别按如下函数原型编程计算并输出 n 阶矩阵的转置矩阵。其中，n 值由用户从键盘输入。已知 n 值不超过 10。

```
void Transpose(int a[][N], int n);
void Transpose(int *a, int n);
```

7.8　*m×n* 阶矩阵的转置矩阵。在习题 7.7 的基础上，分别按如下函数原型编程计算并输出 *m×n* 阶矩阵的转置矩阵。其中，*m* 和 *n* 的值由用户从键盘输入。已知 *m* 和 *n* 的值都不超过 10。

```
void Transpose(int a[][N], int at[][M], int m, int n);
void Transpose(int *a, int *at, int m, int n);
```

7.9　**寻找最大值**。按如下函数原型编程，从键盘输入一个 *m* 行 *n* 列的二维数组，然后计算数组中元素的最大值及其所在的行、列索引。其中，*m* 和 *n* 的值由用户键盘输入。已知 *m* 和 *n* 的值都不超过 10。

```
void InputArray(int *p, int m, int n);
int  FindMax(int *p, int m, int n, int *pRow, int *pCol);
```

7.10　**通用的排序函数**。使用函数指针作函数参数，编写一个通用的排序函数，重写第 6 章例 6.7 的代码，使其既能对成绩按学号进行升序排序，也能对成绩按学号进行降序排序。

指针变量作函数参数编写通用的排序函数

第8章 字符串和文本处理

内容导读

必学内容：字符串的存储与表示，字符数组与字符指针，字符串处理函数，向函数传递字符串，从函数返回字符串，字符指针数组。

进阶内容：指针和二维数组之间的关系，缓冲区溢出问题。

8.1 字符串的存储、表示与处理

本节主要讨论如下问题。

（1）如何表示和存储字符串？

（2）如何输入输出字符串？如何计算字符串的实际长度？

（3）如何对字符串进行复制、连接、比较等操作？

8.1.1 字符串的存储与表示

字符串的存储与表示

1．用字符数组存储字符串

字符串字面量（String Literal），也称**字符串常量**。在 C 语言中，用一对单引号引起来的一个字符是字符常量，字符串常量则是由一对双引号引起来的一个字符序列。无论双引号内包含多少个字符，都代表一个字符串常量。例如，'a'是字符常量，而"a"是字符串常量。

在内存中保存一个字符常量只需一个字节，而保存一个字符串常量需要多少个字节？或者说怎样知道保存在内存中的字符串在哪里结束呢？

为便于确定字符串的实际长度，C 语言编译器会自动在字符串常量的末尾添加一个 ASCII 值为 0 的空字符'\0'作为字符串结束的标志。因此，字符串实际上就是由若干有效字符构成并以字符'\0'作为结束标志的一个字符序列。字符串也可以为空，例如，""就代表一个空字符串，但它在内存中占一个字节，因为需要存储空字符串的结束标志'\0'。

【温馨提示】不要混淆用作字符串结束标志的空字符（'\0'）和零字符（'0'）。空字符的 ASCII 值为 0，而零字符的 ASCII 值则为 48。虽然字符串结束标志'\0'也占一个字节的内存，但它并不计入字符串的实际长度，只计入字符串占内存的字节数。

C 语言没有提供字符串类型，字符串是被当作字符数组来处理的。存储一个字符串需要使用一维字符数组。例如，定义一个有 6 个 char 型元素的一维数组并将其初始化为字符串"Hello"，可以用下面的声明语句：

```
char str[6] = {'H','e','l','l','o','\0'};
```

其存储结构如图 8-1 所示。由于'\0'也占一个字节的存储单元，所以声明的数组长度应大于或等于字符串中包括'\0'在内的字符个数。

H	e	l	l	o	\0

图 8-1　指定数组长度且在初始化列表中指定'\0'时的字符数组 str 的存储结构

当显式声明数组的长度足够大时，如果没有在初始化列表中指定'\0'，即

```
char str[10] = {'H','e','l','l','o'};
```

编译系统会自动将后面未被初始化的数组元素初始化为'\0'，如图 8-2 所示。

H	e	l	l	o	\0	\0	\0	\0	\0

图 8-2　指定数组长度且未在初始化列表中指定'\0'时的字符数组 str 的存储结构

如果省略对数组长度的声明，例如：

```
char str[] = {'H','e','l','l','o','\0'};
```

编译系统会自动按照初始化列表提供的初值个数定义字符数组的长度。

【温馨提示】当省略数组长度的声明时，必须人为地在数组的初始化列表中添加'\0'，这样编译器才能将该数组作为字符串来使用。

一种更为简单的定义和初始化字符数组的方式是用字符串常量对字符数组进行初始化。例如

```
char str[] = {"Hello"};
```

或者

```
char str[] = "Hello";
```

按上述方式定义和初始化数组，不必指定数组的大小，也不必担心忘记人为添加'\0'，因为对于字符串常量"Hello"，编译系统会自动在其末尾添加空字符'\0'，因此数组的长度将自动声明为字符串中实际字符的个数加 1。

若在定义字符数组时，不确定字符串的初始内容，则建议按如下方式定义，即用空字符串对字符数组进行初始化。

```
#define N 10
char str[N+1] = "";
```

此时，字符数组 str 中的所有元素均为'\0'。此时不能省略数组的长度，否则将按空字符串在内存中所占的字节数 1 来定义数组的长度。

对于初始化列表中的超长字符串，也可将其写在不同的行中。例如：

```
char longString[] = "This is the first half of the string "
                    "and this is the second half.";
```

若要存储多个字符串，则需要使用二维字符数组。第一维代表字符串的个数，第二维代表这些字符串中最长的字符串的长度。

在定义二维字符数组并同时给定初始化列表的情况下，数组第一维的长度可以省略，系统会把初始化列表中给定的字符串常量的个数作为第一维的长度，但是第二维的长度不能省略，应按最长的字符串长度设定数组第二维的长度，这是因为二维数组在内存中是按

行存储的，系统必须知道每一行的长度才能寻址数组中的元素。

例如，下面语句定义了二维字符数组 weekday：

```
char weekday[][10] = {"Sunday", "Monday", "Tuesday", "Wednesday",
                      "Thursday", "Friday", "Saturday"};
```

数组 weekday 的第二维长度声明为 10，表示每行最多可存储有 10 个字符（含'\0'）的字符串。当初始化列表中提供的字符串长度小于 10 时，系统将其后剩余的存储单元自动初始化为'\0'，如图 8-3 所示。

S	u	n	d	a	y	\0	\0	\0	\0
M	o	n	d	a	y	\0	\0	\0	\0
T	u	e	s	d	a	y	\0	\0	\0
W	e	d	n	e	s	d	a	y	\0
T	h	u	r	s	d	a	y	\0	\0
F	r	i	d	a	y	\0	\0	\0	\0
S	a	t	u	r	d	a	y	\0	\0

图 8-3　二维字符数组 weekday 初始化后的结果

2．让字符指针指向字符串

字符指针就是指向字符型数据的指针变量。将字符串在内存中的首地址赋值给字符指针即可让字符指针指向这个字符串。字符指针既可以指向字符串常量，也可以指向保存在字符数组中的字符串。

例如

```
char  *pStr = "Hello"; //将保存在常量存储区中的"Hello"的首地址赋值给pStr
```

表示定义了一个字符指针变量 pStr，将保存在常量存储区中的"Hello"的首地址赋值给 pStr，使 pStr 指向字符串常量"Hello"。

由于字符串常量保存在只读的常量存储区，因此指针变量 pStr 指向的字符串内容是不能被修改的，但是指针变量 pStr 本身的值是可以被修改的，即 ptr 的指向是可以被修改的。

如果将字符串"Hello"保存在一个字符数组中，即

```
char  str[10] = "Hello";
```

则修改指针变量的操作

```
pStr = str;           //等价于ptr = &str[0]
```

是合法的。

它表示让 pStr 指向字符数组 str 的首地址，从而指向字符数组 str 中的字符串"Hello"。

由于数组名 str 是一个地址常量，其值是不能被修改的，因此 str++操作是不合法的。但 pStr 是一个指针变量，其值是可以被修改的，并且 pStr 指向的保存在数组中的字符串也是可以被修改的。

总之，正确使用字符指针，必须明确字符串被保存在哪里，以及字符指针指向了哪里。

8.1.2 字符串的输入和输出

和其他类型的数组一样，既可以使用数组索引方式，也可以使用间接引用方式访问保存在数组中的字符串。

当使用索引方式时，可以按表 8-1 所示的 5 种方式实现字符串的输入输出。使用这些函数时，需要在程序开头将头文件 stdio.h 包含到源文件中。

字符串的输入和输出　按行读写文件

表 8-1　5 种输入输出字符串的方式

序号	字符串的输入输出	字符串输入	字符串输出

1	以%c 格式使用 scanf() 和 printf()	`for (i=0; i<10; i++)`
		`{`
		`    scanf("%c", &str[i]);`
		`}`
		//逐个字符输入输出
			`for (i=0; str[i]!='\0';i++)`
			`{`
			`        printf("%c", str[i]);`
			`}`
			//通过检查是否为'\0'控制遍历结束

2	以%s 格式使用 scanf() 和 printf()	`scanf("%s", str);` //输入字符串，直到遇空白字符（空格符、换行符或制表符）为止，即只能读取一个单词，可以读入一行字符	`printf("%s\n", str);` //输出字符串，直到遇字符串结束标志'\0'为止
3	使用 gets()和 puts()	`gets(str);` //不能限制输入字符串的长度	`puts(str);` //会在字符串后输出一个换行符
4	使用 fgets()和 fputs()	`fgets(str,sizeof(str),stdin);` //能够限制输入字符串的长度	`fputs(str, stdout);`
5	使用 scanf_s()和 printf_s()	`scanf_s("%s",str,sizeof(str));` //C11 支持，仅微软的 MSVC 编译器支持其实现	`printf_s("%s",str);` //C11 支持，仅微软的 MSVC 编译器支持其实现

用函数 scanf()按%s 格式输入字符串时，需注意以下几点。

（1）由于数组名代表数组的首地址，所以数组名 str 的前面不必再加取地址运算符&。

（2）定义字符数组长度时，要为字符串结束符'\0'预留出一个字节的存储单元。

（3）用%d 格式输入数字或用%s 格式输入字符串时，由于空格符、换行符或制表符（Tab）等空白字符被用作数据的分隔符或结束符，所以系统会自动忽略这些空白字符，而不能读入这些空白字符。因此，用函数 scanf()按%s 格式输入字符串时，不能输入带空格的字符串，即只能读取一个单词。

用函数 gets()/puts()输入输出字符串时，需注意以下几点。

（1）与函数 scanf()不同的是，函数 gets()把空格符和制表符都当作字符串的一部分，因此可以输入带空格的字符串，即可以读入整行字符。

（2）函数 gets()与 scanf()对换行符的处理是不同的。函数 gets()以换行符作为字符串的结束符，同时将换行符从输入缓冲区读走，但回车符不作为字符串的一部分。而函数 scanf()不读走换行符，换行符仍留在输入缓冲区中。

（3）用函数 puts()输出字符串时，遇到第一个'\0'时输出结束，且自动输出一个换行符。

（4）函数 gets()不能限制用户输入的字符数，当用户输入的字符数超过数组所能容纳的字符串长度时，将导致缓冲区溢出。

用函数 fgets()/fputs()输入输出字符串时，需注意以下几点。

（1）函数 fgets()可以限制用户输入字符串的长度，是更为安全的字符串输入函数。

（2）函数 fgets()与 gets()对换行符的处理是不同的，函数 fgets()从指定的流读字符串，读到换行符时将换行符作为字符串的一部分读到字符串中，因此用函数 fgets()读入的字符串中会比用函数 gets()读入的多一个换行符。

（3）与函数 puts()不同的是，函数 fputs()将字符串输出到指定的文件或流时不会在写入文件或流的字符串末尾加上换行符。

函数 fgets()的原型为

```
char *fgets(char *buf, int n, FILE *fp);
```

它的功能是从 fp 所指的文件中读取一行字符串并在字符串末尾添加'\n'和'\0'，然后存入 buf，最多读 n-1 个字符。当读到回车符、换行符、到达文件尾或读满 n-1 个字符时，函数返回该字符串的首地址，即指针 buf 的值；若读取失败，则返回 NULL。当 fp 为标准输入流 stdin 时，它可以实现从标准输入设备即键盘输入指定长度的字符串。

如果我们不需要将'\n'存储在数组中，则可以将其按如下方法处理掉。

```
int i=0;
while(buf[i]!='\n')i++;
buf[i]='\0';
```

在 C11 中，通常用 gets_s()代替 gets().gets_s()只从标准输入中读取数据，因此它不需要第 3 个参数，并且安全丢弃'\n'。如果读入字符串没有超出存储长度，则 gets.s()与 gets()是相通的。但 gets_s()比 gets()更安全，一旦超出存储长度，它会自动调用"处理函数"中止或退出程序。

函数 fputs()的原型为

```
int fputs(char *buf, FILE *fp);
```

它的功能是将 buf 指向的字符串输出到 fp 所指定的文件。当 fp 为标准输出流 stdout 时，它可以实现向标准输出设备即屏幕输出字符串。

8.1.3　字符串处理函数

在 C 语言中，对字符串进行复制、连接、比较和计算长度等操作时，应使用 C 标准库提供的字符串处理函数，常用的字符串处理函数包括：计算字符串长度的函数 strlen()、字符串复制函数 strcpy()、字符串连接函数 strcat()、字符串比较函数 strcmp()，以及"n 族"的字符串处理函数 strncpy()、strncat()、strncmp()等。此外，还可以使用 memcpy()、memset()等内存操作函数来实现字符串的复制或初始化等操作，详见附录 H。

字符串处理函数

在使用这些函数的程序的开始处加上下面的文件包含编译预处理指令即可。

```
#include <string.h>
```

下面，以常见的字符串处理操作为例，解释字符串处理操作中的注意事项。

1．计算字符串长度

假设已经定义了如下字符数组：

```
char str1[20] = "Hello";
char str2[10] = "China";
```

则下面语句输出的字符串长度值不是 6，也不是 20，而是 5。

```
printf("%d", strlen(str1));   //输出不包含'\0'的实际字符数
```

【温馨提示】strlen()返回的是不包含'\0'的实际字符的个数。

2. 字符串复制

对字符串执行赋值操作，不能使用赋值运算符，即不能用赋值语句对数组中的元素进行整体赋值，必须使用字符串处理函数 strcpy()执行字符串复制。

例如，由于数组名 str1 和 str2 都代表字符数组的首地址，因此不能使用语句

```
str1 = str2;                  //错误，不能执行字符串复制
```

进行字符串的复制，而应使用字符串处理函数 strcpy()。

执行下面的语句后，数组 str1 中的字符串将由"Hello"变成"China"。

```
strcpy(str1, str2);          //执行字符串复制，将字符串 str2 复制给 str1
```

【温馨提示】将字符串 str2 复制给 str1 时，如果字符数组 str1 的大小不足以容纳字符串 str2，就会引发缓冲区溢出问题。把 strcpy()更换为对复制长度有限制的"n 族"字符串复制函数 strncpy()，会让代码段更安全。

"n 族"字符串复制函数防止发生缓冲区溢出漏洞的主要手段就是增加一个参数来限制字符串处理的最大长度。例如：

```
strncpy(str1, str2, n);   //指定将 str2 中字符串的前 n 个字符复制到 str1 中
```

函数 strncpy()与函数 strcpy()的功能是等价的，只不过 strncpy()用其第 3 个参数 n 指定了字符串中将要被复制到目标数组中的字符个数。其函数原型为

```
char *strncpy(char *dest, const char *src, int n);
```

【温馨提示】对于函数 strncpy()，第二个实参中的字符串结束符'\0'不一定会被复制过去。仅当要复制的字符个数 n 大于 src 指向的待复制字符串的长度时，字符串结束符'\0'才会被复制到 dest 指向的内存中。如果 n 小于 src 指向的字符串长度，则 strncpy()仅将 src 指向的字符串的前 n 个字符复制到 dest 指向的内存，而不会自动添加'\0'，需要程序员手动添加'\0'。如果 src 指向的字符串长度小于 n，则在复制完 src 指向的字符串后，strncpy()会用'\0'填充 dest 后面的内存，直到占完 n 个字节为止。

在已知待复制字符串的长度时，使用函数 memcpy()比使用 strcpy()效率更高。函数 memcpy()（意为"内存复制"）可以把内存中某个起始地址开始的指定数目的字节从一个地址简单复制到另一个地址。

例如，若要把数组 str2 复制给数组 str1，可以使用下面的函数调用语句：

```
memcpy(str1, str2, sizeof(str1));
```

它的含义是，将从首地址 str2 开始的内存中的 sizeof(str1)个字节复制到以 str1 为首地址的内存中。使用这个函数一定要慎重，假如数组 str2 的长度大于数组 str1 的长度，那么

语句

```
memcpy(str1, str2, sizeof(str2));
```

会因数据的复制超出为数组 str1 分配的内存边界而导致缓冲区溢出问题。

此外，使用函数 memset()将数组元素全部初始化为 0，比使用循环语句逐个元素赋 0 值的效率更高。

3. 字符串连接

函数 strcat()用于实现将两个字符串连接在一起，即合并字符串。例如：

```
strcat(str1, str2);      //执行后数组 str1 中的字符串变为"HelloChina"
```

函数 strcat()进行字符串连接操作的过程为：从字符数组 str1 中的字符串结束标识符'\0' 的位置开始，复制字符数组 str2 中的字符串，即字符数组 str1 中的字符串结束标识符'\0'将被字符数组 str2 的第一个字符覆盖，函数调用后返回连接后的字符串即字符数组 str1 的首地址。

与使用函数 strcpy()一样，为了避免发生缓冲区溢出问题，目标字符数组应定义得足够大，以便能容纳连接后的字符串。

4. 字符串比较

对字符串比较大小，不能使用关系运算符（>、<、>=、<=、==和!=），而应使用函数 strcmp()。例如，若要判断字符串 str1 是否大于字符串 str2，不能使用语句

```
if (str1 > str2)          //错误，不能比较字符串 str1 和 str2 的大小
```

而应使用语句

```
if (strcmp(str1, str2) > 0)    //正确，判断字符串 str1 是否大于 str2
```

函数 strcmp()进行字符串比较的方法为，对两个字符串从左至右按字符的 ASCII 值大小逐个字符相比较，直到出现不同的字符或遇到'\0'为止。当出现第一对不同的字符时，就由这两个字符决定其所在字符串的大小，并返回 ASCII 值比较的结果值(例如差值)。因此，将字符串 str1 和字符串 str2 进行大小比较的结果分为如下 3 种情况：

➤ 当 str1 大于 str2 时，函数返回值大于 0；
➤ 当 str1 等于 str2 时，函数返回值等于 0；
➤ 当 str1 小于 str2 时，函数返回值小于 0。

函数 strcmp()返回的正数或负数具体是什么，与编译器有关。有些编译器(如 Visual C++和 GNU GCC ）的返回值是 1 或−1；有些编译器（ 如 Xcode 的 LLVM ）的返回值是两个字符串中首个相异字符的 ASCII 值的差值。

如图 8-4 所示，对字符串"compare"与"computer"进行比较时，第一对不相等的字符是'u' 和 'a'，而'u'的 ASCII 值大于'a'的 ASCII 值，所以 "computer" 大于 "compare"，因此 strcmp("computer","compare")的返回值大于 0，即 strcmp("computer","compare")>0 为真。

因为'\0'的 ASCII 值为 0，它是 ASCII 表中 ASCII 值最小的，所以若一个字符串是另一个字符串的子串，即字符串中前面的字符都相同，那么短的字符串一定小于长的字符串。

例如，strcmp("Hello","Hello China") 的函数值小于 0，表示"Hello"小于"Hello China"。

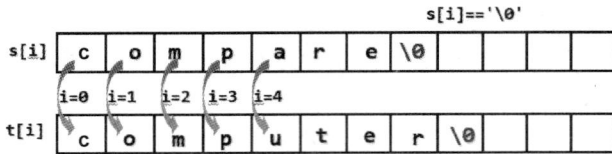

图 8-4 字符串比较的原理示意

8.1.4 字符串处理函数的安全性

前面介绍的函数 gets()、strcpy()、scanf()以及 sprintf()、fprintf()等，未对字符串长度和数组越界加以限制，很容易引起缓冲区溢出，因此它们都是不安全的函数。

缓冲区溢出（Buffer Overflow）是指当向缓冲区内写入数据时超过了缓冲区本身的容量，超出缓冲区容量的数据将会被写入其他缓冲区，而其他缓冲区存放的可能是数据、下一条指令的指针，或者是其他程序的输出内容，这样合法有用的数据将被溢出的数据覆盖或破坏掉。利用缓冲区溢出漏洞实施缓冲区溢出攻击是一种常见的黑客攻击方式。

缓冲区溢出通常都是不正确地使用固定大小的数据结构造成的。例如，在没有检查待写入的内容是否超过缓冲区大小之前就写入缓冲区等。

函数 fgets()通过增加一个参数来限制字符串处理的最大长度，可防止发生缓冲区溢出漏洞。此外，把 strcpy()等普通的字符串处理函数更换为有大小限制的"n 族"字符串处理函数，会让代码更安全。

C89 的 sprintf()函数也是不安全的，sprintf()的函数原型为

```
int sprintf(char *buffer, const char *format [, argument,…] );
```

该函数不进行缓冲区的边界检查，对写入缓冲区 buffer 的数据字节数不做限制，因此有可能导致紧随缓冲区 buffer 的内存数据被破坏。

C99 新增的函数 snprintf()有助于避免发生缓冲区溢出，一些不支持 C99 的编译器也支持这个函数。snprintf()的函数原型为

```
int snprintf(char *str, size_t size, const char *format, …);
```

使用 snprintf()函数时，缓冲区的大小将作为函数的第 2 个实参与其他实参一同传递给 snprintf()函数，从而保证了写缓冲区的字节数不会超出缓冲区大小的限制。这里，size_t 是 C 标准库中定义的，在 64 位系统中为 unsigned long long int，在非 64 位系统中为 unsigned long int，该类型位于头文件 stddef.h 中。

8.2 字符串的应用

本节主要讨论如下问题。

（1）如何向函数传递字符串？

（2）如何从函数返回字符串？

8.2.1　向函数传递字符串

【例 8.1】"最牛"微信。若 26 个英文字母 A B C D E F G H I J K L M N O P Q R S T U V W X Y Z（不区分大小写）分别等于 1 2 3 4 5 6 7 8 9 10 11 12 13 14 15 16 17 18 19 20 21 22 23 24 25 26，则：

Knowledge（知识）K+N+O+W+L+E+D+G+E = 11+14+15+23+12+5+4+7+5 = 96（%）；

Workhard（努力工作）W+O+R+K+H+A+R+D = 23+15+18+11+8+1+18+4 = 98（%）；

Luck（好运）L+U+C+K = 12+21+3+11=47（%）；

Love（爱情）L+O+V+E = 12+15+22+5=54（%）；

Money（金钱）M+O+N+E+Y=13+15+14+5+25=72（%）；

Leadership（领导力）L+E+A+D+E+R+S+H+I+P=12+5+1+4+5+18+19+8+9+16 = 97（%）；

Attitude（态度）A+T+T+I+T+U+D+E = 1+20+20+9+20+21+4+5=100（%）。

看来，只有我们对待人生的态度才能 100% 地影响我们的生活。

这是 2015 年"最牛"的一条微信。请用字符数组作函数参数，编程验证上述计算结果。

问题分析：只要依次遍历字符串中的每个字符，将其中的大写字母或者小写字母分别转换为相应的数字编码并累加起来即可。程序代码如下：

```
1   #include <stdio.h>
2   #include <string.h>
3   int LetterSum(const char str[]);
4   #define N 80
5   int main(void){
6       char a[N+1];
7       gets(a);
8       int sum = LetterSum(a);
9       if (sum != -1){
10          printf("%s=%d%%\n", a, sum);
11      }
12      else{
13          printf("Input error!\n");
14      }
15      return 0;
16  }
17  //函数功能：将字符数组 str 中的字符串转换为英文字母对应的编号数字，然后累加求和并返回
18  int LetterSum(const char str[]){
19      int sum = 0;
20      for (int i = 0; str[i]!='\0'; i++){
21          if (str[i] >= 'a' && str[i] <= 'z'){        //判断 str[i] 是否为小写英文字母
22              sum += str[i] - 'a' + 1;
23          }
24          else if (str[i] >= 'A' && str[i] <= 'Z'){ //判断 str[i] 是否为大写英文字母
25              sum += str[i] - 'A' + 1;
26          }
27          else{
28              return -1;
29          }
30      }
31      return sum;
32  }
```

字符串和文本处理／第 8 章

程序的第一次测试结果：

```
money↙
money=72%
```

程序的第二次测试结果：

```
attitude↙
attitude=100%
```

程序第 21 行判断小写英文字母的语句

```
if (str[i] >= 'a' && str[i] <= 'z')
```

还可以修改为

```
if (islower(str[i]))
```

同理，程序第 24 行判断大写英文字母的语句

```
else if (str[i] >= 'A' && str[i] <= 'Z')
```

可以修改为

```
else if (isupper(str[i]))
```

再如，判断字符是否为英文字母，既可以用语句

```
if (str[i]>='a' && str[i]<='z' || str[i]>='A' && str[i]<='Z')
```

也可以用语句

```
if (isalpha(str[i]))
```

而判断字符是否为数字字符，既可以用语句

```
if (str[i] >= '0' && str[i] <= '9')
```

也可以用语句

```
if (isdigit(str[i]))
```

其他常用的字符处理函数详见附录 H。使用这些字符处理函数时，在程序开始处包含头文件 ctype.h 即可。

【例 8.2】字符串逆序 V1.0。从键盘任意输入一个字符串，要求分别按如下函数原型编程输出逆序后的字符串。

```
void Reverse(char str[]);    //用且仅用一个字符数组作形参
void Reverse(char *p);       //用且仅用一个字符指针作形参
```

问题分析：如图 8-5 所示，通过观察一个字符串逆序前后的结果，不难发现，只要依次交换字符串首尾对称位置的字符即可实现字符串的逆序操作。先设置两个循环变量 i 和 j，分别标记首尾对称位置的字符，i 初始化为 0，j 初始化为 strlen(str)-1；然后在每次循环中，对分别以 i 和 j 为索引的两个字符进行互换，i 和 j 两个索引相向而行，直到 i 等于 j 或 i 大于 j 为止。如图 8-5（a）和图 8-5（b）所示，分别对应采用索引法和指针法遍历字符串实现字符串逆序操作的过程。

图 8-5　通过首尾对称位置的字符互换实现字符串逆序

采用第一种函数原型，并用索引法遍历字符串实现的字符串逆序程序代码如下：

```
1    #include <stdio.h>
2    #include <string.h>
3    #define N 20
4    void Reverse(char str[]);
5    int main(void){
6        char input[N+1];
7        gets(input);
8        Reverse(input);         //字符数组名作函数实参，向被调函数传递字符串
9        puts(input);
10       return 0;
11   }
12   //函数功能：采用字符数组作函数形参接收实参传递的字符串首地址，实现字符串逆序
13   void Reverse(char str[]){
14       int len = strlen(str);
15       for (int i=0, j=len-1; i<j; i++, j--){
16           char temp = str[i];
17           str[i] = str[j];
18           str[j] = temp;
19       }
20   }
```

基于图 8-5（b）所示的思路实现的字符串逆序程序代码如下：

```
1    #include <stdio.h>
2    #include <string.h>
3    #define N 20
4    void Reverse(char *p);
5    int main(void){
6        char input[N+1];
7        gets(input);
8        Reverse(input);    //字符数组名作函数实参，向被调函数传递字符串
9        puts(input);
10       return 0;
11   }
12   //函数功能：采用字符指针作函数形参接收实参传递的字符串首地址，实现字符串逆序
13   void Reverse(char *p){
14       char *pStart, *pEnd;
15       int len = strlen(p);
16       for (pStart=p, pEnd=p+len-1; pStart<pEnd; pStart++, pEnd--){
17           char temp = *pStart;
18           *pStart = *pEnd;
19           *pEnd = temp;
20       }
21   }
```

　　字符串和文本处理／第8章

程序的第一次测试结果：

```
compare↙
erapmoc
```

程序的第二次测试结果：

```
123456↙
654321
```

【例 8.3】字符串逆序 V2.0。利用栈的"后进先出"特性，设计字符串逆序算法，并编程输出逆序后的字符串。

问题分析：第 4 章介绍函数调用和第 5 章介绍函数递归调用时，都曾介绍过函数调用栈。如图 8-6 所示，由于只能在栈顶插入和删除数据，所以栈具有"后进先出"特性，这使得后调用的函数先返回，而先调用的函数后返回。利用这一特点，我们可以利用顺序栈来实现字符串逆序。顺序栈就是用顺序存储方式的数组实现的栈，为简便起见，将其称为栈数组。由于栈具有"后进先出"的特性，所以先将字符串依次入栈，再依次出栈，弹出的字符串和压入的字符串刚好是相反的顺序。

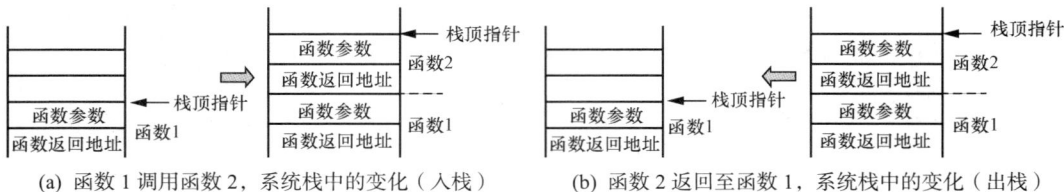

(a) 函数 1 调用函数 2，系统栈中的变化（入栈）　(b) 函数 2 返回至函数 1，系统栈中的变化（出栈）

图 8-6　函数调用栈的"后进先出"特性

仍采用例 8.2 中的函数原型设计用户自定义函数 Reverse()。在这个字符串逆序函数中，先计算字符串的长度，并初始化指向栈顶元素的变量 top，然后利用一个循环依次将字符入栈，再用另一个循环将字符依次出栈。因此，还需要设计另外两个用户自定义函数 Push() 和 Pop()。完整的程序代码如下：

```
1    #include <stdio.h>
2    #include <string.h>
3    #define N 20            //栈数组的最大长度
4    void Reverse(char str[]);
5    void Push(char stack[], char data, int *pTop);
6    char Pop(char stack[], int *pTop);
7    int main(void){
8        char input[N+1];
9        gets(input);
10       Reverse(input);
11       puts(input);
12       return 0;
13   }
14   //函数功能：采用栈数组实现字符串逆序
15   void Reverse(char str[]){
16       char stack[N+1];
17       int len = strlen(str);
18       int top = 0;   //初始化指向栈顶元素的变量
19       for (int i=0; i<len; i++){
```

```
20              Push(stack, str[i], &top);
21          }
22          for (int i=0; i<len; i++){
23              str[i] = Pop(stack, &top);
24          }
25      }
26      //函数功能：将字符入栈，并修改栈顶变量
27      void Push(char stack[], char data, int *pTop){
28          stack[*pTop] = data;
29          *pTop = *pTop + 1;
30      }
31      //函数功能：将字符出栈，并修改栈顶变量
32      char Pop(char stack[], int *pTop){
33          *pTop = *pTop - 1;
34          return stack[*pTop];
35      }
```

为了实现栈数组，需要设置一个栈顶变量 top，由栈顶变量作为索引来标记当前可以访问的数组元素。为了保证栈顶变量始终指向栈顶，在每压入一个数据后都要将栈顶变量加1，每弹出一个数据前都要将栈顶变量减 1。这样就需要在函数 Push() 和 Pop() 中修改栈顶变量 top 的值，因此需要将 top 的地址作为实参传递给函数 Push() 和 Pop()，这两个函数则需要使用指针形参 pTop 来接收这个地址。在指针形参 pTop 得到栈顶变量 top 的地址后，指针形参 pTop 就指向了 top。因此，在被调函数中修改 pTop 指向的内容就相当于修改 top 的值。图 8-7 和图 8-8 分别展示了字符串入栈和出栈的过程。可以看到，弹出的字符串正好是压入的字符串的逆序结果。

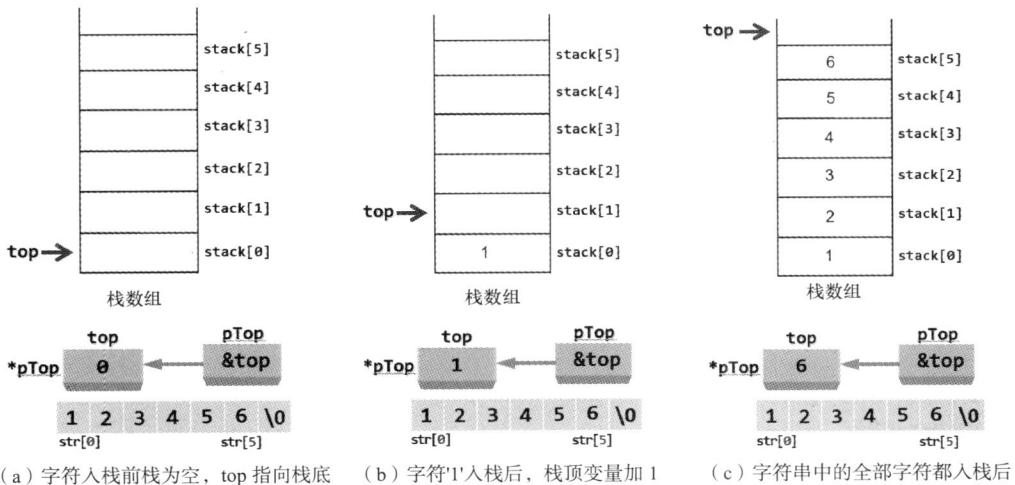

（a）字符入栈前栈为空，top 指向栈底　（b）字符'1'入栈后，栈顶变量加 1　（c）字符串中的全部字符都入栈后

图 8-7　字符串的入栈过程

【温馨提示】在函数 Push() 和 Pop() 中，通过对指针变量 pTop 解引用的方式来修改栈顶变量 top 的值，即指针变量 pTop 指向的内容发生了改变，而 pTop 本身的值即指针变量的指向并未发生改变。

【思考题】假设"栈已满"时继续入栈，或者"栈已空"时继续出栈，都会发生栈数组的索引越界即栈溢出问题。显然，在执行入栈操作前要先判断"栈是否已满"，在执行出栈

字符串和文本处理　第8章

操作前要先判断"栈是否为空"，请读者修改例 8.3 的程序，以增强程序的健壮性。

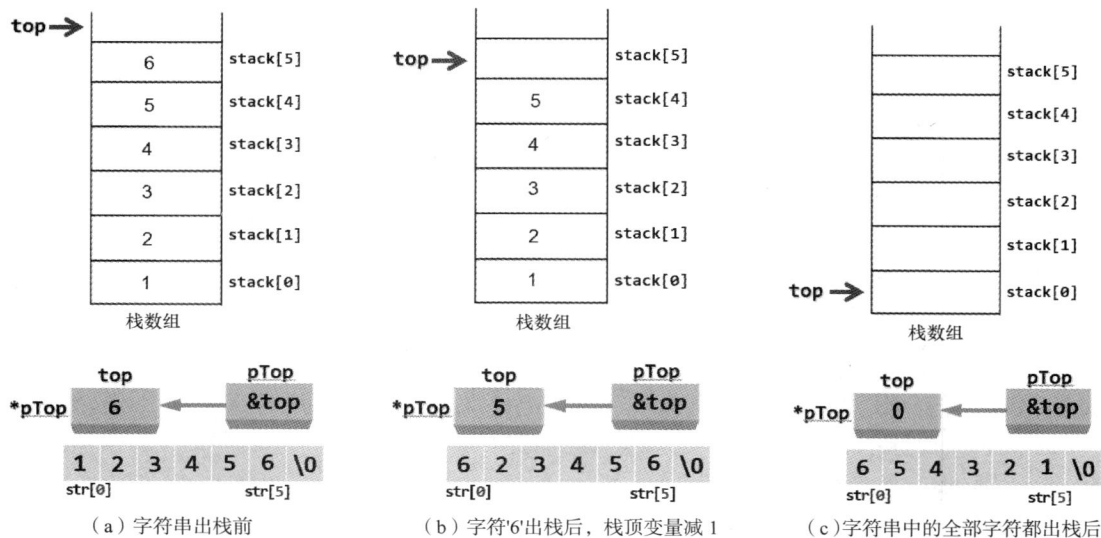

（a）字符串出栈前　　　（b）字符'6'出栈后，栈顶变量减 1　　　（c）字符串中的全部字符都出栈后

图 8-8　字符串的出栈过程

8.2.2　从函数返回字符串

字符数组作函数参数属于模拟按引用调用，通过这种参数传递方式既可以向函数传递字符串，也可以从函数返回修改后的字符串。能否通过函数返回值返回字符串呢？这就需要将函数的返回类型定义为字符指针类型，而数组是不能作函数返回类型的。

从函数返回字符串

如何定义返回指针类型的函数呢？以字符串处理函数 strcat() 为例，它的函数原型为

```
char *strcat(char *dstStr, const char *srcStr);
```

因为圆括号() 具有最高优先级，所以函数名 strcat 首先与() 结合，表示 strcat() 是一个有两个形参的函数，其返回类型是 char *，表示该函数将返回一个字符指针。

C 语言中的许多字符串处理函数都是有返回值的。例如 strcat() 函数返回的是指向连接后字符串的首地址的字符指针。这样设计的主要目的是增强使用的灵活性，例如支持表达式的链式表达，方便级联操作等。例如，可以将语句

```
strcat(str2, str3);
strcat(str1, str2);
```

直接写成

```
strcat(str1, strcat(str2, str3));
```

【例 8.4】藏头诗。藏头诗是一种融合文学、艺术和技术于一体的独特诗歌风格。最常见的一种形式是将想要表达的意义或内容巧妙地藏匿于诗句之首。例如，柳宗元《江雪》"千山鸟飞绝，万径人踪灭。孤舟蓑笠翁，独钓寒江雪。"描绘的是在一个大雪纷飞的日子里，一位身穿蓑笠的老翁，独钓于寒江的场景。将每一句的句首字取出连起来读就是"千万孤独"。现在，请编程破解用户从键盘输入的一首 4 句藏头诗。

问题分析：首先，解决字符串的存储问题。因为每一句诗都可看成一个字符串，4 句诗相当于 4 个字符串，所以可定义一个二维字符数组来保存用户输入的 4 句藏头诗，同时定义一个一维字符数组用于保存将每一句的句首字取出并拼接的结果。

其次，要解决如何取出每一行的句首字的问题。如图 8-9 所示，由于一个汉字通常占两个字节，所以针对每一个字符串需要从头开始连续取出两个相邻的字节，依次保存到定义的一维字符数组中，最后输出的这个字符数组中的字符串就是破解结果。

图 8-9　破解藏头诗的原理图

方法 1　编写用数组作函数参数且返回值为 void 型的函数 GetFirst()，程序代码如下：

```
1   #include <stdio.h>
2   #define N 20
3   void GetFirst(const char s[][N], char t[]);
4   int main(void){
5       char s[4][N], t[N];
6       for (int i=0; i<4; i++){
7           scanf("%s", s[i]);
8       }
9       GetFirst(s, t);      //执行 GetFirst()函数调用
10      puts(t);             //输出保存在数组 t 中的逆序后的字符串
11      return 0;
12  }
13  //函数功能：破解二维字符数组中的藏头诗，保存在字符数组 t 中
14  void GetFirst(const char s[][N], char t[]){
15      int n = 4;
16      for (int i=0; i<n; i++){
17          t[2*i] = s[i][0];
18          t[2*i+1] = s[i][1];
19      }
20      t[2*n] = '\0';
21  }
```

方法 2　编写用数组作函数参数且返回值为 char *型的函数 GetFirst()，程序代码如下：

```
1   #include <stdio.h>
2   #define N 20
3   char *GetFirst(const char s[][N], char t[]);
4   int main(void){
5       char s[4][N], t[N];
6       for (int i=0; i<4; i++){
7           scanf("%s", s[i]);
8       }
9       puts(GetFirst(s, t));    //输出 GetFirst()函数返回的字符指针指向的字符串
10      return 0;
11  }
12  //函数功能：破解二维字符数组中的藏头诗，保存在字符数组 t 中，并返回指向数组 t 的字符指针
13  char *GetFirst(const char s[][N], char t[]){
14      int n = 4;
15      for (int i=0; i<n; i++){
```

```
16          t[2*i] = s[i][0];
17          t[2*i+1] = s[i][1];
18      }
19      t[2*n] = '\0';
20      return t;
21  }
```
程序的运行结果如下：

千山鸟飞绝∠

万径人踪灭∠

孤舟蓑笠翁∠

独钓寒江雪∠

千万孤独

对比上面两个方法实现的程序代码可以发现，将函数 GetFirst() 的返回类型定义为字符指针后，可以实现函数调用操作的级联，直接用 puts(GetFirst(s, t)) 来输出 GetFirst() 函数返回的字符指针指向的字符串，从而使程序代码更简洁。

8.3 指针数组及其应用

本节主要讨论如下问题。

（1）如何理解指针和二维数组之间的关系？

（2）何为指针数组？指针数组和指向数组的指针有什么不同？

（3）字符指针数组在字符串处理中有什么作用？

8.3.1 指针和二维数组间的关系

1．指向二维数组列地址的指针

一种简单理解二维数组的方式就是把二维数组当作"一维数组"来理解，即直接按图 8-10 所示的二维数组的物理存储结构来理解，相当于看一副扑克牌不区分花色和牌面。例如，假设有定义

```
char  a[2][3];
```

则把具有 2 行 3 列的二维数组 a 看成一个有 2×3 即 6 个 char 型元素的一维数组。由于这个"一维数组"的基类型是 char，所以可定义一个基类型同样为 char 的指针变量，并用"与指针基类型同类型"的数组的地址对该指针变量进行初始化，即

```
char  *p = &a[0][0];  //基类型是 char 的指针，指向第 0 行第 0 列的 char 型元素
```

由于二维数组第 0 行第 0 列的元素 a[0][0] 的类型是 char，因此可用 &a[0][0] 对指针变量 p 进行初始化，使 p 指向数组的第 0 行第 0 列，此时 p 是一个列指针。

当 p 指向数组的第 0 行第 0 列时，如何利用指向二维数组的列指针寻址数组中的任意元素 a[i][j] 呢？

如图 8-11 所示，从数组的第 0 行第 0 列寻址到数组的第 i 行第 j 列，中间需跳过 i*n+j 个元素，即 i*n+j 为第 i 行第 j 列的元素相对于数组首地址的偏移量。因此，p+i*n+j 代表数

右侧图注：指针和二维数组间的关系

组的第 i 行第 j 列的地址即&a[i][j]，而对 p+i*n+j 进行解引用的结果*(p+i*n+j)（等价于 p[i*n+j]）就是取出地址 p+i*n+j 中的内容，即 a[i][j]。

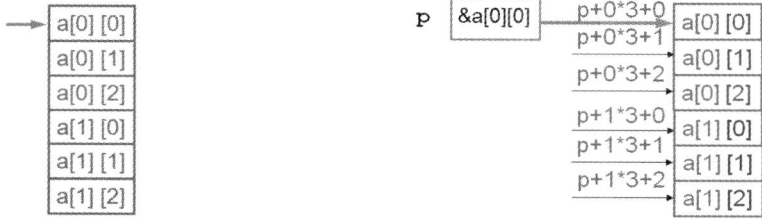

图 8-10　把二维数组当作"一维数组"来理解　图 8-11　二维数组的列指针以及数组元素的寻址

【温馨提示】当 p 为指向二维数组的列指针时，不能用 p[i][j]来表示数组元素，这是因为此时是将二维数组当作一维数组看待的，因此 p 只能有一个索引。

2．指向二维数组行地址的指针

如第 6 章所述，C 语言中的二维数组是按行存储的。例如，对于前面定义的二维字符数组 a 有 2 行 3 列，表示它可以保存 2 个字符串，每个字符串的最大长度是 2（字符串结束标志'\0'也占一个字节的内存，但是不计入字符串的长度），其逻辑存储结构如图 8-12 所示。这种逻辑存储结构的特殊性使得二维数组既有列地址，又有行地址。正因为二维数组有行地址和列地址之分，所以指向二维数组的指针也有行指针和列指针之分。

	第 0 列	第 1 列	第 2 列
第 0 行	a[0][0]	a[0][1]	a[0][2]
第 1 行	a[1][0]	a[1][1]	a[1][2]

图 8-12　二维数组 a 的逻辑存储结构

如图 8-13 所示，理解二维数组的行地址和列地址的概念，即把二维数组看作"数组的数组"，相当于看一副扑克牌要区分花色和牌面。

一方面，可将二维数组 a 看成由 a[0]、a[1]构成的一维数组，而 a[0]和 a[1]又都可看成有 3 个 char 型元素的一维字符数组，为便于理解不妨把它看成 char [3]型。a 作为包含 a[0]、a[1]这两个元素的一维数组的数组名，可看成 a[0]的地址即二维数组第 0 行的地址。由于 a 是第 0 行的地址，所以 a+i 即 &a[i]代表第 i 行的地址，对其进行解引用即*(a+i)，表示取出地址&a[i]中的内容即 a[i]。

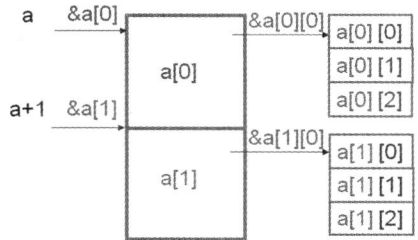

图 8-13　把二维数组当作"数组的数组"来理解

另一方面，a[0]和 a[1]可分别看成有 3 个 char 型元素的一维数组的数组名，因此 a[0]是第 0 行的 char 型一维数组的首地址即第 0 行中第 0 列的元素的地址&a[0][0]，a[0]+1 则代表第 0 行中第 1 列元素的地址即&a[0][1]，对其进行解引用就是取出相应存储单元中的内容。例如，*(a[0]+0)就是 a[0][0]，*(a[0]+1)就是 a[0][1]。同理，a[1]可看成第 1 行的 char 型一维数组的首地址，后面以此类推。

【温馨提示】a+1 和 a[0]+1 中的数字 1 并不都代表 1 个字节。a+1 中的 1 代表"有 3

个 char 型元素的一维数组 a[0]" 所占内存的字节数，即二维数组的一行所占的内存字节数 3*sizeof(char)。而 a[0]+1 中的 1 则代表一个 char 型元素所占的内存字节数，即二维数组的一列所占内存的字节数 1*sizeof(char)。

综上，可得到如下 4 种表示 a[i][j] 的等价形式：

```
a[i][j]  ←→  *(*(a+i)+j)  ←→  *(a[i]+j)  ←→  (*(a+i))[j]
```

可以这样来理解为什么*(*(a+i)+j)等价于 a[i][j]：将二维数组的数组名 a 看成二维数组 a 的第 0 行的地址；行地址 a 加 i，表示指向第 i 行，因此 a+i 代表数组第 i 行的地址，*(a+i) 表示对 a+i 进行解引用，相当于将*(a+i)即 a[i]转化为一个列地址，即第 i 行第 0 列的地址；列地址 a[i]加 j，表示指向当前行（第 i 行）的第 j 列；*(*(a+i)+j)表示对*(a+i)+j 即 a[i]+j 进行解引用，就是取出其指向的内容即 a[i][j]。

理解二维数组在内存中的存储方式，以及二维数组的行地址和列地址的概念，是理解指针与二维数组间关系的关键，而掌握 "x 型的指针应该指向 x 型的数据" 这一基本原则是正确使用二维数组行指针的关键。

正如前文用基类型是 char 的指针来指向第 0 行第 0 列的 char 型元素一样，若要定义一个行指针，使其指向图 8-13 所示的二维数组 a 的第 0 行即 a[0]，而 a[0]可看成基类型为 char [3]的一维数组，因此可定义基类型是 char [3]的行指针 p。

```
char (*p)[3];  //基类型是 char [3]的指针即行指针，指向二维数组的第 0 行
```

在解释该变量定义语句中的变量类型时，虽然说明符方括号[]的优先级高于*，但由于圆括号的优先级更高，所以先解释*，再解释[]。因此，p 的类型被表示为

p ——————→ * ——————→ [3] ——————→ char

表示定义了一个可指向含有 3 个元素的 char 型一维数组的指针变量 p。

这里，关键字 char 代表指针变量 p 所指向的一维数组的基类型，指针变量 p 的基类型可看成 char [3]。[]中的 3 表示指针变量 p 指向的一维数组有 3 个元素（对应于二维数组的列数），它是不可以省略的，就像定义二维数组不能省略二维数组的列数一样。因此，这里定义的指针变量 p 实际上就是一个指向二维数组的行指针，它所指向的二维数组的每一行有 3 个元素。

如何对指向二维数组的行指针进行初始化呢？对指针进行初始化的一个基本原则就是 "x 型的指针应该指向 x 型的数据"，即必须用 "与指针基类型同类型" 的变量的地址对指针进行初始化。

因此，既然指针 p 的基类型是 char [3]，那么就应该使用指向 char [3]型数据的地址对 p 进行初始化。如前所述，可将二维数组 a 看成有 2 个 char [3]型元素的一维数组，数组名 a 可看成 char [3]型元素 a[0]的地址即&a[0]。既然 a 指向的 "一维数组" 的基类型与 p 的基类型都是 char [3]型，就可用 a（即&a[0]）对 p 进行初始化，即可以采用如下两种等价的方式对指向二维数组的行指针 p 进行初始化。

```
p = a;       //使 p 指向二维数组的第 0 行
p = &a[0];   //使 p 指向二维数组的第 0 行
```

如图 8-14 所示，因 p 被初始化为指向第 0 行的 char [3]型元素 a[0]，所以 p+i 指向第 i 行的 char [3]型元素 a[i]，对 p+i 进行解引用的结果*(p+i)就是取出 p+i 指向的第 i 行的 char [3]型元素的内容即 a[i]。

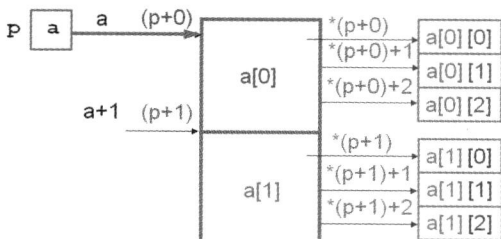

图 8-14　二维数组的行指针以及数组元素的寻址

因为 a[i]即*(p+i)又可看成"由 3 个 char 型元素构成的一维数组"即第 i 行的数组名，所以*(p+i)表示第 i 行第 0 列的 char 型元素 a[i][0]的地址，*(p+i)+j 表示第 i 行第 j 列的 char 型元素 a[i][j]的地址。因此，对*(p+i)+j 进行解引用的结果*(*(p+i)+j)就是取出第 i 行第 j 列的 char 型元素的内容 a[i][j]。

【温馨提示】对行指针执行增 1 操作，是将指针指向下一行。而对列指针执行增 1 操作，是将指针指向下一列。

指针数组及其在字符串处理中的应用

8.3.2　字符指针数组和二维字符数组

如何存储多个字符串呢？如前所述，我们可以按照每行一个字符串的方式把多个字符串存储到一个二维字符数组中。例如，语句

```
char weekday[][10] = {"Sunday", "Monday", "Tuesday", "Wednesday",
                      "Thursday", "Friday", "Saturday"};
```

定义了一个可保存星期表的二维字符数组，其在内存中的存储方式如图 8-3 所示。

由于星期表中的每个字符串的长度参差不齐，所以需要按最长的字符串所占的内存字节数来给数组分配内存，每一行字符串的剩余字节用空字符'\0'来自动填补。显然，这样有点浪费。虽然 C 语言不支持这种"长度参差不齐的字符串数组"的定义，但是我们可以建立一个特殊的数组，这个数组的元素都是指向字符串的指针。这样的数组就是本节要介绍的**指针数组（Array of Pointer）**。

指针数组通常用来构造一个**字符串的数组（Array of String）**，也简称**字符串数组（String Array）**。例如，下面语句定义了一个字符指针数组：

```
char *weekDays[7] = {"Sunday", "Monday", "Tuesday", "Wednesday",
                     "Thursday", "Friday", "Saturday"};
```

它表示 weekDays 是一个拥有 7 个 char*型元素的数组，即数组 weekDays 的基类型为 char *，表示数组 weekDays 的每个元素都是字符指针。

不同于二维字符数组，这里初始化列表中提供的 7 个字符串并不保存在数组 weekDays 中，数组 weekDays 中的 7 个元素只保存了指向 7 个字符串的指针（见图 8-15）。由于在 C 语言中，一个字符串常量就代表指向字符串的常量指针，因此这个初始化列表相当于用 7 个指向字符串的常量指针为数组 weekDays 元素初始化。

当用二维字符数组来存储多个字符串时，数组每一行的列数都是相同和固定的，且列数必须定义得足够大，才能容纳最长的那个字符串。因此，当需要存放大量字符串而其中多数字符串的长度又小于最长字符串的长度时，就会浪费较多的内存。而采用字符指针数组不仅可以解决内存空间浪费的问题，还可以提高字符串处理操作的效率。

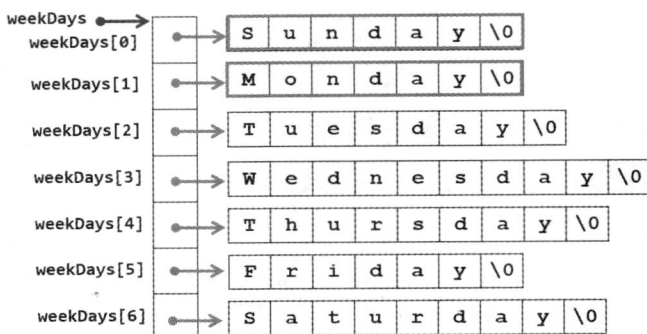

图 8-15　指针数组及其元素的初始化

【例 8.5】奥运奖牌排行榜 **V1.0**。继 2008 年夏奥会之后，2022 年冬奥会的举办花落北京，北京成为世界上首座"双奥之城"。在 2022 年冬奥会上，我国冰雪健儿勇夺 9 金、4 银、2 铜，取得了我国参加冬奥会的历史最好成绩。现在请编程，输入 n 个国家的国名及获得的奖牌数，然后按国名的字典序输出奥运奖牌排行榜。

问题分析：按字典序排序，实际上就是按照字符串升序排序，字符串排序算法中的关键步骤就是字符串的比较操作，字符串大小比较不能直接使用关系运算符，而应使用字符串比较函数 strcmp()。可用如下两种方法实现字符串的排序。

方法 1　用二维字符数组作函数参数。使用二维字符数组存储多个字符串时，字符串的赋值操作不能使用赋值运算符，而应使用 strcpy()函数。程序代码如下：

```
1   #include  <stdio.h>
2   #include  <string.h>
3   #define   N  150                      //国名字符串个数
4   #define   M  20                       //字符串最大长度
5   void Input(char country[][M], int medals[], int n);
6   void StrSort(char country[][M], int medals[], int n);
7   void Output(const char country[][M], const int medals[], int n);
8   int main(void){
9       int  n;
10      char country[N][M];             //定义二维字符数组
11      int medals[N];
12      printf("How many countries?");
13      scanf("%d", &n);
14      Input(country, medals, n);
15      StrSort(country, medals, n);     //按国名字典序排序
16      Output(country, medals, n);
17      return 0;
18  }
19  //函数功能：输入 n 个国家的名字和奖牌数
20  void Input(char country[][M], int medals[], int n){
21      printf("Input names and medals:\n");
22      for (int i=0; i<n; i++){
23          scanf("%s%d", country[i], &medals[i]);
24      }
25  }
26  //函数功能：输出 n 个国家的名字和奖牌数
27  void Output(const char country[][M], const int medals[], int n){
```

```
28        printf("Sorted results:\n");
29        for (int i=0; i<n; i++){
30            printf("%s:%d\n", country[i], medals[i]);
31        }
32    }
33    //函数功能：用二维字符数组函数参数，用交换排序算法实现按国名字典序排序
34    void StrSort(char country[][M], int medals[], int n){
35        char temp[M];
36        for (int i=0; i<n-1; i++){
37            for (int j=i+1; j<n; j++){
38                if (strcmp(country[j], country[i]) < 0){   //字符串比较
39                    strcpy(temp, country[i]);
40                    strcpy(country[i], country[j]);
41                    strcpy(country[j], temp);
42                    int t = medals[i];
43                    medals[i] = medals[j];
44                    medals[j] = t;
45                }
46            }
47        }
48    }
```

方法 2　用字符指针数组作函数参数。程序代码如下：

```
1     #include  <stdio.h>
2     #include  <string.h>
3     #define   N   150              //国名字符串个数
4     #define   M   20               //字符串最大长度
5     void Input(char *country[], int medals[], int n);
6     void StrSort(char@ *country[], int medals[], int n);
7     void Output(const char *country[], const int medals[], int n);
8     int main(void){
9         int  n;
10        char country[N][M];            //定义二维字符数组
11        char *pStr[N];                 //定义字符指针数组
12        int medals[N];
13        printf("How many countries?");
14        scanf("%d", &n);
15        for (int i=0; i<n; i++){
16            pStr[i] = country[i];           //让 pStr[i]指向二维字符数组 country 的第 i 行
17        }
18        Input(pStr, medals, n);
19        StrSort(pStr, medals, n);            //按国名字典序排序
20        Output(pStr, medals, n);
21        return 0;
22    }
23    //函数功能：输入 n 个国家的名字和奖牌数
24    void Input(char *country[], int medals[], int n){
25        printf("Input names and medals:\n");
26        for (int i=0; i<n; i++){
27            scanf("%s%d", country[i], &medals[i]);
28        }
29    }
30    //函数功能：输出 n 个国家的名字和奖牌数
```

　　字符串和文本处理 / 第 8 章

```
31  void Output(const char *country[], const int medals[], int n){
32      printf("Sorted results:\n");
33      for (int i=0; i<n; i++){
34          printf("%s:%d\n", country[i], medals[i]);
35      }
36  }
37  //函数功能：用字符指针数组作函数参数，用交换排序算法实现按国名字典序排序
38  void StrSort(char *country[], int medals[], int n){
39      for (int i=0; i<n-1; i++){
40          for (int j=i+1; j<n; j++){
41              if (strcmp(country[j], country[i]) < 0){   //字符串比较
42                  char *temp = country[i];
43                  country[i] = country[j];
44                  country[j] = temp;
45                  int t = medals[i];
46                  medals[i] = medals[j];
47                  medals[j] = t;
48              }
49          }
50      }
51  }
```

程序的运行结果如下：

```
How many countries?5✓
Input names and medals:
America 25✓
England 2✓
Australia 4✓
China 15✓
Finland 8✓
Sorted results:
America:25
Australia:4
China:15
England:2
Finland:8
```

方法 1 使用二维数组进行字符串排序的效率很低，因为为了交换字符串的排列顺序，经常需要移动整个字符串的存储位置，这种排序实际上是一种**物理排序**。

以国名字符串的排序为例，其排序前后的结果如图 8-16 所示。

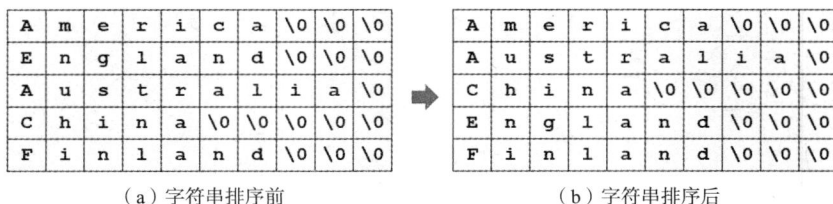

（a）字符串排序前　　　　　　　　（b）字符串排序后

图 8-16　用二维数组对字符串排序前后的对比

虽然利用字符指针数组和二维字符数组都可以实现字符串的处理，但涉及多个字符串排序等操作时，使用字符指针数组比使用二维字符数组更高效。

在方法 2 程序中，第 15～17 行的 for 循环为字符指针数组 pStr 的元素进行初始化，用二维字符数组 country 第 i 行的首地址 country[i] 为 pStr[i] 初始化，表示让指针 pStr[i] 指向二维字符数组 country 中的第 i 个字符串；第 18 行调用形参为字符指针数组的函数 Input() 输入 n 个国名及其奖牌数，其中第 i 个国名字符串保存到 pStr[i] 指向的存储单元（即二维字符数组 country 的第 i 行）中。

注意，方法 2 程序中第 15～17 行的指针数组初始化语句非常重要，因指针数组的元素是一个指针，所以与指针变量一样，在使用指针数组之前必须对数组元素进行初始化。如果指针变量未初始化，其值是不确定的，即它指向的存储单元是不确定的，那么此时对该存储单元进行写操作将导致非法内存访问错误，使得程序异常终止。

与方法 1 程序不同的是，方法 2 程序中函数 StrSort() 的第 1 个形参 pStr 被声明为字符指针数组，因此在第 19 行调用该函数时应该用指针数组名 pStr 作为函数实参，否则将出现类型不匹配的问题。由于指针数组作函数形参也是模拟按引用调用，因此在被调函数中修改形参指针数组 pStr 的元素值，就相当于修改实参指针数组 pStr 的元素值。

函数 StrSort() 中第 42～44 行的 3 条赋值语句用于交换字符指针数组的元素值，即交换指向字符串的指针值。例如，如图 8-17 所示，pStr[1] 排序前指向"England"，排序后指向"Australia"；pStr[2] 排序前指向"Australia"，排序后指向"China"；pStr[3] 排序前指向"China"，排序后指向"England"。但内存中的字符串的排列顺序并未发生变化。这说明，排序结果只是改变了原来指针数组中各元素的指向，并未改变字符串在其实际物理存储空间中的存放位置，即未改变字符串原有的物理排列顺序。因此，这种排序也称为**索引排序**。

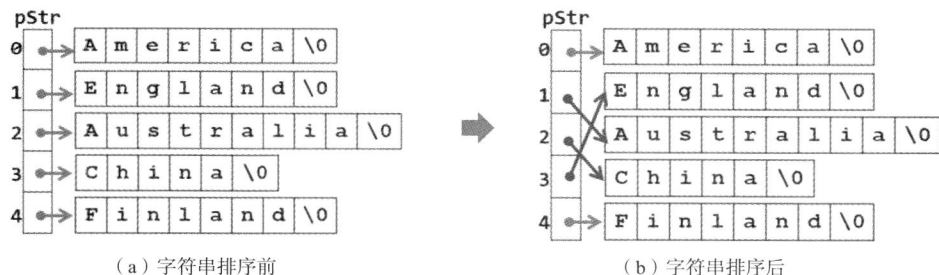

（a）字符串排序前　　　　　　　　　　　　（b）字符串排序后

图 8-17　用字符指针数组对字符串排序前后的对比

相对于使用二维字符数组实现物理排序而言，使用字符指针数组实现字符串索引排序的程序执行效率更高一些，因为它省去了移动字符串所需的时间开销。

【温馨提示】指针数组与指向数组的指针是两个很容易混淆的概念。如图 8-18 所示，指向数组的指针是一个指针变量，指针变量中保存的是一个数组的首地址，而指针数组是一个数组，只不过是指针作为数组的元素，形成了指针数组，即指针数组是指针作为数组的基类型，而指向数组的指针是数组作为指针的基类型。

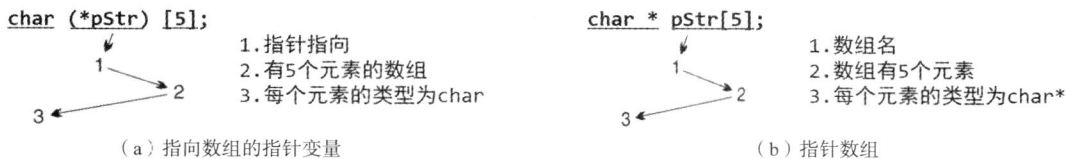

（a）指向数组的指针变量　　　　　　　　　　（b）指针数组

图 8-18　指针数组与指向数组的指针的区别

8.4 AI 辅助编程实例

仍以 3.6 节的代码生成任务为例，假如提示词模板修改为：你是一个 C 语言专家，请你用 C 语言写一个计算课程平均分的程序，从键盘输入 4 个学生的姓名及其 3 门课的成绩，用函数计算并返回每个学生的平均分，并将每个学生的姓名和平均分输出到屏幕上。要求输入提示信息为 "Input names and scores:"，输入姓名的格式为 "%s"，输入成绩的格式为 "%f"，输入姓名和成绩时无须再给出提示信息。输出提示信息为 "The average score are:"，输出格式为 "%s%f"。

此时，使用通义灵码生成的代码如下：

```
1    #include <stdio.h>
2    #include <string.h>
3    #define MAX_STUDENTS 4
4    #define MAX_COURSES 3
5    // 函数声明
6    float calculateAverage(float scores[], int n);
7    int main() {
8        int m = MAX_STUDENTS;
9        int n = MAX_COURSES;
10       char names[MAX_STUDENTS][50];
11       float scores[MAX_STUDENTS][MAX_COURSES];
12       float average;
13       // 提示用户输入每个学生的姓名及其成绩
14       printf("Input names and scores:\n");
15       for (int i = 0; i < m; i++) {
16           scanf("%s", names[i]);
17           for (int j = 0; j < n; j++) {
18               scanf("%f", &scores[i][j]);
19           }
20       }
21       // 计算并输出每个学生的平均分
22       printf("\nThe average scores are:\n");
23       for (int i = 0; i < m; i++) {
24           average = calculateAverage(scores[i], n);
25           printf("%s %f\n", names[i], average);
26       }
27       return 0;
28   }
29   // 函数定义
30   float calculateAverage(float scores[], int n) {
31       float sum = 0.0;
32       for (int i = 0; i < n; i++) {
33           sum += scores[i];
34       }
35       return sum / n;
36   }
```

请读者自己运行代码并确认其是否符合需求。

8.5 本章知识点思维导图

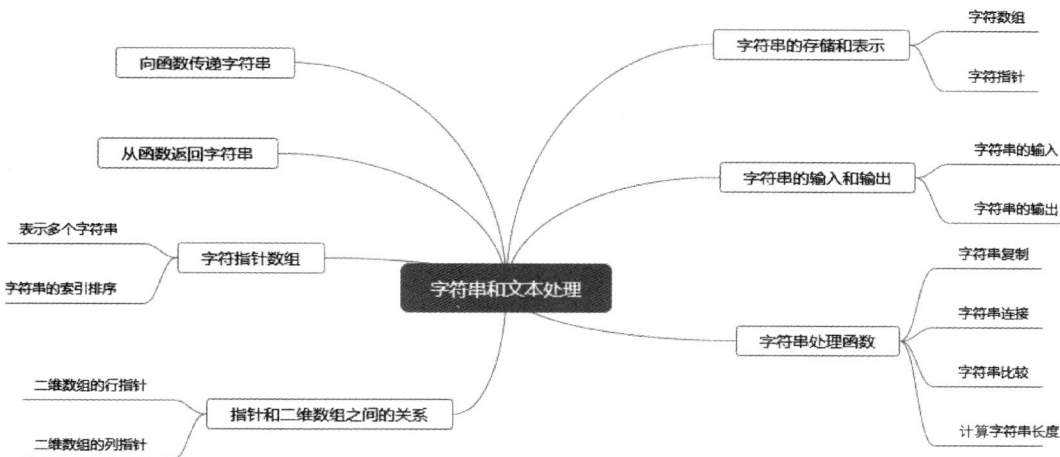

习题 8

8.1 单选题。

（1）下列对字符串的定义中，错误的是（   ）。

A. `char str[7] = "program";`

B. `char str[] = "program";`

C. `char *str = "program";`

D. `char str[] = {'p','r','o','g','r','a','m','0'};`

（2）有关语句 int *p[10];，以下说法错误的是（   ）。

A. p 是数组名

B. p 是一个指针数组

C. 数组 p 中的每个元素都是一个 int 型指针

D. p++是合法的操作

（3）假设 s1 和 s2 已定义为字符指针并分别指向了两个字符串，若要求当 s1 所指向的字符串大于 s2 所指向的字符串时，执行语句 S，则以下选项中正确的是（   ）。

A. `if (s1>s2) S;`   B. `if (strcmp(s1,s2)) S;`

C. `if (strcmp(s2,s1)>0) S;`   D. `if (strcmp(s1,s2)>0) S;`

（4）下列对 C 语言字符数组的描述中错误的是（   ）。

A. 当字符指针指向字符数组中的字符串时，可通过字符指针对字符串进行修改

B. 当字符指针指向一个常量字符串时，不能通过字符指针对字符串进行修改

C. 字符数组中的字符串可以进行整体输入输出

D. 可以在赋值语句中通过赋值运算符"="对字符数组进行整体赋值

（5）字符串"\"I love C,\" said the student."在内存中占的字节数为（   ）。

A. 29   B. 30   C. 31   D. 32

8.2　判断题。

（1）字符串结束符就是字符 0。（　　　）

（2）用 strlen() 函数计算的字符串的长度是包括字符串结束符在内的字符串长度。（　　　）

（3）用 scanf() 的 %s 格式符和 gets() 函数都能输入带空格的字符串。（　　　）

（4）用 strcmp() 比较字符串的大小就是比较字符串的长度。（　　　）

（5）字符串都以'\0'作为结束符。（　　　）

8.3　**字符类型统计**。从键盘任意输入一个字符，编程判断该字符是数字字符、大写字母、小写字母、空格还是其他字符。

8.4　**计算字符串的长度**。请利用指针相减运算来计算字符数组中不包含'\0'在内的实际字符的个数。

8.5　**"最牛"微信**。请用字符指针作函数参数，重新编写例 8.1 的程序。

8.6　**英文字符串逆序 V1.0**。请按如下函数原型重新编写例 8.2 的字符串逆序程序。

```
void Reverse(const char original[], char reverse[]);
```

8.7　**英文字符串逆序 V2.0**。请修改例 8.3 的程序，增加"栈满"和"栈空"的判断，以增强程序的健壮性。

8.8　**中文字符串逆序**。请修改例 8.3 的程序，使其能够实现中文字符串的逆序。

8.9　**英文回文字符串判断 V1.0**。所谓回文字符串就是指正读和反读都相同的字符序列，例如 123321，再如 dad、mum 等。请修改例 8.2 的程序，采用首尾对称位置字符比较的方法，实现英文回文字符串的判断。如果是回文，则输出 Yes!，否则输出 No!。

8.10　**英文回文字符串判断 V2.0**。先将字符串逆序，然后将逆序后的字符串与逆序前的字符串比较大小，如果二者相等，则表示它是回文字符串。请根据这一思路，修改例 8.2 的程序，使其能够判断英文回文字符串。

8.11　**英文回文字符串判断 V3.0**。采用与习题 8.10 相同的思路，修改例 8.3 程序，使其能够判断英文回文字符串。

8.12　**中文回文字符串判断 V1.0**。除了有数字回文、英文回文外，还有回文诗、回文词、回文对联。例如，楼望海海望楼，水连天天连水；响水池中池水响，黄金谷里谷金黄；洞帘水挂水帘洞，山果花开花果山；这些都是回文对联。请在习题 8.9 的程序的基础上，修改代码使其能够判断中文回文字符串。

8.13　**中文回文字符串判断 V2.0**。请借鉴习题 8.8 的方法，在习题 8.11 的程序的基础上，修改代码使其能够判断中文回文字符串。

8.14　下面的字符串连接程序存在错误，请分析错误的原因，并将程序修改正确。

```
1    #include <stdio.h>
2    #include <string.h>
3    char *MyStrcat(char *dest, char *source);
4    int main(void){
5        char *first = "Hello";
6        char  *second = "xWorld";
7        char  *result;
8        result = MyStrcat(first, second);
9        printf("The result is:%s\n", result);
10       return 0;
```

```
11      }
12      //函数功能：将字符串 source 连接到字符串 dest 的后面
13      char *MyStrcat(char *dest, char *source){
14          for (int i=0; i<strlen(source)+1; i++){
15              *(dest + strlen(dest) + i) = *(source + i);
16          }
17          return dest;
18      }
```

8.15　编程实现从键盘任意输入 m 个学生 n 门课程的成绩，然后计算并输出每个学生各门课的总分 sum 和平均分 aver。下面的程序存在运行结果错误，请排查错误的原因，并将程序修改正确。

```
1       #include  <stdio.h>
2       #define STUD    30              //输入最多的学生人数
3       #define COURSE 5                //输入最多的考试科目数
4       void Total(int *score, int sum[], float aver[], int m, int n);
5       void Print(int *score, int sum[], float aver[], int m, int n);
6       int main(void){
7           int    m, n, score[STUD][COURSE], sum[STUD];
8           float  aver[STUD];
9           printf("Enter the total number of students and courses:");
10          scanf("%d%d",&m,&n);
11          printf("Enter score\n");
12          for (int i=0; i<m; i++){
13              for (int j=0; j<n; j++){
14                  scanf("%d", &score[i][j]);
15              }
16          }
17          Total(*score, sum, aver, m, n);
18          Print(*score, sum, aver, m, n);
19          return 0;
20      }
21      void  Total(int *score, int sum[], float aver[], int m, int n){
22          for (int i=0; i<m; i++){
23              sum[i] = 0;
24              for (int j=0; j<n; j++){
25                  sum[i] = sum[i] + *(score + i * n + j);
26              }
27              aver[i] = (float) sum[i] / n;
28          }
29      }
30      void  Print(int *score, int sum[], float aver[], int m, int n){
31          printf("Result:\n");
32          for (int i=0; i<m; i++){
33              for (int j=0; j<n; j++){
34                  printf("%4d\t", *(score + i * n + j));
35              }
36              printf("%5d\t%6.1f\n", sum[i], aver[i]);
37          }
38      }
```

　　　　　　　　　　　字符串和文本处理 ∕ 第 8 章

第9章 结构体和动态数据结构

内容导读

必学内容：结构体类型，结构体变量，结构体数组，结构体指针，向函数传递结构体，从函数返回结构体，共用体，动态内存分配，单向链表。

选学内容：枚举类型。

9.1 结构体类型

本节主要讨论如下问题。

（1）如何声明结构体类型？如何定义结构体变量、数组或指针？

（2）如何访问结构体的成员？对结构体可以执行哪些运算？

（3）如何计算结构体在内存中占用的字节数？

9.1.1 结构体类型的声明和结构体变量的定义

当数据对象复杂时，仅使用基本数据类型显然是不够的。C 语言允许用户利用基本数据类型构造较为复杂的数据类型，构造出来的复杂数据类型称为**构造数据类型（也称复合数据类型）**。由于它是由基本数据类型派生而来的，因此也称为**派生数据类型（ Derived Data Type ）**。因用户可根据自己的需要来定义，所以也称**用户自定义数据类型（ User-Defined Data Type ）**。

数组是一种构造数据类型，它是相同类型数据的集合。本章介绍的两种新的数据类型，即结构体和共用体也是构造数据类型。它们可以将不同类型的数据组织在一起，并用一个统一的名字来命名，适合于表示一组关系紧密、逻辑相关、具有相同或者不同属性的数据集合。

结构体类型有什么作用？假设有表 9-1 所示的学生数据信息表，用什么样的数据结构来存储这些数据更合适呢？

表 9-1　某班学生数据信息表

学　　号	姓　　名	性　　别	出生年	数　　学	英　　语	程序设计
100310121	张三	男（M）	2001	72	83	82
100310122	李四	男（M）	2002	88	92	78
100310123	王五	女（F）	2001	98	72	66
100310124	赵六	女（F）	2002	87	95	90

由于表中每一行的数据具有不同的类型，仅每一列的数据具有相同的类型，因此如果用数组来表示的话，只能针对每一列数据用一个数组来存储。假设表中最多有 30 条数据，则可以定义如下几个数组：

```
long    ID[30];                    // 学号
char    name[30][10];              // 姓名
char    gender[30];                // 性别
int     birthyear[30];             // 出生年
int     score[30][3];              // 3 门课程的成绩
```

然后，根据表 9-1 所示的数据对数组元素进行初始化：

```
long    ID[30] = {100310121, 100310122, 100310123, 100310124};
char    name[30][10] = {"张三", "李四", "王五", "赵六"};
char    gender[30] = {'M', 'M', 'F', 'F'};
int     birthyear[30] = {2001, 2002, 2001, 2002};
int     score[30][3] = {{72,83,82},{88,92,78},{98,72,66},{87,95,90}};
```

用数组管理的学生数据结构的内存分配如图 9-1 所示。这种表示方法存在的主要问题如下。

（1）内存分配不集中，查询同一个学生的记录信息的寻址效率不高。

（2）对数组赋初值时易发生错位。

（3）存储结构不够紧凑，不易管理。

我们希望的内存分配如图 9-2 所示，也就是把每一行即每个学生的完整记录信息在内存中集中存储，这就需要利用本节将要介绍的**结构体类型**（**Structure Type**）。

100310121	张三	'M'	2001
100310122	李四	'M'	2002
100310123	王五	'F'	2001
100310124	赵六	'F'	2002
72	83	82
88	92	78
98	72	66
87	95	90

100310121	100310122	100310123	100310124
张三	李四	王五	赵六
'M'	'M'	'F'	'F'
2001	2002	2001	2002
72	88	98	87
83	92	72	95
82	78	66	90

图 9-1　用数组管理的学生数据结构的内存分配　　　　图 9-2　希望的内存分配

例如，对于表 9-1 所示的学生数据，可以用下面的类型声明语句声明一个名为 struct student 的结构体类型。

```
struct   student
{
    long    ID;                    // 学号
    char    name[10];              // 姓名
    char    gender;                // 性别
    int     birthyear;            // 出生年
    int     score[3];             // 3 门课程的成绩
};
```

207

关键字 struct 用来引出一个结构体定义。标识符 student 作为用户自定义的结构体类型标志，用于区分其他结构体类型，称为**结构体标记（Structure Tag）**。在结构体类型定义的花括号内声明的变量，称为**结构体成员（Structure Member）**。结构体成员的命名方法和变量的命名方法相同。每个结构体类型的定义都必须用一个分号来结束，它是结构体声明的结束标志，不能省略。

【温馨提示】声明结构体类型就相当于声明了一个**结构体模板（Structure Template）**。声明结构体模板只是声明了一种新的可用于定义变量的数据类型，定义了该类型的数据组织形式，而编译器并不为其分配内存。

通常情况下，在程序中是先定义结构体类型，然后定义相应结构体类型的变量。

例如，语句

```
struct student stu1, stu[30], *stuPtr;
```

是将 stu1 声明为一个类型为 struct student 的变量，将 stu 声明为一个包含 30 个具有 struct student 类型元素的数组，将 stuPtr 声明为一个指向 struct student 类型的指针，并且系统会为它们分别申请相应字节数的内存。

当然，也可以将结构体类型的定义与结构体变量的定义融合在一起，即在结构体类型定义的右花括号与表示定义结束的分号之间加上用逗号分隔的变量名列表。例如：

```
struct  student{
    long   ID;              // 学号
    char   name[10];        // 姓名
    char   gender;          // 性别
    int    birthyear;       // 出生年
    int    score[3];        // 3 门课程的成绩
} stu1, stu[30], *stuPtr;
```

结构体类型的声明既可放在所有函数体的外部，称为**全局声明**；也可放在函数体内部，称为**局部声明**。在函数体外声明的结构体类型可为所有函数使用；在函数体内声明的结构体类型只能在本函数体使用，离开该函数，声明失效。

每个结构体类型都代表一种新的作用域，任何声明在此作用域内的名字都不会和程序中的其他名字冲突，即每个结构体类型都为它的成员设置了独立的**命名空间（Namespace）**。因此，两个不同的结构体类型中的成员可以同名，但是同一个结构体类型中的成员不能同名。

关键字 typedef 提供了一种为系统内置或用户自定义的数据类型创建别名的机制。例如，为 struct student 结构体类型定义一个别名 STUDENT，可用下面的语句

```
typedef struct student STUDENT;
```

或者

```
typedef struct student{
    long   ID;              // 学号
    char   name[10];        // 姓名
    char   gender;          // 性别
    int    birthyear;       // 出生年
    int    score[3];        // 3 门课程的成绩
} STUDENT;
```

这样定义之后，就意味着 STUDENT 与 struct student 是同义词。因此，下面两条变量声明语句是等价的。

```
struct student stu1, stu[30], *pt;
STUDENT stu1, stu[30], *pt;          //更简洁的形式
```

【温馨提示】typedef 只是为已存在的数据类型定义新的名字，并未定义新的数据类型。

如果学生的出生日期包含年、月、日信息，那么可以先定义一个具有年、月、日成员的结构体类型，即先声明一个日期结构体模板

```
typedef struct date{
    int   year;   //年
    int   month;  //月
    int   day;    //日
}DATE;
```

然后用 DATE 结构体模板来定义 STUDENT 结构体类型。

```
typedef struct student{
    long  ID;                 // 学号
    char  name[10];           // 姓名
    char  gender;             // 性别
    DATE  birthday;           // 出生日期
    int   score[3];           // 3 门课程的成绩
} STUDENT;
```

在上面结构体类型的成员中包含一个 DATE 类型的结构体成员 birthday。像这种在结构体内又包含另一个结构体类型成员的，称为**嵌套的结构体（Nested Structure）**。

9.1.2　结构体成员的初始化和访问

和数组一样，结构体变量也可以在声明的同时进行初始化，用来放置结构体成员初值的初始化列表称为**初始化器**。与初始化数组遵循的原则类似，结构体初始化器中的值必须按照结构体成员的顺序来设置初值。初值必须是常量，不能是变量，初始化器中的初值个数少于它所初始化的结构体成员数时，无初值对应的成员将自动初始化为 0，剩余的字符数组将自动初始化为空字符串。

例如，语句

```
STUDENT stu1 = {100310121, "张三", 'M', {2001,5,19}, {72,83,82}};
```

定义了一个 STUDENT 类型的结构体变量 stu1 并对其成员按声明的顺序进行了初始化。

如果将日期结构体类型定义为如下形式：

```
typedef struct date{
    int   year;
    int   month;
    int   day;
}DATE;
```

则定义 STUDENT 类型的结构体变量 stu1 并对其进行初始化的语句应修改为

```
STUDENT stu1 = {100310121, "张三", 'M', {2001,5,19}, {72,83,82}};
```

　　　　　结构体和动态数据结构　**第9章**

初始化结构体数组与初始化多维数组的方法相似，需要将每个结构体元素的初值分别用花括号括起来。例如，下面的语句定义了一个有 30 个元素的 STUDENT 结构体类型的数组，并在定义的同时对数组的前 4 个元素进行初始化。

```
STUDENT stu[30] = {{100310121, "张三", 'M',{2001,5,19}{72,83,82}},
                   {100310122, "李四", 'M',{2002,8,20}{88,92,78}},
                   {100310123, "王五", 'F',{2001,9,19}{98,72,66}},
                   {100310124, "赵六", 'F',{2002,3,22}{87,95,90}}
                  };
```

独立成行的目的是增强其可读性，使读者更容易将初值与相应数组元素的各个结构体成员关联在一起。初始化后的结构体数组 stu 有表 9-2 所示的信息。

表 9-2　某班学生成绩管理表

学号	姓名	性别	出生日期			数学	英语	C 语言程序设计
			年	月	日			
100310121	张三	M	2001	5	19	72	83	82
100310122	李四	M	2002	8	20	88	92	78
100310123	王五	F	2001	9	19	98	72	66
100310124	赵六	F	2002	3	22	87	95	90

如何访问结构体的成员呢？ 如图 9-3 所示，数组元素具有相同的类型，在内存中占有相同大小的内存空间，因此可通过下标（即数组元素在数组中的位置）来访问数组元素。而结构体成员可能具有不同的类型，每个成员所占的内存空间大小是不同的，不能通过下标来访问，只能通过结构体成员的名字（而不是内存中的位置）来指定要访问的结构体成员。

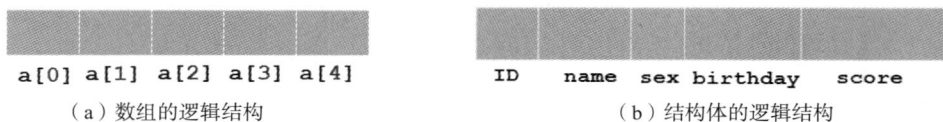

a[0] a[1] a[2] a[3] a[4]

（a）数组的逻辑结构

ID　name　sex birthday　score

（b）结构体的逻辑结构

图 9-3　数组与结构体的逻辑结构示意

有两种运算符可用来访问结构体的成员：一种是**成员选择运算符** "."，也称为**圆点运算符（Dot Operator）**；另一种是**成员指向运算符** "–>"，也称为**箭头运算符（Arrow Operator）**。

【温馨提示】 成员指针运算符由一个减号 "–" 和一个大于号 ">" 组成，中间没有空格。

结构体指针

利用成员选择运算符访问结构体成员时，在成员选择运算符的前面指出访问的是哪个结构体变量的成员，在成员选择运算符的后面指出访问的是该结构体变量的哪个成员。

例如，若要给结构体变量 stu1 的成员 ID 重新赋值，可采用语句

```
stu1.ID = 100310121;
```

当结构体成员是一个字符数组时，由于数组名代表字符数组的首地址，它是一个常量，不能作为赋值运算中的左值，因此对字符数组类型的成员进行赋值时，不能直接使用赋值运算符，而应使用字符串复制函数 strcpy()。

例如，对结构体变量 stu1 的成员 name 赋值时，不能使用

```
stu1.name = "孙七";   //错误
```

而应使用

```
strcpy(stu1.name, "孙七");
```

当出现结构体嵌套时，必须以级联方式访问结构体成员，即通过成员选择运算符逐级找到最底层的成员再引用。

例如，访问结构体变量 stu1 的 birthday 成员时，需使用 stu1.birthday.year、stu1.birthday.month、stu1.birthday.day。访问结构体数组 stu 的第 4 个元素的 birthday 成员时，需使用 stu[3].birthday.year、stu[3].birthday.month、stu[3].birthday.day。

通过结构体指针变量访问其指向的结构体成员需要使用成员指针运算符。

例如，若要定义一个 STUDENT 类型的结构体指针变量 pt，使其指向结构体变量 stu1，则可使用语句

```
STUDENT  *pt = &stu1;
```

此时，通过指针变量 pt 为其指向的结构体的 ID 成员重新赋值，可用语句

```
pt->ID = 100310121;     //访问 pt 指向的 ID 成员
```

该语句表示将 pt 指向的结构体变量 stu1 的 ID 成员重新赋值为 100310121，它与下面的语句是等价的。

```
 (*pt).ID = 100310121; //这种访问方式不推荐使用
```

其中，表达式 pt->ID 等价于(*pt).ID。注意，(*pt).ID 中的圆括号是不能缺少的，因为成员选择运算符的优先级要高于间接寻址运算符。成员指针运算符和成员选择运算符，以及调用函数用的圆括号和表示数组下标的方括号，都具有最高的优先级，且都是从左向右结合的。所以，这里是先将(*pt)作为一个整体，通过对 pt 进行解引用取出 pt 指向的结构体的内容，将其看成一个结构体变量，然后再利用成员选择运算符访问它的成员。

若要访问结构体指针变量 pt 指向的结构体的 birthday 成员，则需使用语句

```
pt->birthday.year = 1991;
pt->birthday.month = 5;
pt->birthday.day = 19;
```

若要让 STUDENT 类型的结构体指针变量 pt 指向结构体数组 stu，则可以使用语句

```
STUDENT  *pt = stu;
```

它与语句

```
STUDENT  *pt = &stu[0];
```

是等价的。

如图 9-4 所示，pt 指向了 STUDENT 结构体数组 stu 的第 1 个元素 stu[0]，此时 pt->score[0]表示引用 pt 指向的结构体的 score[0] 成员，相当于引用 stu[0].score[0]的值。由于 pt 指向 stu[0]，所以 pt+1 指向的是下一个结构体数组元素 stu[1]，以此类推。

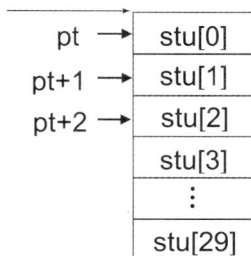

图 9-4 指向结构体的指针

结构体和动态数据结构 第 9 章

C99 及之后的标准允许直接使用下标或成员名字来指定初值，而不要求初始化器中的值的顺序与结构中成员的顺序保持一致（即不必考虑成员的书写顺序），初始化器中没有涉及的元素或成员将自动初始化为 0，C99 新引入的这种初始化方法称为**指定初始化器（Designated Initializer）**。它允许在初始化结构体或数组时明确指定每个成员的初始值，且不受成员顺序变化的影响，这种方式使得代码更加清晰，也方便阅读和维护。

例如，C89 中的语句

```
int a[4] = {1,0,0,3};
```

在 C99 中可以写成

```
int a[4] = {[0]=1, [3]=3};
```

与数组元素的指示器在形式上不同，对于结构体变量，用圆点和成员名的组合构成指示器。例如，对结构体变量 stu1 的成员进行指定初始化，可以用语句

```
STUDENT stu1 = {.ID=100310121, .name="张三", .gender='M',
                .birthday={.year=2001,.month=5,.day=19},.score={[0]=72}};
```

或者

```
STUDENT stu1 = {.name="张三",.gender='M',.ID=100310121
                .birthday={.year=2001,.month=5,.day=19},.score={[0]=72}};
```

与其他类型的指针变量一样，结构体指针在使用前也需要进行初始化。例如，语句

```
STUDENT  *pt= &stu1; // 定义指向 STUDENT 结构体的指针变量并对其进行初始化
```

定义了一个指向 STUDENT 类型的结构体指针变量 pt，并且使 pt 指向了结构体变量 stu1。

9.1.3　结构体占内存的字节数

数组所占内存的字节数是其所有元素所占内存字节数的和，那么结构体所占内存的字节数是否为结构体所有成员所占内存字节数的和呢？

假设有结构体类型定义

```
typedef struct sample
 {
   char   m1;
   int    m2;
   char   m3;
}SAMPLE;
```

那么可用语句

```
printf("%d\n", sizeof(SAMPLE));
```

输出该结构体类型在内存中所占的字节数。

在 Code::Blocks 下，其结果为 12。为什么不是其每个成员所占内存字节数的总和（即 1+4+1=6）呢？

大多数的计算机系统一般会要求特定类型的对象在存储器里的存储位置只能开始于某些特定的字节地址，而这些字节地址都是某个数值 N 的特定倍数，这就是所谓的**内存对**

结构体占内存
的字节数

齐（Memory Alignment）。

内存对齐的主要目的是提高内存寻址的效率。在 32 位计算机体系结构中，如果 int 型数据被对齐在 4 字节地址边界，那么就可以保证访问一个 4 字节的 int 型数据只需一次内存访问操作即可，且每次内存访问都是在 4 字节对齐的地址读取或存入 4 字节数据。而若在没有对齐的地址处读取一个 4 字节的 int 型数据，则需要两次读取操作，从两次读取得到的 8 字节数据中再提取出这个 4 字节 int 型数据还需要额外的操作，这样就会导致内存寻址效率降低。

为了满足计算机内存地址对齐的要求，可能会在较小的成员后添加一些补位或"空洞"（无用的字节）。例如，假设数据项必须从 4 个字节的倍数开始，那么结构体成员 m1、m3 的后面将会添加 3 个字节的补位，如图 9-5（a）所示，以达到与成员变量 m2 内存地址对齐的要求，这样就会导致结构体实际所占内存的字节数比我们想象的多。因此，结构体类型 SAMPLE 在内存中占 12 个字节，而非顺序排列的 6 个字节。

若将结构体类型 SAMPLE 的成员变量的声明顺序修改为

```
typedef struct sample
{
    char   m1;
    char   m3;
    int    m2;                    //m2 和 m3 的声明顺序互换位置
}SAMPLE;
```

则该结构体类型在内存中所占的字节数将变为 8，其内存对齐结果如图 9-5（b）所示。可见，将占内存空间较小的成员排在前面，有助于节省结构体占内存的字节数。

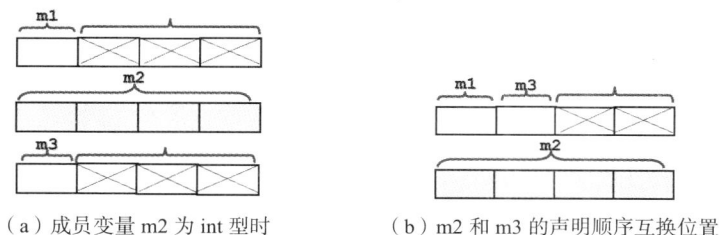

（a）成员变量 m2 为 int 型时　　　　（b）m2 和 m3 的声明顺序互换位置

图 9-5　未定义存储区域的结构体变量的可能内存对齐示意

由于特定数据类型所占的字节数和内存对齐规则是与机器相关的，所以一个结构体类型所占内存的字节数也是与机器相关的。计算结构体类型所占内存的字节数时，一定要使用 sizeof 运算符，否则会降低程序的可移植性。

【温馨提示】C 标准只允许在成员之间或最后一个成员的后面有补位，这样可以保证结构体第一个成员的地址值与整个结构体的地址值是一样的。

C99 允许将结构体的最后一个成员声明为一个未指定长度的数组（只有一对方括号的空的数组），称为弹性数组成员（Flexible Array Members）。例如：

```
struct sample{
    int otherMembers;
    int array[];          //弹性数组成员
};
```

【温馨提示】只能将弹性数组声明为该结构体的最后一个成员，每个结构体最多只能有一个弹性数组成员，弹性数组不能作为结构体的唯一成员，即结构体必须有一个以上的固

结构体和动态数据结构　第9章

定成员，任何拥有弹性数组成员的结构体都不能作为其他结构体的成员，且不能被静态初始化。

为具有弹性数组成员的结构体分配内存空间时，可使用如下语句：

```
int size = 10;
struct sample *ptr;
ptr = malloc(sizeof(struct sample) + sizeof(int)*size);
```

表达式 `sizeof(struct sample)` 得到的是该结构体除弹性数组以外的所有其他成员所占内存空间之和。而用表达式 `sizeof(int)*size` 额外分配的内存空间就是弹性数组所占的内存空间。使用弹性数组的好处是有利于降低内存的碎片化。

9.1.4 结构体的相关计算和操作

由于在内存对齐时，并未专门定义补位字节的值，未定义的补位字节几乎不可能存储相同的值，这使得即使两个结构体变量对应的成员有完全相同的值，也不能保证这两个结构体变量的内存空间中所有字节都是相等的，可能会因补位字节中的随机数不同而导致两个结构体变量不相等，因此不能使用关系运算符==来判定两个结构体是否相等，即不能对结构体变量进行比较操作。

结构体的相关
计算和操作

对结构体变量可执行的计算和操作仅限于以下几种类型。

（1）将结构体变量整体赋值给其他相同类型的结构体变量，相当于按结构体成员的顺序依次对相应的成员进行赋值。对于指针成员的赋值，仅复制存储在指针成员中的地址值。

（2）用运算符&得到结构体变量的地址。

（3）访问结构体变量中的成员。

（4）用运算符 sizeof 确定结构体变量的大小。

结构体变量的赋值操作只能在相同类型的结构体变量之间进行，否则将产生编译错误。例如，假设有

```
STUDENT stu1, stu2;
```

则下面赋值语句

```
stu2 = stu1;
```

相当于执行下面的一组赋值语句：

```
stu2.ID = stu1.ID;
strcpy(stu2.name, stu1.name);
stu2.gender = stu1.gender;
stu2.birthday.year = stu1.birthday.year;
stu2.birthday.month = stu1.birthday.month;
stu2.birthday.day = stu1.birthday.day;
for (i=0; i<3; i++)
{
    stu2.score[i] = stu1.score[i];
}
```

数组的复制只能利用循环语句逐个元素进行，而不能利用数组名实现对数组的整体复制。但是利用结构体可以整体赋值的性质，把一个需要整体赋值的数组放到一个"空"的结构体内封装起来，可以实现数组的复制。

取地址操作的运算对象既可以是结构体变量，也可以是结构体成员。

如图 9-6 所示，结构体变量的地址&stu1 代表结构体变量 stu1 所占内存空间的首地址，而结构体成员的地址是该结构体变量所占内存空间的首地址加上该结构体成员在结构体中的相对地址偏移量，这个偏移量的大小取决于该成员前面有几个成员，以及这些成员所占内存的字节数（也包括补位）。

图 9-6　结构体变量的地址与结构体成员的地址示意

例如，&stu1.ID 是第一个结构体成员即 stu1.ID 的地址。由于成员选择运算符和圆括号、方括号一样具有最高优先级，其优先级高于取地址运算符&，所以&stu1.ID 相当于&(stu1.ID)。

因为数组名代表数组的首地址，所以结构体变量 stu1 的 name 成员的地址是 stu1.name，而无须在 stu1.name 前面加上&，stu1.name 就相当于&stu1.name[0]。同理，stu1. score 相当于&stu1. score[0]。

【温馨提示】虽然&stu1.ID 与&stu1 具有相同的地址值，但二者的实际内涵是不同的，前者是结构体成员的地址，后者是结构体变量的地址，这两个地址的基类型是不同的。

9.2 结构体作函数参数

本节主要讨论如下问题。
（1）如何向函数传递结构体数据？如何从函数返回结构体数据？
（2）用结构体封装函数的参数有什么好处？

9.2.1　在函数之间传递结构体数据

在函数之间传递结构体数据，主要有如下两种方式。

（1）用结构体变量作函数参数，向函数传递结构体的完整结构；或者用结构体类型作为函数的返回类型，从函数返回结构体的完整结构。

用结构体变量作函数实参，向函数传递的是结构体的完整结构，即将结构体所有成员的副本传递给被调函数。由于只能在相同类型的结构体变量之间进行赋值操作，所以要求实参与形参必须是同一种结构体类型。由于这种传递方式属于按值调用，形参和实参在内存中分别占用不同的存储单元，因此在被调函数内修改形参结构体变量的值，不会影响到相应的实参结构体变量，即不能从被调函数返回修改后的结构体变量的值。

将函数的返回类型定义为结构体类型，可以从被调函数返回相应类型的结构体变量的值，它相当于从被调函数返回结构体所有成员的值。由于数组不能作为函数的返回类型，所以若希望从函数返回数组，则可以创建一个以该数组为成员的结构体，并从函数返回这个结构体，这样就可以从函数返回数组了。

这种按值调用的传递方式虽然很直观，容易理解，数据的安全性较高，但其时空开销较大，因此效率较低。

（2）用结构体指针或结构体数组作函数参数，向函数传递结构体的地址；或者用结构体指针作为函数的返回类型，从函数返回结构体的地址。

用结构体指针或结构体数组作函数参数，实际上是向函数传递结构体的首地址，属于模拟按引用调用。因此，在被调函数内修改形参结构体变量，相当于修改实参结构体变量。由于仅将结构体首地址传递给被调函数，并不是复制结构体所有成员的值，因此这种传参方式效率更高。

综上，既可以从函数返回修改后的结构体变量的值，也可以从函数返回结构体变量的指针。

【例 9.1】复数乘法。请用结构体编程，实现从键盘输入两个复数，然后计算并输出其相乘后的结果。

问题分析：首先，将复数的实部和虚部封装到结构体中，定义如下的结构体类型。

```
typedef struct complex
{
    int real;      //实部
    int im;        //虚部
}COMPLEX;
```

然后，设计函数 ComplexPrint()，根据复数乘法运算的规则执行复数乘法运算，并返回复数运算的结果。

方法 1 用结构体变量作函数参数，并将函数返回类型定义为结构体类型，以便从函数返回结构体变量的值，即按如下函数原型设计函数 ComplexMultiply()。

```
COMPLEX ComplexMultiply(COMPLEX za, COMPLEX zb);
```

完整的程序代码如下：

```
1   #include <stdio.h>
2   typedef struct complex{
3       int real;
4       int im;
5   }COMPLEX;
6   COMPLEX ComplexMultiply(COMPLEX za, COMPLEX zb);
7   int main(void){
8       COMPLEX x, y, z;
9       scanf("%d+%di", &x.real, &x.im);
10      scanf("%d+%di", &y.real, &y.im);
11      z = ComplexMultiply(x, y);
12      printf("%d+%di\n", z.real, z.im);
13      return 0;
14  }
15  //函数功能：计算两个复数之积
16  COMPLEX ComplexMultiply(COMPLEX za, COMPLEX zb){
17      COMPLEX zc;
18      zc.real = za.real * zb.real - za.im * zb.im;
19      zc.im   = za.real * zb.im + za.im * zb.real;
20      return zc;
21  }
```

程序的运行结果如下：

```
3+4i↙
5+6i↙
-9+38i
```

第 11 行语句调用函数 ComplexMultiply()，用 COMPLEX 类型的结构体变量 x 和 y 作函数实参，相当于将结构体变量 x 和 y 的所有成员的副本传递给 ComplexMultiply() 的同类型结构体形参变量 za 和 zb，这个传参过程相当于执行如下结构体变量赋值操作：

```
za = x;
zb = y;
```

由于在对两个同类型的结构体变量赋值时，实际上是按结构体的成员顺序逐一对相应的成员进行赋值的，因此上面这两条结构体赋值语句与下面的几条赋值语句是等价的。

```
za.real = x.real;
za.im = x.im;
zb.real = y.real;
zb.im = y.im;
```

在函数 ComplexMultiply() 执行结束后，从该函数返回结构体变量 zc 的值并赋给结构体变量 z，同样也是一个结构体变量赋值的过程。

由于在被调函数中无须修改结构体变量 za 和 zb 的值，因此为了防止其在被调函数中被意外修改，可以在这两个形参类型前加上 const 限定符，即将函数原型修改为

```
COMPLEX ComplexMultiply(const COMPLEX za, const COMPLEX zb);
```

此时，一旦发现结构体变量 za 或 zb 在被调函数中被修改，编译器将提示编译错误。

方法 2   使用指针变量作函数参数，将结构体变量 x 和 y 的地址值传递给被调函数，通过让形参结构体指针 za 和 zb 分别指向 x 和 y 来修改结构体变量 x 和 y 的值，即按如下函数原型设计函数 ComplexMultiply()。

```
void ComplexMultiply(const COMPLEX za, const COMPLEX zb, COMPLEX *zc);
```

完整的程序代码如下：

```
1    #include <stdio.h>
2    typedef struct complex{
3        int real;
4        int im;
5    }COMPLEX;
6    void ComplexMultiply(const COMPLEX za, const COMPLEX zb, COMPLEX *zc);
7    int main(void){
8        COMPLEX x, y, z;
9        scanf("%d+%di", &x.real, &x.im);
10       scanf("%d+%di", &y.real, &y.im);
11       ComplexMultiply(x, y, &z);
12       printf("%d+%di\n", z.real, z.im);
13       return 0;
14   }
15   //函数功能：计算两个复数之积
16   void ComplexMultiply(const COMPLEX za, const COMPLEX zb, COMPLEX *zc){
17       zc->real = za.real * zb.real - za.im * zb.im;
18       zc->im   = za.real * zb.im + za.im * zb.real;
19   }
```

　　　　　　　　　　结构体和动态数据结构　第9章

程序第 11 行将结构体变量 z 的地址即&z 作为实参传递给函数 ComplexMultiply()的形参指针变量 zc，相当于让 zc 指向了 z，因此在函数 ComplexMultiply()内部修改 zc 指向的结构体，就相当于修改结构体变量 z。由于 zc 是指针变量，因此在函数 ComplexMultiply()内部应该用成员指针运算符引用结构体指针 zc 指向的结构体成员，如程序第 17~18 行所示。

方法 3　如果不希望被调函数修改结构体变量的值，但又希望采用传地址的方式提高数据传递的效率，那么同样可以使用 const 限定符来保护结构体指针形参指向的数据。因此，可按如下函数原型设计函数 ComplexMultiply()。

```
void ComplexMultiply(const COMPLEX *za, const COMPLEX *zb, COMPLEX *zc);
```

这种使用指向常量数据的非常量指针（表示它所指向的数据不能被改写，而该指针可以被修改为指向其他数据）来传递结构体数据的方法兼具了模拟按引用调用的高效性和按值调用的安全性，能够在时间、空间和数据安全性之间进行有效平衡。

完整的程序代码如下：

```
1    #include <stdio.h>
2    typedef struct complex{
3        int real;
4        int im;
5    }COMPLEX;
6    void ComplexMultiply(const COMPLEX *za, const COMPLEX *zb, COMPLEX *zc);
7    int main(void){
8        COMPLEX x, y, z;
9        scanf("%d+%di", &x.real, &x.im);
10       scanf("%d+%di", &y.real, &y.im);
11       ComplexMultiply(&x, &y, &z);
12       printf("%d+%di\n", z.real, z.im);
13       return 0;
14   }
15   //函数功能：计算两个复数之积
16   void ComplexMultiply(const COMPLEX *za, const COMPLEX *zb, COMPLEX *zc){
17       zc->real = za->real * zb->real - za->im * zb->im;
18       zc->im   = za->real * zb->im + za->im * zb->real;
19   }
```

【温馨提示】用结构体指针类型作为函数的返回类型时，可以从函数返回形参指针的值，但是不能返回函数内的局部变量（包括形参）的地址。

例如，可以按如下方式设计函数 ComplexMultiply()。

```
COMPLEX* ComplexMultiply(const COMPLEX *za, const COMPLEX *zb, COMPLEX *zc){
    zc->real = za->real * zb->real - za->im * zb->im;
    zc->im   = za->real * zb->im + za->im * zb->real;
    return zc;
}
```

但是，若按如下方式设计函数 ComplexMultiply()

```
COMPLEX* ComplexMultiply(const COMPLEX *za, const COMPLEX *zb){
    COMPLEX zc;
    zc.real = za->real * zb->real - za->im * zb->im;
    zc.im   = za->real * zb->im + za->im * zb->real;
    return &zc;
}
```

程序编译时将会提示如下警告信息：

```
warning: function returns address of local variable
```

这个警告信息的含义是：函数返回了局部变量的地址。因为局部变量 zc 的内存在函数调用结束后就被释放了，所以不能从函数返回局部变量的地址。

从以上实例不难发现，用结构体封装函数参数的好处是函数接口更简洁，代码更稳定，程序的可读性和可扩展性更好。

9.2.2　结构体应用实例

【例 9.2】奥运奖牌排行榜 **V2.0**。修改例 8.5 的程序，用结构体编程，按国名的字典序输出奥运奖牌排行榜。

问题分析：首先，需要定义如下的 struct country 结构体类型。

```
struct country
{
    char name[M];
    int medals;
};
```

然后，使用交换排序算法按奖牌数由高到低进行排序。

方法 1　用结构体数组作函数参数，程序代码如下：

```
1   #include  <stdio.h>
2   #include  <string.h>
3   #define   N    150     //国名字符串个数
4   #define   M    20      //字符串最大长度
5   struct country{
6       char name[M];
7       int  medals;
8   };
9   void Input(struct country c[], int n);
10  void Output(struct country c[], int n);
11  void StructSort(struct country c[], int n);
12  void SwapStruct(struct country *x, struct country *y);
13  int main(void){
14      int  n;
15      struct country countries[N];
16      printf("How many countries?");
17      scanf("%d", &n);
18      Input(countries, n);
19      StructSort(countries, n);        //按国名字典序排序
20      Output(countries, n);
21      return 0;
22  }
23  //函数功能：输入 n 个国家的名字和奖牌数
24  void Input(struct country c[], int n){
25      printf("Input names and medals:\n");
26      for (int i=0; i<n; i++){
27          scanf("%s%d", c[i].name, &c[i].medals);
28      }
29  }
30  //函数功能：输出 n 个国家的名字和奖牌数
```

```
31    void Output(struct country c[], int n){
32        printf("Sorted results:\n");
33        for (int i=0; i<n; i++){
34            printf("%s:%d\n", c[i].name, c[i].medals);
35        }
36    }
37    //函数功能：用结构体数组作函数参数，用交换排序算法实现按国名字典序排序
38    void StructSort(struct country c[], int n){
39        for (int i=0; i<n-1; i++){
40            for (int j=i+1; j<n; j++){
41                if (strcmp(c[j].name, c[i].name) < 0){   //字符串比较
42                    SwapStruct(&c[i], &c[j]);
43                }
44            }
45        }
46    }
47    //函数功能：两个 struct country 类型的结构体数据互换
48    void SwapStruct(struct country *x, struct country *y){
49        struct country t;
50        t = *x;
51        *x = *y;
52        *y = t;
53    }
```

方法 2　用结构体指针作函数参数，只需修改 Input()、Output()、StructSort()这 3 个函数，修改后函数的代码如下：

```
1     //函数功能：输入 n 个国家的名字和奖牌数
2     void Input(struct country *p, int n){
3         printf("Input names and medals:\n");
4         struct country *pEnd = p + n; //指向结构体数组最后一个元素的指针
5         for (; p<pEnd; p++){
6             scanf("%s%d", p->name, &p->medals);
7         }
8     }
9     //函数功能：输出 n 个国家的名字和奖牌数
10    void Output(struct country *p, int n){
11        printf("Sorted results:\n");
12        struct country *pEnd = p + n;//指向结构体数组最后一个元素的指针
13        for (; p<pEnd; p++){
14            printf("%s:%d\n", p->name, p->medals);
15        }
16    }
17    //函数功能：用结构体指针作函数参数，用交换排序算法实现按国名字典序排序
18    void StructSort(struct country *p, int n){
19        for (int i=0; i<n-1; i++){
20            for (int j=i+1; j<n; j++){
21                if (strcmp((p+j)->name, (p+i)->name) < 0){   //字符串比较
22                    SwapStruct(p+i, p+j);
23                }
24            }
25        }
26    }
```

9.3 共用体类型及其应用

共用体

本节主要讨论如下问题。

（1）共用体与结构体有什么不同？

（2）共用体有哪些特殊应用？

共用体（Union），也称为**联合**，它与结构体一样，都是将逻辑相关的不同类型数据组织在一起，由一个或多个可能具有不同类型的成员构成。但与结构体不同的是，共用体采用共享内存的方式存储一组逻辑相关但情形互斥的数据，共用体的所有成员都共享同一起始地址的内存空间，共用体也因此而得名。

例如，在图 9-7 所示的职工个人信息数据项中，婚姻状况只有未婚、已婚和离婚 3 种可能的情形，这 3 种状态是互斥的。因此，婚姻状况这个成员就适合用共用体类型来表示。

姓名	性别	年龄	婚姻状况					婚姻状况标记
			未婚	已婚			离婚	
				结婚日期	配偶姓名	子女数量	离婚日期	子女数量

图 9-7　职工个人信息数据项

共用体与结构体的类型声明方法类似，只是将关键字由 struct 变为 union 而已。

根据图 9-7 所示的信息，可以定义职工个人信息结构体类型如下：

```
1    struct date{                              // 定义日期结构体类型
2        int    year;                          // 年
3        int    month;                         // 月
4        int    day;                           // 日
5    };
6    struct marriedState{                      // 定义已婚结构体类型
7        struct date marryDay;                 // 结婚日期
8        char spouseName[20];                  // 配偶姓名
9        int  child;                           // 子女数量
10   };
11   struct divorceState{                      // 定义离婚结构体类型
12       struct date divorceDay;               // 离婚日期
13       int  child;                           // 子女数量
14   };
15   union maritalState{                       // 定义婚姻状况共用体类型
16       int single;                           // 未婚
17       struct marriedState married;          // 已婚
18       struct divorceState divorce;          // 离婚
19   };
20   struct person{                            // 定义职工个人信息结构体类型
21       char name[20];                        // 姓名
22       char gender;                          // 性别
23       int  age;                             // 年龄
24       union maritalState marital;           // 婚姻状况
```

```
25      int marryFlag;                    // 婚姻状况标记
26    };
```

第 20 ~ 26 行定义了一个代表职工个人信息的结构体类型 struct person，它包含一个共用体类型 union maritalState 的成员 marital，用于表示婚姻状况。第 15 ~ 19 行定义了这个共用体类型，它包含 3 个成员，分别是表示未婚信息的成员 single、表示已婚信息的结构体成员 married、表示离婚信息的结构体成员 divorce。第 6 ~ 10 行定义了 struct marriedState 结构体类型，第 11 ~ 14 行定义了 struct divorceState 结构体类型。

共用体成员共用内存的好处是，除了可以节省内存空间，还可以避免因操作失误引起逻辑上的冲突，例如永远不会出现某人既是已婚又是未婚的情形。成员共用内存的结果意味着当前只有 1 个成员起作用。例如，在表示婚姻状况的共用体变量 marital 的 3 个成员中，当前只会有 1 个成员起作用。

如何知道当前是哪一个成员起作用呢？通常在共用体数据成员嵌入结构体中的同时，增加一个"标记字段"即标志变量成员，用于标记当前起作用的成员。

例如，在结构体类型 struct person 中增加一个标志变量成员 marryFlag，用于标记当前的婚姻状况是未婚、已婚还是离婚。当 marryFlag 值为 1 时，标记当前婚姻状况是未婚，即共用体的 single 成员起作用；当 marryFlag 值为 2 时，标记当前婚姻状况是已婚，即共用体的 married 成员起作用；当 marryFlag 值为其他时，标记当前婚姻状况是离婚，即共用体的 divorce 成员起作用。

```
struct person p1;
if (p1.marryFlag == 1){
    //未婚
}
else if (p1.marryFlag == 2){
    //已婚
}
else{
    //离婚
}
```

每次对共用体的成员进行赋值，都由程序负责改变标志变量成员的内容。例如，每次给 p1 的共用体成员 marital 赋值时，都要同时改变 marryFlag 的值（如将其赋值为 2）。与访问结构体成员的方法相同，访问共用体成员也要使用成员选择运算符或成员指针运算符。

由于共用体采用了共享内存机制，编译器只为共用体中最大的成员分配足够的内存空间，因此共用体类型所占内存的字节数取决于其成员中占内存空间最多的那个成员变量。

例如，假设有共用体类型

```
typedef union sample{
    short  i;
    char   ch;
    float  f;
} SAMPLE;
```

则用 sizeof(SAMPLE)计算得到的共用体字节数为 4，而不是 8。这是因为共用体是从同一起始地址开始存放成员的值，所以共用体类型所占内存空间的大小取决于其成员中占内存空间最多的那个成员变量（见图 9-8）。

由于共用体中的成员是共用内存的，所以若对共用体的不同成员进行多次赋值，则在当前起作用的成员是最后一次赋值的那个成员。正因如此，不能同时为共用体的所有成员进行初始化，C89 规定只能对共用体的第一个成员进行初始化。例如：

```
SAMPLE u = {1};
```

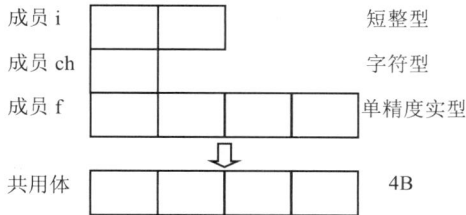

图 9-8　共用体类型所占内存的字节数示例

由于 C99 允许使用指定初始化器来对共用体变量的成员进行初始化，即按名设置成员的初值，这样就不限制只能对第一个成员进行初始化了。例如，可按下面方法对共用体变量 u 的第 2 个成员进行初始化。

```
SAMPLE u = {.ch='a'};
```

因为我们无法保证两个共用体变量是同一个成员起作用，所以不能对共用体进行比较操作。共用体也不能作为函数参数，这是因为我们不知道哪一个成员起作用，当然也就不知道传递给函数的是哪个成员的值了。

9.4　枚举类型及其应用

枚举类型

本节主要讨论如下问题。

（1）什么是枚举类型？

（2）通常在什么情况下考虑使用枚举类型？

C 语言提供了一种称为**枚举（Enumeration）类型**的基本数据类型，用于表示只有有限几种取值的数据。枚举即"一一列举"之意，当某些量仅由有限个整型值组成时，通常用枚举类型来表示。枚举类型描述的是一组整型值的集合，它是一种值由程序员以枚举的方式列出的类型，程序员必须为每个值命名，这些值称为**枚举常量**。

例如，用来存储婚姻状况标记的变量 marryFlag 可以只有 3 种可能的取值：1、2、3。用这样的数字分别表示未婚、已婚和离婚，程序的可读性较差。为了提高程序的可读性，可将其定义为枚举类型。定义枚举类型需要使用关键字 enum。例如，下面语句是将婚姻状况标记声明为枚举类型：

```
enum state {SINGLE, MARRIED, DIVORCE};
enum state marryFlag;
```

第 1 条语句中，花括号内的标识符必须是整型常量，称为枚举常量。枚举常量中的标

结构体和动态数据结构　第9章

识符不能同名，并且枚举常量的名字不能与作用域范围内声明的其他标识符相同。枚举常量遵循 C 语言的作用域规则：若枚举声明在函数体内，则枚举常量对外部函数来说是不可见的。

第 2 条语句定义了一个 state 枚举类型的变量 marryFlag。

state 称为**枚举标签（Enumeration Tag）**，当枚举类型和枚举类型变量放在一起定义时，枚举标签可省略不写。例如，变量 marryFlag 可被定义为

```
enum {SINGLE, MARRIED, DIVORCE} marryFlag;
```

此时，可以用 SINGLE、MARRIED、DIVORCE 中的任意一个值给变量 marryFlag 赋值。例如：

```
marryFlag = SINGLE;
```

除非特别指定，默认情况下第 1 个枚举常量的值为 0，第 2 个枚举常量的值为 1，第 3 个枚举常量的值为 2，以后依次递增 1。显然，使用 SINGLE、MARRIED、DIVORCE 表示 0、1、2 的程序的可读性更好。

【温馨提示】枚举常量必须是整型常数，不能是字符串，因此枚举常量只能作为整型值而不能作为字符串来使用。

可以在定义枚举类型时，通过给标识符赋值来显式地给枚举常量赋值，即允许为枚举常量自由选择不同的值，例如：

```
enum {SINGLE=1, MARRIED=2, DIVORCE=3} marryFlag;
```

枚举常量的值可以是任意整数，一个枚举类型中的多个成员甚至可以拥有相同的常量值，枚举常量的值还可以不按照特定的顺序列出。例如：

```
enum {MARRIED=2, SINGLE=1, DIVORCE=3} marryFlag;
```

若第一个枚举常量值被明确地设置为 1，而后面的枚举常量未被指定值时，则后面枚举常量的值依次递增 1。例如：

```
enum {SINGLE=1, MARRIED, DIVORCE} marryFlag;
```

【温馨提示】结构体和共用体属于构造数据类型，而枚举类型和整型、实型、字符型一样都是基本数据类型。

9.5 动态内存分配和动态数据结构

本节主要讨论如下问题。
（1）什么是动态内存分配？如何进行动态内存分配？
（2）常见的内存错误有哪些？如何避免这些内存错误？

9.5.1 动态内存分配

在了解动态内存分配之前，回顾一下图 4-8 所示的 C 语言程序内存映像。一个编译后的 C 语言程序通常可使用 3 块在逻辑上不同

动态数组 1　　　动态数组 2　　　动态数组 3

且用于不同目的的内存，从内存的低地址端到内存的高地址端分别对应只读存储区、静态存储区和动态存储区。

其中，动态存储区包括**堆（Heap）**和**栈（Stack）**两块内存。按照惯例，栈区是从高地址向低地址扩展，而堆区则是从低地址向高地址扩展的。因堆和栈的总容量是有限的，因此当二者无法再相向扩展时，就会出现堆栈溢出（**Overflow**）。栈用于保存函数调用时的返回地址、函数形参、局部变量等程序的运行信息，通过移动栈指针来顺序使用栈内存。在函数调用时，系统自动在栈上分配内存，而在函数返回时自动释放这些内存，无须程序员管理。与栈内存不同的是，堆是一个自由存储区，在堆上分配内存是随机的，并且在堆上分配和释放内存均需程序员自己来"操心"，即在程序中通过调用动态内存分配函数来分配或释放内存。

在程序运行期间，用动态内存分配函数申请的内存都是从堆上分配的。在使用**动态内存分配（Dynamic Memory Allocation）**函数分配堆内存时，需要在程序开头包含头文件stdlib.h。下面介绍常用的动态内存分配和释放函数。

1. 函数 malloc()

malloc()的函数原型为

```
void *malloc(unsigned int size);
```

该函数的功能是，向系统申请 size 个字节的连续内存块，系统找到一块未占用的内存，将其标记为已占用，并将首地址返回。其中，size 表示向系统申请的堆内存的字节数，若内存分配成功，则函数返回一个指向该内存地址的 void 型指针。若系统不能提供相应字节数的内存，则函数返回 NULL。

void 型指针就是**无类型的指针（Typeless Pointer）**，表示指针的基类型是未知类型，即声明了一个指针变量，但未指定它可以指向哪种基类型的数据。由于它是一个可以表示任何类型的指针，因此也称为**通用指针（Generic Pointer）**。

仅在类型相同时，一个指针才能赋值给另一个指针。这个原则的一个例外就是 void 型指针。可以通过对 void 型指针进行强转的方式将其赋值给基类型为其他类型的指针。

若要将函数 malloc()返回的堆内存地址赋值给某个指针变量，则应先根据该指针的基类型，将 malloc()返回的 void 型指针强转为与指针基类型相同的数据类型，然后再进行赋值操作。例如

```
int  *pi = NULL;
pi = (int *)malloc(n * sizeof(int));
```

表示向系统申请具有 n*sizeof(int)个字节的连续内存，将 malloc()返回的 void 型指针强转为int 型指针后，再赋值给 int 型指针变量 pi，让 pi 指向这个有 n 个 int 型数据的连续内存的首地址。由于 n 的值可以在程序运行时由用户从键盘输入来确定，因此它相当于声明了一个有n 个 int 型元素的一维动态数组,函数返回的指针 pi 就相当于该动态数组的数组名。

【温馨提示】虽然 C 标准允许将 void 型指针转换为特定类型的指针，但需满足如下两个要求，否则将可能导致未定义的行为：

（1）确保转换后的指针正确对齐；

（2）void 型指针指向的数据长度必须满足目标类型数据大小的要求。

之所以 malloc()函数不指定返回指针的基类型，是因为 molloc()函数无法事先确定这些内存块中放什么类型的数据，让用户根据需要将函数返回的指针强转为指定的基类型，可以增强其使用的灵活性。

由于动态分配内存有可能不成功，对空指针进行解引用会引发程序崩溃，所以在动态分配函数调用后，一定要检查函数返回的指针是否为空指针。例如：

```
if (p == NULL){ //判断内存申请是否成功
    printf("No enough memory!\n");
    exit(0);
}
```

2. 函数 calloc()

calloc()的函数原型为

```
void *calloc(unsigned int num, unsigned int size);
```

该函数的功能是，向系统申请 num*size 个字节的连续内存块，系统找到一块未占用的内存，将其标记为已占用，并将首地址返回。其中，第 1 个参数 num 表示向系统申请的堆内存空间的总数，第 2 个参数 size 表示申请的每个内存空间的字节数。若函数调用成功，则返回一个指向该内存地址的 void 型指针。若函数调用失败，则返回空指针 NULL。

与 malloc()不同的是，calloc()会自动将分配的内存初始化为 0。例如

```
pi = (int *)calloc(n, sizeof(int));
```

与

```
pi = (int *)malloc(n * sizeof(int));
memset(pi, 0, n * sizeof(int));  //按字节将内存块初始化为 0
```

是等价的。它表示向系统申请 n*sizeof(int)个字节的连续内存，即申请 n 个连续的 int 型存储单元，并将其全部字节都初始化为 0，然后用指针 pi 指向该连续内存的首地址。同样地，由于 n 的值可以在程序运行时由用户从键盘输入来确定，因此它相当于声明了一个有 n 个 int 型元素的一维动态数组，函数返回的指针 pi 就相当于该动态数组的数组名。

3. 函数 free()

free()的函数原型为

```
void free(void *p);
```

该函数的功能是释放由指针 p 指向的动态内存，即将用函数 malloc()和函数 calloc()向系统动态申请的由指针 p 指向的内存返还给系统，以便由系统重新支配，该函数无返回值。形参 p 中保存的地址只能是用函数 malloc()和函数 calloc()申请的内存地址。

4. 函数 realloc()

realloc()的函数原型为

```
void *realloc(void *p, unsigned int size);
```

该函数的功能是将指针 p 所指向的存储空间的大小修改为 size 个字节，函数返回值是

重新分配的存储空间的首地址，与原来分配的首地址不一定相同。

【温馨提示】由于只能通过指针来访问动态分配的内存，所以一旦指针的指向发生了改变，原来分配的内存及其数据也就随之丢失了，因此不要轻易使用函数 realloc()，因为它有可能改变原来指针变量指向的地址。

9.5.2　动态数据结构之链表

本节主要讨论如下问题。

（1）何为单向链表？何为单向循环链表？

（2）如何对链表进行遍历以及增、删节点的操作？

第 7 章介绍的使用指针作函数参数，为我们提供了一种从函数返回修改的变量值的手段。并且利用指针的增 1 和减 1 运算来寻址数组元素，还可以提高程序的执行效率。本节进一步介绍如何利用指针和动态内存分配来实现动态数据结构。

链表 1　　　　链表 2　　　　链表 3

链表 4　　　　链表 5　　　　链表 6

数据的逻辑结构就是对数据的组织方式，主要有集合、线性表、树和图 4 种。数据的存储结构是对数据的存储方式，也主要有 4 种：顺序存储、链式存储、索引存储、散列存储。前文介绍的数组属于顺序存储方式，本节将介绍以链表为代表的链式存储方式。

在前面几章中，用常量来定义固定长度的数组（定长数组），由于事先无法确定数组的大小，所以通常是按一个预估的最大值来指定数组长度的。显然，将数组定义得过大，势必会造成存储空间的浪费。

而动态数组的长度可以在程序运行时由用户来指定，不会产生内存空间的浪费。但是由于在堆上分配内存的顺序是随机的，若频繁申请和释放堆内存，不仅会降低程序的执行效率，还容易造成内存空间的碎片化。

无论是定长数组，还是动态数组，都属于静态数据结构，数组的长度不能在程序运行期间随意地改变，如果不小心超出数组的边界，会发生缓冲区溢出问题。虽然支持数组元素的随机访问，数据的访问效率很高，但由于数组元素在内存中是连续存储的，插入和删除数据都需要移动数组中的元素，因此插入和删除数据的效率很低。

不同于数组，本节将要介绍的链表是一种动态数据结构，其长度不是固定的，可以在程序运行期间根据需要动态改变。并且由于链表中的数据可以在内存中分散存储，插入和删除数据只须改变数据之间的链接关系，而无须移动数组中的其他数据，因此插入和删除数据的效率比较高。其缺点是不支持随机访问，需要从链头到链尾进行遍历。

那么如何表示链表的数据结构呢？在介绍链表前，先来看看下面的结构体代表的含义。

```
struct link{
    int data;
    struct link next;  //指向自身结构体类型的结构体成员，相当于用自己定义自己
};
```

将含有上述类型定义的程序在 Code::Blocks 下编译，将出现如下错误提示：

```
error: field 'next' has incomplete type
```

　　　　结构体和动态数据结构　第 9 章

这说明，结构体不能包含它自身结构体类型的非指针成员。由于结构体类型本身尚未定义结束，它所占用的内存字节数尚未确定，因此系统无法为这样的结构体类型分配内存。

若将结构体中的结构体变量成员 next 修改为同一结构体类型的指针，即将上面的结构体类型定义修改为

```
struct link{
    int data;
    struct link *next; //指向自身结构体类型的指针成员
};
```

则程序不会报错。

为什么指向同一结构体类型的指针可以出现在结构体类型的定义里？这是因为无论指针变量的基类型是什么，它存放的数据都是一个地址值，即指针变量存放一个地址值所需的内存字节数是固定的，不依赖于它指向的数据类型（基类型）。因此，在定义结构体类型时可以包含指向它自身结构体类型的指针成员。这种在结构体类型定义中出现指向自身结构体类型的指针成员的结构体，称为**自引用结构体（Self-referential Structure）**。创建链式存储的动态数据结构，就需要使用这种自引用结构体。

动态数据结构的一个典型代表就是**链表（Linked Table）**。链表包括单向链表、双向链表和循环链表等。本节仅介绍单向链表。

与数组不同的是，链表是用一组分散的内存单元来存储线性表中的数据的。链表中每个分散存储的数据元素，称为**节点**。由于每个节点的存储是不连续的，因此需要用指针建立元素之间的线性关系，用指针记录元素的后继即链表的下一个节点在内存中的地址，这个指针称为**后继指针**。通常，链表中的每个节点都是由数据域和指针域两类成员构成的。每个节点只包含一个指针域、由 n 个节点链接形成的链表，就称为**单向链表或线性链表**。

单向链表中节点只包含一个指向后继节点的指针域，这个后继指针是一个指向自身结构体类型的指针成员。若要定义包含一个 int 型数据成员和一个后继指针成员的结构体类型，可以使用下面的类型定义：

```
struct  link{
    int data;                    //数据域：存储数据元素信息
    struct link *next;           //指针域：指向后继节点
};
```

如图 9-9 所示，指向链表起始节点的指针，称为链表的**头指针**。对单向链表而言，头指针是访问链表的关键，头指针一旦丢失，链表中的数据也将全部丢失。

图 9-9　单向链表的链式存储结构

在访问单向链表时，首先要找到链表的头指针，即指向第 1 个节点的指针，通过头指针找到第 1 个节点，再通过第 1 个节点的指针域找到第 2 个节点，然后由第 2 个节点的指针域找到第 3 个节点，以此类推。当节点的指针域为 NULL 时，表示已到达链表的尾节点（在图中，其指针域用∧表示）。由于每个存储数据的节点都需要额外的空间存储后继指针，

因此链表会比顺序存储的数组多占用一些内存空间。

与单向链表不同的是，双向链表中的节点有两个指针域，一个指针 prev 用于指向前驱节点，另一个指针 next 用于指向后继节点，首节点的前驱指针 prev 和尾节点的后继指针 next 均指向 NULL。例如，假设节点的数据域只包含一个 int 型成员，则该双向链表的结构体类型可以定义为

```
struct  DNode{
    int data;                //数据域：存储数据元素信息
    struct DNode *prev;      //指针域 1：指向前驱节点
    struct DNode *next;      //指针域 2：指向后继节点
};
```

和单向链表相比，双向链表存储相同的数据，需要消耗更多的存储空间，但插入、删除操作比单向链表效率更高。

如果一个单向链表尾节点的后继指针指向了首节点，则该链表为单向循环链表。如果一个双向链表首节点的前驱指针指向了尾节点，尾节点的后继指针指向了首节点，则该链表为双向循环链表。

本书重点介绍单向链表的节点添加、删除、插入等操作。

1．单向链表的节点添加

为了向链表中添加一个新节点，首先要通过动态内存分配的方式新建一个节点，将指针 newP 指向这个新建节点，并执行下面语句为节点的数据域和指针域赋初值，即：

```
newP = (struct link *)malloc(sizeof(struct link));
newP ->data = nodeData;
newP ->next = NULL;
```

将该新建节点添加到链表中时，需要考虑以下两种情况。

（1）**若原链表是空表**，则用下面语句将新建节点置为头节点（见图 9-10）：

```
head = newP; //头指针指向新建节点
```

（2）**若原链表不是空表**，需要先遍历到表尾，将指针 p 指向表尾节点，然后将新建节点添加到表尾（见图 9-11），即执行如下语句：

```
p = head;                    //p 开始时指向头节点
while (p->next != NULL){      //若未到表尾，则移动 p 直到 p 指向表尾
    p = p->next;             //让 p 指向后继节点
}
p->next = newP;              //让尾节点的指针域指向新建节点
```

图 9-10　原链表是为空表时新建节点的添加过程　　图 9-11　原链表不是空表时新建节点的添加过程

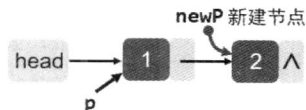

向链表中添加节点数据的代码如下：

```
1    //函数功能：新建一个值为 nodeData 的节点并将其添加到链表末尾，返回链表的头指针
```

```
2    struct link *AppendNode(struct link *head, int nodeData){
3        struct link *newP = NULL, *p = NULL;
4        newP = (struct link *)malloc(sizeof(struct link)); //让 p 指向新建节点
5        if (newP == NULL){        //若为节点申请内存失败，则退出程序
6            printf("No enough memory to allocate!\n");
7            exit(0);
8        }
9        newP->data = nodeData;              //向新建节点的数据域赋值
10       newP->next = NULL;                  //标记新建节点为尾节点
11       if (head == NULL){                  //若原链表是空表
12           head = newP;                    //将新建节点置为头节点
13       }
14       else{                               //若原链表不是空表，则将新建节点添加到表尾
15           p = head;                       //p 开始时指向头节点
16           while (p->next != NULL){        //若未到表尾，则移动 p 直到 p 指向表尾
17               p = p->next;                //让 p 指向后继节点
18           }
19           p->next = newP;                 //让原尾节点的指针域指向新建节点
20       }
21       return head;                        //返回添加节点后链表的头指针
22   }
```

2．单向链表的节点删除

节点的删除操作就是将一个待删除节点从链表中断开，使其不再与其前驱节点和后继节点有任何联系。要在已有的链表中删除一个节点，需要考虑如下两种情况。

（1）**若原链表是空表**，则无须删除节点，直接退出程序。

（2）**若原链表不是空表**，则需要先查找待删除的节点（见图 9-12），即：

```
p = head;                      //让 p 指向头节点
while (p->data != nodeData && p->next != NULL){ //查找待删除节点
    pr = p;                    //在 pr 中保存当前节点的指针
    p = p->next;               //p 指向当前节点的后继节点
}
```

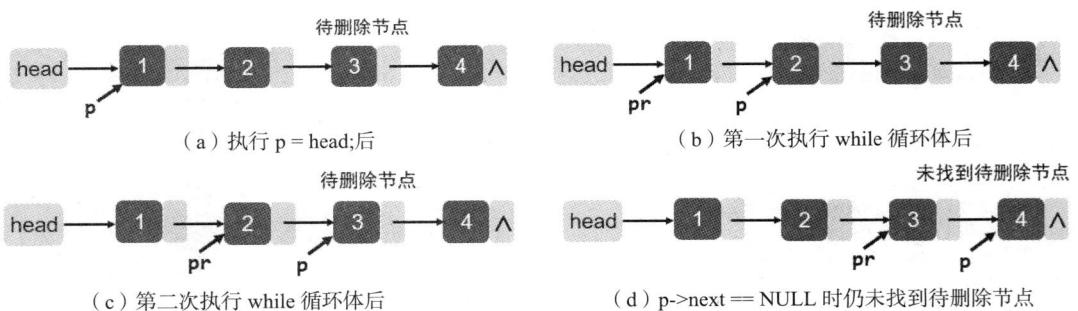

（a）执行 p = head;后　　　　　　　　　（b）第一次执行 while 循环体后

（c）第二次执行 while 循环体后　　　　　（d）p->next == NULL 时仍未找到待删除节点

图 9-12　查找待删除节点

如图 9-13 所示，**若找到的待删除节点是头节点**，将 head 指向当前节点的后继节点即

可删除当前节点，即：

```
head = p->next;
```

如图 9-14 所示，**若找到的待删除节点不是头节点**，将前驱节点的指针域指向当前节点的后继节点即可删除当前节点，即：

```
pr->next = p->next;
```

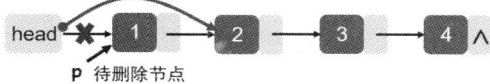

图 9-13　待删除节点是头节点时的节点删除过程　　图 9-14　待删除节点不是头节点时的节点删除过程

当待删除节点 p 是尾节点时，表示 p->next 的值为 NULL，因此执行 pr->next = p->next 后，pr->next 的值也变为 NULL，表示 pr 变成了新的尾节点，这样就可以通过删除 p 指向的节点来删除尾节点了。

若已搜索到表尾（p->next == NULL），但仍未找到待删除节点，则显示"未找到"。

【温馨提示】节点被删除后，只表示将它从链表中断开而已，若不释放其所占的内存，会导致内存泄露，因此在删除节点后必须由程序员来释放节点所占的内存。

从链表中删除一个节点的代码如下：

```
1   //函数功能：从 head 指向的链表中删除一个节点，返回删除节点后的链表的头指针
2   struct link *DeleteNode(struct link *head, int nodeData){
3       struct link *p = head, *pr = NULL; //p 开始时指向头节点
4       if (head == NULL){          //若链表是空表，则退出程序
5           printf("Linked Table is empty!\n");
6           return(head);
7       }
8       while (p->data != nodeData && p->next != NULL){ //未找到且未到表尾
9           pr = p;                    //在 pr 中保存当前节点的指针
10          p = p->next;               //p 指向当前节点的后继节点
11      }
12      if (p->data == nodeData){  //若当前节点的值为 nodeData，则找到待删除节点
13          if (p == head){        //若待删除节点为头节点
14              head = p->next;    //让头指针指向待删除节点 p 的后继节点
15          }
16          else{                  //若待删除节点不是头节点
17              pr->next = p->next;//让前驱节点的指针域指向待删除节点的后继节点
18          }
19          free(p);               //释放为已删除节点分配的内存
20      }
21      else{                      //找到表尾仍未发现值为 nodeData 的节点
22          printf("This Node has not been found!\n");
23      }
24      return head;               //返回删除节点后的链表头指针 head 的值
25  }
```

3．单向链表的节点插入

向链表中插入一个新节点时，首先要新建一个节点 newP，并执行下面语句为节点的数

据域和指针域赋初值，即：

```
newP = (struct link *)malloc(sizeof(struct link));
newP->data = nodeData;
newP->next = NULL;
```

然后在链表中寻找适当的位置插入该节点。节点插入时，需考虑以下两种情况。

（1）**若原链表是空表**，则将新建节点作为头节点，让 head 指向新建节点（见图 9-15），即：

```
head = newP; //头指针指向新建节点
```

图 9-15　原链表是空表时新建节点的插入过程

（2）**若原链表不是空表**，则需要根据节点值的大小（假设节点值已按升序排序）确定新建节点的待插入位置（见图 9-16），即：

```
p = head;          //让 p 指向头节点
while (nodeData >= p->data && p->next != NULL){ //查找节点的待插入位置
    pr = p;        //在 pr 中保存当前节点的指针
    p = p->next; //p 指向当前节点的后继节点
}
```

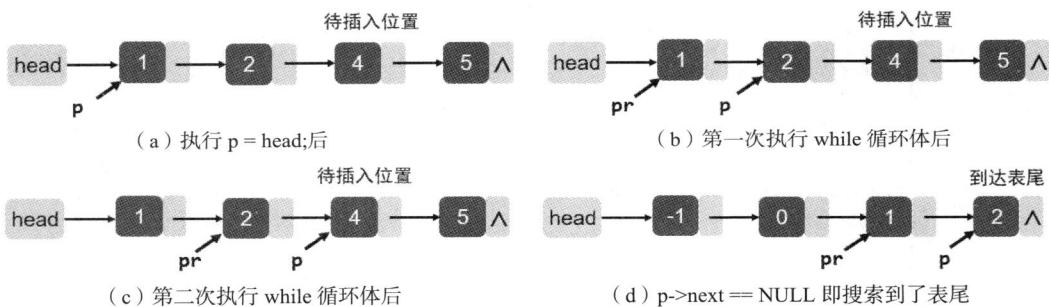

（a）执行 p = head;后　　　　　　　　　（b）第一次执行 while 循环体后

（c）第二次执行 while 循环体后　　　（d）p->next == NULL 即搜索到了表尾

图 9-16　找到待插入位置

若在头节点前插入新建节点，则需要将新建节点的指针域指向原链表的头节点，且让 head 指向新建节点（见图 9-17），即：

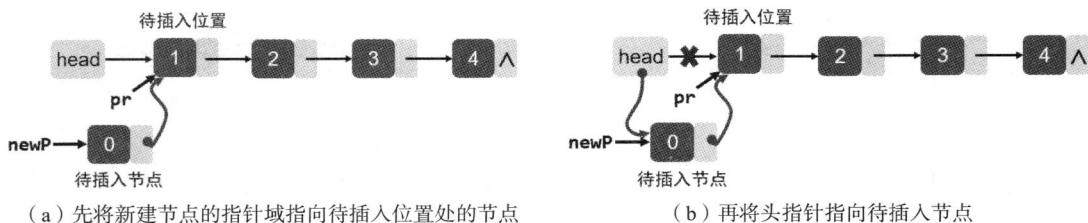

（a）先将新建节点的指针域指向待插入位置处的节点　　　（b）再将头指针指向待插入节点

图 9-17　在头节点前插入新建节点的过程

```
newP->next = head;   //将新建节点的指针域指向原链表的头节点
head = newP;         //让 head 指向新建节点
```

若在链表中间插入新建节点，则需要将新建节点的指针域指向后继节点，且让前驱节点的指针域指向新建节点（见图 9-18），即：

```
newP->next = p;      //将新建节点的指针域指向后继节点
pr->next = newP;     //让前驱节点的指针域指向新建节点
```

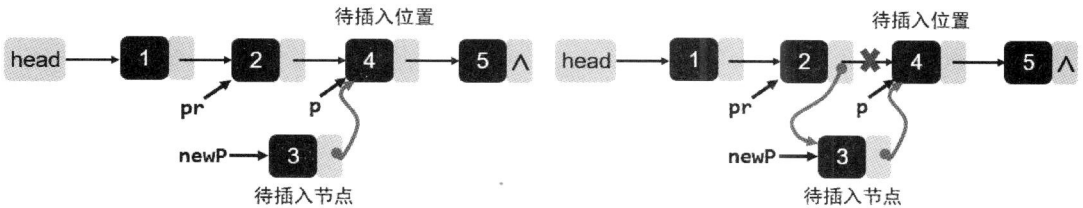

（a）先将新建节点的指针域指向待插入位置处的节点　　　　　（b）再将前驱节点指针域指向待插入节点

图 9-18　在链表中间插入新建节点的过程

若在表尾插入新建节点，则需要将尾节点的指针域指向新建节点（见图 9-19），即：

```
p->next = newP;   //让尾节点的指针域指向新建节点
```

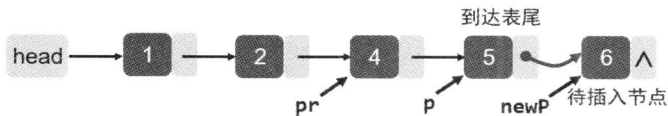

图 9-19　在链表尾部插入新建节点的过程

向节点值已按升序排列的链表中插入一个新建节点的代码如下：

```
1    //函数功能：在已按升序排列的链表中插入一个节点，返回插入节点后的链表头指针
2    struct link *InsertNode(struct link *head, int nodeData){
3        struct link *p = NULL, *newP = NULL, *pr = NULL;
4        newP = (struct link *)malloc(sizeof(struct link));// 让 p 指向待插入节点
5        if (newP == NULL){                 //若为节点申请内存失败，则退出程序
6            printf("No enough memory!\n");
7            exit(0);
8        }
9        newP->next = NULL;                 //为待插入节点的指针域赋值 NULL
10       newP->data = nodeData;             //为待插入节点数据域赋值 nodeData
11       if (head == NULL){                 //若原链表是空表
12           head = newP;                   //待插入节点作为头节点
13       }
14       else{                              //若原链表不是空表，则先查找待插入节点的位置
15           p = head;                      //p 开始时指向头节点
16           while (nodeData > p->data && p->next != NULL){
17               pr = p;                    //在 pr 中保存当前节点的指针
18               p = p->next;               //p 指向当前节点的后继节点
19           }
20           if (nodeData <= p->data){
21               if (p == head){            //若在头节点前插入新建节点
22                   newP->next = head;     //将新建节点的指针域指向原链表的头节点
23                   head = newP;           //让 head 指向新建节点
24               }
25               else{                      //若在链表中间插入新建节点
```

```
26                    newP->next = p;        //将新建节点的指针域指向后继节点
27                    pr->next = newP;       //让前驱节点的指针域指向新建节点
28                }
29            }
30            else{                          //若在表尾插入新建节点
31                p->next = newP;            //让尾节点的指针域指向新建节点
32            }
33        }
34        return head;                       //返回插入新建节点后的链表头指针 head 的值
35    }
```

9.5.3 常见的内存错误及其解决对策

内存异常常分为两类：一类是因持续的内存泄漏导致系统内存不足，这类错误时隐时现，通常在程序运行时才能捕捉到；另一类是非法内存访问错误，即代码访问了不该访问的内存。

常见的内存错误有如下几种。

1．内存分配未成功就使用

避免此类错误的方法是，对于使用函数 malloc()或 calloc()申请的内存，使用之前一定要检查内存分配是否成功，即检查指向函数 malloc()或 calloc()的返回值的是否为空指针。

2．内存分配成功了，但尚未初始化就使用

避免此类错误的方法是，对于使用函数 malloc()动态分配的内存，可使用函数 memset()对内存进行初始化。

3．内存分配成功且已初始化，但发生了越界（缓冲区溢出）

避免此类错误的方法是，在使用循环语句遍历内存中的数据时，要设置好可访问内存的边界，不要越界访存。

4．没有释放内存，造成内存泄露

对于使用函数 malloc()或 calloc()动态分配的内存，需要程序员调用函数 free()来手动释放其中不再继续使用的内存。如果只分配内存而从来不释放内存，那么就会出现**内存泄漏**（**Memory Leak**）问题。这类错误非常隐蔽，在程序运行之初往往没有任何征兆，但会影响程序运行的稳定性。Java 有内存回收机制，而 C 语言没有。随着未释放内存的函数被调用的次数及每次调用泄露的内存增多，内存泄漏问题会越来越严重。

避免此类错误的方法是，在从函数返回前，检查是否有需要使用函数 free()回收的内存。

5．释放了内存，却继续使用它

当指针指向的内存被释放以后，指针不会自动变成 NULL，而是仍然指向这块内存，只不过这块内存中存储的数据变成了随机数（乱码）。此时，若继续使用指向已被释放的堆内存的指针，则指针将变为**悬挂指针**（**Dangling Pointer**），也称**野指针**。

避免此类错误的方法是，在释放指针所指向的用动态内存分配函数分配的内存后，立即在程序中将该指针置为 NULL，且在每次使用指针前，先用 if 语句判断指针是否为空指针。

当指针操作超出了变量的作用域或使用未初始化的指针也会出错。避免此类错误的方法是，不要用 return 语句从函数返回局部变量的地址（即指向"栈内存"的指针），这是因为局部变量的作用域仅局限于函数内部，在函数调用结束时，为局部变量分配的内存将被自动释放，随后内存中的内容将变为随机数。

由于函数 malloc()或 calloc()动态分配的内存不会在函数调用结束后被自动释放，必须使用函数 free()才能释放，因此可以利用 return 语句从函数返回动态分配的内存首地址给主调函数，这样不会造成使用野指针的问题。

6．矫枉过正，重复释放同一块内存

当两个指针同时指向了同一块内存，此时两次调用 free()函数，就相当于重复释放了同一块内存。避免此类错误的方法是，检查指针变量指向的内存是否已经被释放。

9.6 AI 辅助编程实例

仍以 8.4 节的代码生成任务为例，假如提示词模板修改为：你是一个 C 语言专家，请你用 C 语言写一个计算课程平均分的程序，从键盘输入 4 个学生的姓名及其 3 门课的成绩，用结构体做函数参数计算并返回每个学生的平均分，并将每个学生的姓名和平均分输出到屏幕上。要求输入提示信息为 "Input names and scores:"，输入姓名的格式为 "%s"，输入成绩的格式为"%f"，输入姓名和成绩时无须再给出提示信息。输出提示信息为"The average score are:"，输出格式为 "%s%f"。

注意：这个提示词中增加了对函数参数为结构体的要求。此时，使用通义灵码生成的代码如下：

```
1    #include <stdio.h>
2    #include <string.h>
3    #define MAX_STUDENTS 4
4    #define MAX_COURSES 3
5    // 定义学生结构体
6    typedef struct {
7        char name[50];
8        float scores[MAX_COURSES];
9    } Student;
10   // 函数声明
11   float calculateAverage(Student student, int n);
12   int main() {
13       int m = MAX_STUDENTS;
14       int n = MAX_COURSES;
15       Student students[MAX_STUDENTS];
16       float average;
17       // 提示用户输入每个学生的姓名及其成绩
18       printf("Input names and scores:\n");
19       for (int i = 0; i < m; i++) {
20           scanf("%s", students[i].name);
21           for (int j = 0; j < n; j++) {
22               scanf("%f", &students[i].scores[j]);
23           }
24       }
```

```
25        // 计算并输出每个学生的平均分
26        printf("\nThe average scores are:\n");
27        for (int i = 0; i < m; i++) {
28            average = calculateAverage(students[i], n);
29            printf("%s %f\n", students[i].name, average);
30        }
31        return 0;
32    }
33    // 函数定义
34    float calculateAverage(Student student, int n) {
35        float sum = 0.0;
36        for (int i = 0; i < n; i++) {
37            sum += student.scores[i];
38        }
39        return sum / n;
40    }
```

请读者自己运行代码并确认其是否符合需求。

当然这个代码还存在进一步优化的空间，使用通义灵码对其进行优化，会给出如下的优化方向。

（1）输入验证

对学生姓名和成绩进行输入验证，确保数据合法且不会导致缓冲区溢出或程序崩溃。

（2）异常处理

增加对非法输入的处理逻辑，提示用户重新输入。

（3）边界条件检查

在计算平均分之前，检查课程数量是否为 0，避免除以 0 的情况。

（4）代码结构优化

将输入逻辑封装到一个函数中，提高代码复用性和可读性。

限于篇幅，详细的优化后的代码这里不再赘述。

9.7 本章知识点思维导图

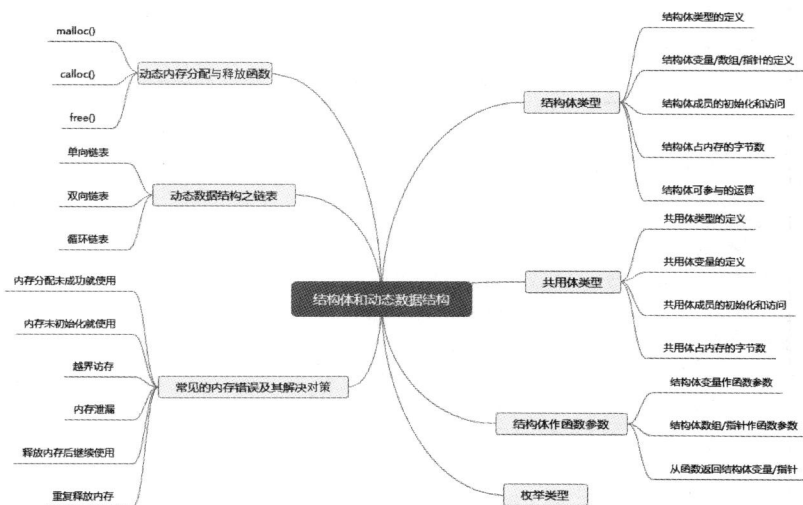

习题 9

9.1 选择题。

（1）已知有如下共用体变量的定义，则 sizeof(test)的值是（ ）。

```
union sample{
    int i;
    char c;
    float a;
}test;
```

A. 4　　　　　　　B. 5　　　　　　　C. 6　　　　　　　D. 7

（2）已知表示学生记录的结构体类型定义为

```
struct student{
    long ID;
    char name[10];
    char gender;
    struct{
        int year;
        int month;
        int day;
    }birth;
}s;
```

设变量 s 中的生日是 2001 年 1 月 3 日，下列对生日的正确赋值方式是（ ）。

A. `year = 2001; month = 1; day = 3;`

B. `birth.year = 2001; birth.month = 1; birth.day = 3;`

C. `s.year = 2001; s.month = 1; s.day = 3;`

D. `s.birth.year = 2001; s.birth.month = 1; s.birth.day = 3;`

（3）以下描述正确的是（ ）。

A. 对共用体初始化时，只能对第一个成员进行初始化，当前起作用的成员是最后一次为其赋值的成员

B. 结构体可以比较，但不能将结构体类型作为函数返回值类型

C. 结构体类型所占内存的大小取决于其成员中占内存空间最大的那个成员变量

D. 关键字 typedef 用于定义一种新的数据类型

9.2 **有理数加法**。请用结构体编程，实现从键盘输入两个分数形式的有理数，然后计算并输出其相加后的结果。

9.3 **日期转换 V1.0**。输入某年某月某日，请用结构体编程计算并输出它是这一年的第几天。

9.4 **日期转换 V2.0**。输入某一年的第几天，请用结构体编程计算并输出它是这一年的第几月第几日。

9.5 **奖牌数查询**。请按照如下结构体类型编程，输入 n 个国家的国名及获得的奖牌数，然后输入一个国名，查找其获得的奖牌数。

```
struct country{
    char name[M];
```

```
    int   medals;
};
```

9.6　**冬奥会运动员信息统计**。2022 年北京冬奥会的后勤组为了解各国参赛选手的基本情况，为各国选手定制个性化服务，现某国有 n（$1 \leq n \leq 10$）个运动员，每个运动员需记录其姓名（拼音表示，且无空格）、性别和年龄，要求从键盘输入 n 及 n 个运动员的数据，然后输出该国家年龄不大于 n 个运动员平均年龄的运动员数量 m。请按照如下结构体类型编写程序。

```
struct athlete{
    char name[N]; //姓名
    int gender;     //性别标记，0 表示男性，1 表示女性
    int age;        //年龄
};
```

9.7　**一万小时定律**。"一万小时定律"是作家马尔科姆·格拉德威尔（Malcolm Gladwell）在《异类 不一样的成功启示录》一书中指出的定律，"人们眼中的天才之所以卓越非凡，并非天资超人一等，而是付出了持续不断的努力。1 万小时的锤炼是任何人从平凡变成世界级大师的必要条件"。简而言之，要成为某个领域的专家，需要 10000 个小时，按比例计算就是：如果每天工作 8 个小时，一周工作 5 天，那么成为一个领域的专家至少需要 5 年。假设某人从 1990 年 1 月 1 日起开始每周工作 5 天，然后休息 2 天。请按照如下结构体类型编写一个程序，计算这个人在以后的某一天中是在工作还是在休息。

```
typedef struct date{
    int year;
    int month;
    int day;
}DATE;
```

9.8　**数字时钟模拟**。请按如下结构体类型编程模拟显示一个数字时钟。

```
typedef struct clock{
    int hour;
    int minute;
    int second;
}CLOCK;
```

9.9　**时间都去哪了**。某学生为了证明时间会缩水，做了一道题，快把数学老师"逼疯"了！

求证：1 小时=1 分钟

解：因为 1 小时=60 分钟

　　　　　　=6 分钟×10 分钟

　　　　　　=360 秒×600 秒

　　　　　　=1/10 小时×1/6 小时

　　　　　　=1/60 小时

　　　　　　=1 分钟

证明完毕。

如果不珍惜时光，那么你的时间很可能就这样稀里糊涂地没了。现在，请你定义一个 struct time 类型，编写程序，实现如下两个功能。

（1）输入小时、分钟和秒，然后将其转化为以秒为单位的时间。

（2）输入以秒为单位的时间，然后将其转化为小时、分钟和秒。

9.10　**洗发牌模拟**。一副扑克牌有 52 张，分为 4 种花色（suit）：黑桃（Spades）、红桃（Hearts）、草花（Clubs）、方块（Diamonds）。每种花色又有 13 张牌面（face）：A、2、3、4、5、6、7、8、9、10、Jack、Queen、King。要求用结构体数组 card 表示 52 张牌，每张牌包括花色和牌面两个字符数组类型的数据成员。请采用如下结构体类型和字符指针数组编程实现模拟洗牌和发牌的过程。

```
typedef struct card{
    char    suit[10];
    char    face[10];
}CARD;
char *suit[] = {"Spades","Hearts","Clubs","Diamonds"};
char *face[] = {"A","2","3","4","5","6","7","8","9","10",
                "Jack","Queen","King"};
```

9.11　**链表逆序**。请编程将一个链表的节点逆序排列，把链头变成链尾，把链尾变成链头。先输入原始链表的节点编号顺序，按 Ctrl+Z 或输入非数字表示输入结束，然后输出链表逆序后的节点顺序。

9.12　**手机通讯录**。请编程实现手机通讯录管理系统，采用如下的结构体类型创建单向链表保存联系人的姓名和电话信息。

```
struct friends{
    char name[20];
    char phone[12];
    struct friends *next;
};
```

然后采用单向链表编程实现以下功能（在主函数中依次调用这些函数即可）。

（1）建立单向链表来存放联系人的信息，如果输入大写字母 Y，则继续创建节点存储联系人信息，否则按任意键结束输入。

（2）输出链表中联系人的信息。

（3）查询联系人的信息。

（4）释放链表所占的内存。

第 10 章

文件读写和综合应用

内容导读

必学内容：文本文件和二进制文件，文件的打开和关闭，文件的字符/字符串读写和按格式读写操作，标准输入输出的重定向。

选学内容：游戏程序设计。

如何从键盘输入数据和向屏幕输出数据已在第 2 章介绍，本章重点介绍如何从文件读出数据和向文件写入数据。

10.1 文本文件和二进制文件

本节主要讨论如下问题。

文本文件和二进制文件有何不同？

文本文件、二进制文件和标准输入输出流

在每次运行程序时，从键盘输入的数据都是保存在计算机内存中的，当程序运行结束时，内存中的数据就会丢失，因此下次运行程序时还得重新输入。将键盘输入和屏幕输出的数据以文件的形式存储在硬盘、固态盘、闪存盘等外存上，可以达到重复使用、永久保存数据的目的。程序员不必关心这些复杂的存储设备是如何存取数据的，因为操作系统已经把这些复杂的存取方法抽象在了文件里。

所谓**文件（File）**就是指存储在外部介质（如磁盘）上的数据的集合。将数据存储在文件里的好处是可以随时将数据从文件中提取出来使用。在外部介质上存储数据必须先建立一个文件，并用文件名来标识，从而实现文件系统的"**按名存取**"，即只要指定文件名，就可读出或写入数据。

按文件的逻辑结构分类，可将文件分为**流式文件**和**记录式文件**。记录式文件是由**记录（Record）**组成的，输入输出数据流的开始和结束受物理符号（如回车符、换行符）的控制。而流式文件则是一个按字节顺序组成的字节流，在输出时不会自动增加回车符、换行符作为记录结束的标志，输入时更不会以回车符、换行符作为记录的间隔。C 语言中的文件都是流式文件，把数据看成由字节构成的序列即字节流。

根据数据的组织形式，C 语言文件包括两种类型：**文本文件（Text File）**和**二进制文件（Binary File）**。在二进制文件中，数值型数据是以二进制形式存储的，即把内存中的数据按其在内存中的存储形式原样存储到文件中。而在文本文件中，则是将数值型数据的每一位数字看作一个字符，然后将这个字符以其 ASCII 值的形式来存储，即文本文件中的一个字节就表示一个字符。

例如，假设 short 型变量 n 的值为 123，则变量 n 的值保存在二进制文件中仅需 2 个字

节，即 00000000 01111011。而变量 n 的值 123 保存到文本文件中时，则需要将其看成由'1'、'2'、'3'组成的字符序列，因此需要将这 3 个字符的十进制 ASCII 值（49、50、51）的二进制 ASCII 值即 00110001 00110010 00110011 存入文本文件，因此需要 3 个字节。如果 n 的值为 1234，那么对于二进制文件，存储 1234 和存储 123 所需的存储空间大小是一样的。而对于文本文件，由于每一位数字字符都单独占用一个字节的存储空间，因此需增加 1 个字节来存储额外的数字字符'4'。

文本文件便于用文本编辑器来查看或编辑，但通常占用较大的外存空间，且在 ASCII 值与字符间进行转换需要花费额外的处理时间。用二进制文件保存数据可以节省外存空间和转换时间，但二进制文件中的一个字节并不一定表示一个字符，不能直接输出其对应的字符形式。

此外，文本文件的每一行通常以一个或两个特殊字符结尾，特殊字符的选择与操作系统有关。在 Windows 中，行末的标记是回车符（'\r'）与一个紧跟其后的换行符（'\n'）。在 UNIX 和 macOS 的较新版本中，行末的标记是一个单独的换行符（'\n'）。旧版本的 macOS 使用一个单独的回车符（'\r'）作行末标记。一些操作系统还允许在文本文件的末尾使用一个特殊的字节作为 **EOF** 来标记文件的结束。而二进制文件是不分行的，也没有行末标记和 EOF，所有字节都是平等的。

【**温馨提示**】由于文本文件和二进制文件存储数据的方式不同，所以数据必须按存入的方式读出才能恢复其本来面貌。

10.2　缓冲文件系统和非缓冲文件系统

本节主要讨论如下问题。

文件指针在文件操作中有什么用？

C 语言中的文件系统有两大类，即**缓冲文件系统**和**非缓冲文件系统**。一般把缓冲文件系统的输入输出称为**标准输入输出（标准 I/O）**，非缓冲文件系统的输入输出称为**系统输入输出（系统 I/O）**。缓冲文件系统利用**文件指针（File Pointer）**标识文件，同时使用多个文件时，用不同的文件指针分别标识不同的文件，并且系统会自动为每一个正在使用的文件在内存中开辟一个**文件缓冲存储区**（简称**缓存**）作为程序与文件之间数据交换的中间媒介。而非缓冲文件系统则使用**文件句柄（File Handle）**来标识文件，不会自动设置文件缓存。

设置文件缓存有什么好处？从磁盘文件中读数据或向磁盘文件中写数据都是相对较慢的操作，为了提高 I/O 性能，缓冲文件系统为每个打开的文件建立一个缓存。文件内容先被批量地送入缓存，然后再从缓存中读数据或向缓存中写数据。由于缓存操作是在后台自动完成的，从缓存中读数据或向缓存中写数据的速度很快，仅在将缓存中的数据批量写入磁盘文件或从磁盘文件批量读出数据到缓存时需要花点时间。显然，一次性的批量数据移动比频繁的字节移动要快得多。

例如，在从磁盘读入数据时，先一次性从磁盘文件将数据读入缓存，然后再从缓存逐个读入数据并赋给变量，即程序进行读操作时，实际上是在读缓存，所以速度很快。同理，在向磁盘文件写数据时，先将数据写入缓存，然后在适当的时候（例如缓存满或关闭文件时）再一次性批量地将数据写入文件。来自输入设备的数据也是先被输入缓存中，这样从缓存读数据就代替了从输入设备本身读数据，getchar()就是这样的一个例子。

这种缓存机制虽然很好，但也有一些副作用。例如，在缓存的内容还没有写入磁盘文件时，计算机就宕机或掉电了，那么这些数据就会都丢失，永远也不可能再找回来。于是，C 语言提供了函数 fflush()，让程序员自己决定在何时调用 fflush() 函数来清空输出流，即无条件地把缓存内的所有数据写入实际的物理设备。

本书只介绍缓冲文件系统中的文件操作即**高级文件操作**，高级文件操作函数是 ANSI C 在 stdio.h 中定义的文件操作函数，它们封装了低级别的文件操作函数，功能更强，且具有跨平台和可移植的能力。

10.3 文件的打开与关闭

文件的打开与
关闭

本节主要讨论如下问题。

如何打开和关闭文件？

在使用文件前必须打开文件。用来打开文件的函数是 fopen()，其函数原型如下：

```
FILE *fopen(const char *filename, const char *mode);
```

当函数调用执行失败（例如文件在当前路径下不存在，文件已损坏，或者文件的路径不正确）时，函数将返回 NULL。

当成功打开一个文件时，函数将返回一个指向 FILE 结构体类型的指针。用该指针实现对文件的访问（例如文件的读写及关闭等）。FILE 是在 stdio.h 中定义的结构体类型，它封装了与文件处理有关的信息，如文件句柄、位置指针及缓冲区等。显然，返回结构体的首地址比返回整个结构体的效率要高。

函数 fopen() 有两个形参。第 1 个形参 filename 表示包含路径在内的文件名，第 2 个形参 mode 表示文件打开模式。各种文件打开模式及其组合分别如表 10-1 和表 10-2 所示。

表 10-1   各种文件打开模式

打开模式	说明
"r"	以只读模式打开文本文件。以"r"模式打开的文件只能读出，不能写入，且文件必须是已经存在的，若文件不存在，则会出错
"w"	以只写模式创建并打开文本文件，只能写入数据。以"w"模式打开文件时，若文件不存在，会新建一个文件，若文件已存在，则以覆盖方式写入
"a"	以只写模式打开文本文件，位置指针移到文件末尾，向文件尾部添加数据，原文件数据保留。以"a"模式打开文件时，文件必须存在，在保留原文件内容的同时，在文件末尾添加新的内容
"+"	与上面的字符串组合，表示以读写模式打开文本文件，既可向文件中写入数据，也可从文件中读出数据
"b"	与上面的字符串组合，表示打开二进制文件

表 10-2   各种文件打开模式的组合

打开模式	说明
"r+"	为更新（读/写）打开一个已存在的文件。若文件不存在，则打开失败。若文件已存在，则文件原有内容不会被清空
"w+"	为更新（读/写）创建一个文件。若文件不存在，则会新建一个文件。若文件已存在，则文件原有内容会被清空
"a+"	为更新（读/写）打开或创建一个文件，所有的写操作都在文件末尾进行，即给文件添加数据的写操作

打开模式	说明
"rb"	以二进制模式为读操作打开一个已存在的文件
"wb"	以二进制模式为写操作创建一个文件。若文件已存在，则以覆盖方式写入
"ab"	以二进制模式为在文件末尾进行的写操作打开或创建一个文件
"rb+"	以二进制模式为更新（读/写）打开一个已存在的文件
"wb+"	以二进制模式为更新（读/写）创建一个文件。若文件已存在，则原有文件内容会被清空
"ab+"	以二进制模式为更新（读/写）打开或创建一个文件，写操作在文件末尾进行

为了保存函数 fopen()返回的文件指针，需要先定义一个指向 FILE 结构体类型的指针变量。例如，下面语句定义了一个可以指向 FILE 结构体类型的指针变量 fp：

```
FILE *fp;
```

若要以只写模式打开 D 盘 newproject 目录下的文本文件 test.txt，则可以使用如下语句：

```
fp = fopen("D:\\newproject\\test.txt", "w");
```

注意，由于路径字符串中的字符\会被当作转义序列的开始标志，所以上面这条语句若改为

```
fp = fopen("D:\newproject\test.txt", "w");  //文件的路径表示有误
```

编译器会把'\n'和'\t'均看作转义字符，从而导致文件打开失败。

有两种方法可以避免这一问题。一种方法是用\\代替\，另一种方法是用/代替\，即：

```
fp = fopen("D:/newproject/test.txt", "w");
```

如果文件 test.txt 就在 C 语言源代码所在的当前目录下，那么还可以省略路径信息，直接用下面的语句来打开文件，这种方式更灵活，当源代码和文件所在的路径发生变化时，不必修改源代码。

```
fp = fopen("test.txt", "w");
```

文件打开模式"w"表示文件是专门为写操作而打开的。若这个文件事先并不存在，而现在又要求为写操作而打开，fopen()函数就先创建这个文件。若为写操作而打开的文件已经存在，则文件中原有的内容将全部被覆盖而不给出任何警告。

无论以何种模式打开一个文件，只要出现错误，函数 fopen()都将返回 NULL。因此，应该通过检查函数 fopen()的返回值是否为 NULL 来判断文件是否打开失败。例如：

```
if (fp == NULL)
 {
    printf("Failure to open test.txt!\n");
    exit(0);
 }
 …  //文件操作
```

也可以将 fopen()函数调用与 NULL 判定合并为一条语句，即：

```
if ((fp = fopen("test.txt", "w")) == NULL)
```

通过检查函数 fopen()的返回值是否为 NULL 来判断文件是否打开成功，可以增强程序

的健壮性。一般情况下，当文件打开失败时，可调用函数 exit()终止程序的运行。

【温馨提示】在互斥写模式下，如果文件已存在或不能被创建，则函数 fopen()的执行将失败。当使用非互斥的文件打开模式为写操作打开一个文件时，若文件已存在，函数 fopen()打开此文件并清空文件内容，且不提供在调用函数 fopen()前文件是否存在的信息。为了确保一个已存在的文件不能被打开和清空，C11 新增了在 w、w+、wb 或 wb+后加 x 来支持互斥写模式（有个别的编译器和系统平台不支持互斥写模式），该模式仅允许函数 fopen()打开一个事先不存在的文件。

在很多平台上，能够同时打开的文件数目是有限的。因此，一旦程序不再需要某个文件，请立即关闭它。关闭文件需要调用函数 fclose()，其函数原型如下：

```
int fclose(FILE *fp);
```

函数 fclose()返回一个整型数。当文件成功关闭时，返回 0，否则会返回错误代码 EOF（在 stdio.h 中定义的宏）。因此，可根据函数的返回值判断文件是否关闭成功。

函数 fclose()的参数必须是文件指针（而非文件名），此指针来自函数 fopen()或函数 freopen()的调用。例如，若要关闭 fp 指向的文本文件，则可以使用下面的语句：

```
fclose(fp);
```

若程序中没有显式地调用 fclose()函数关闭文件，则程序在结束退出时将自动关闭所有未关闭的文件。关闭文件能够释放其所占用的资源，所以一旦确认不再需要访问某个文件，应立即关闭这个文件，不要等到程序结束时由操作系统来关闭它。

10.4 标准输入输出重定向

本节主要讨论如下问题。

何为输入输出的重定向？

每当一个文件被打开时，都会有一个**流（Stream）**与这个文件联系在一起。当程序开始执行时，下面 3 个流会被自动打开。

（1）**标准输入（Standard Input）**，接收来自键盘的输入。

（2）**标准输出（Standard Output）**，将信息显示在屏幕上。

（3）**标准错误（Standard Error）**，将出错信息显示在屏幕上。

流提供了文件与程序之间进行信息交换的通道。例如，标准输入流使得程序能够从键盘读入数据，而标准输出流使得程序能够将数据输出到屏幕上。标准输入、标准输出和标准错误这 3 个流均以标准终端设备作为输入输出对象，可分别用文件指针 **stdin**、**stdout** 和 **stderr** 来操纵它们。

从操作系统的角度来看，每一个与主机相连的 I/O 设备都可看作一个文件，系统隐含的标准 I/O 文件是指终端设备。在默认情况下，stdin 指向终端的键盘，而 stdout 和 stderr 都指向终端显示器屏幕，二者的细微差异在于：stdout 的内容是先保存到缓冲区，然后再输出到屏幕上，而 stderr 的内容（通常是一些错误信息）直接输出到屏幕上。

输入重定向是指把命令（或可执行程序）的标准输入重定向到指定的文件，即输入不来自键盘，而来自一个指定的文件。输入重定向主要用于改变一个命令的输入源。例如，当需要输入的数据量较大时，可以将从终端（键盘）输入数据改为从文件读入数据。输入重定向的好处是可以避免从键盘重复输入大量的数据。

输出重定向是指把命令（或可执行程序）的标准输出或标准错误输出重定向到指定文件，即该命令或程序的输出不是显示在屏幕上，而是写到指定的文件中。例如，当需要输出的信息很多或需要保存屏幕输出信息时，可以将向终端（显示器）输出数据改为向文件写数据。输出重定向的好处是可以直接保存屏幕输出的数据到文本文件中，以便随时用文本编辑器打开查看。

在命令行方式下进行输入输出重定向时，用"<"表示输入重定向，用">"表示输出重定向。

例如，假设 exefile 是可执行程序的文件名，若要求从文件 infile.txt 中读取数据作为程序的输入，而非从键盘输入，则在 DOS 命令提示符下，执行命令

```
C:\ exefile < infile.txt
```

于是，exefile 的标准输入就被"<"重定向到了 infile.txt，此时程序 exefile 将从文件 infile.txt 中读数据，而不再理会用户此后按下的任何一个按键。

再如，若执行命令

```
C:\ exefile > outfile.txt
```

则 exefile 的标准输出就被">"重定向到了文件 outfile.txt，此时程序 exefile 的所有输出内容都被输出到了文件 outfile.txt 中，屏幕上不会有任何显示。

操作系统可以将标准输入和标准输出重定向到其他文件或具有文件属性的设备。注意，不能使用">"将标准错误输出重定向到文件，但是可以使用"2>"将标准错误输出重定向到文件。

使用 C 标准库提供的函数 freopen()也可以将数据重定向到文件中，其函数原型如下：

```
FILE *freopen(const char *filename, const char *mode, FILE *stream);
```

函数 freopen()为已打开的流附加一个不同的文件。若函数调用成功，则返回它的第 3 个参数作为文件指针，若函数因无法打开文件而调用失败，则返回 NULL。

与函数 fopen()通过文件 I/O 来访问文件不同的是，函数 freopen()通过实现标准 I/O 重定向功能来访问文件。

常见的用法是利用函数 freopen()把文件和一个标准流 stdin、stdout 或 stderr 相关联。

例如，将标准输入流 stdin 重定向到文件 input.txt，即把文件 input.txt 与 stdin 相关联，可使用下面的 freopen()函数调用语句：

```
if (freopen("input.txt", "r", stdin) == NULL){
    printf("Failure to open input.txt!\n");
    exit(0);
}
```

这意味着之后用 scanf()输入数据时，程序所需的输入数据不是从标准输入流（键盘）输入的，而是从 input.txt 文件中获取的。

同理，将标准输出流 stdout 重定向到文件 output.txt，即把文件 output.txt 与 stdout 相关联，可以使用下面的 freopen()函数调用语句：

```
if (freopen("output.txt", "w", stdout) == NULL)
{
```

文件读写和综合应用　第 10 章

```
        printf("Failure to open output.txt!\n");
        exit(0);
    }
```

这意味着之后用 printf()输出的数据不再送到标准输出流（屏幕），而是输出到了文件 output.txt 中，即需要打开文件 output.txt 才能查看程序的运行结果。

函数 freopen()常用于程序调试和算法竞赛中。这是因为在程序调试或算法竞赛中，用于测试程序的数据通常需要多次输入，为了避免重复输入数据，就需要使用输入重定向。需要注意的是，在程序调试成功后，提交到在线评测（Online Judge，OJ）平台时不要忘记把与重定向有关的语句删除。

10.5 文本文件的读写操作

本节主要讨论如下问题。

（1）如何按指定的格式将数据写入文件，或者从文件中读出数据？

（2）如何读写文件中的字符和字符串？

在 C 语言中，对文件的读写操作都是通过调用标准库函数实现的，ANSI C 规定了标准输入输出函数，用这些标准输入输出函数来实现对文件的读写。

10.5.1 按格式读写文件

函数 fprintf()用于按指定格式向文件写数据，其函数原型为

```
int fprintf(FILE *fp, const char *format, ...);
```

其中，第 1 个参数为文件指针，第 2 个参数为格式控制参数，第 3 个参数为地址参数表列。如果调用 fprintf()时用 stdout 作为第 1 个参数，那么它就等价于调用 printf()。

按格式读写文件

函数 fscanf()用于按指定格式从文件读数据，其函数原型为

```
int fscanf(FILE *fp, const char *format, …);
```

其中，第 1 个参数为文件指针，第 2 个参数为格式控制参数，第 3 个参数为地址参数表列，后两个参数和返回值与函数 scanf()相同。

【例 10.1】奥运奖牌排行榜 V3.0。修改例 9.2 的程序，从 input.txt 文件中读入原来需要从键盘输入的数据，将按国名字典序得到的奥运奖牌排行榜结果保存到 output.txt 文件中。实现代码如下：

```
1    #include  <stdio.h>
2    #include  <stdlib.h>
3    #include  <string.h>
4    #define  N   150     //国名字符串个数
5    #define  M   20      //字符串最大长度
6    struct country{
7        char name[M];
8        int  medals;
9    };
10   void ReadfromFile(char fileName[], struct country c[], int *n);
11   void StructSort(struct country c[], int n);
```

```
12    void SwapStruct(struct country *x, struct country *y);
13    void WritetoFile(char fileName[], struct country c[], int n);
14    int main(void){
15        int  n;
16        struct country countries[N];
17        ReadfromFile("input.txt", countries, &n);
18        StructSort(countries, n);          //按国名字典序排序
19        WritetoFile("output.txt", countries, n);
20        return 0;
21    }
22    //函数功能: 从文件中读取参赛的国家数, 以及各个国家的名字和奖牌数
23    void ReadfromFile(char fileName[], struct country c[], int *n){
24        FILE *fp;
25        if ((fp = fopen(fileName, "r")) == NULL){
26            printf("Failure to open %s!\n", fileName);
27            exit(0);
28        }
29        fscanf(fp, "%d", n);             //从文件中读出参赛国家数
30        for (int i=0; i<*n; i++){     //参赛国家数保存在指针变量 n 指向的内存中
31            fscanf(fp, "%s%d", c[i].name, &c[i].medals);
32        }
33        fclose(fp);
34    }
35    //函数功能: 输出 n 个国家的名字和奖牌数到文件中
36    void WritetoFile(char fileName[], struct country c[], int n){
37        FILE *fp;
38        if ((fp = fopen(fileName, "w")) == NULL){
39            printf("Failure to open %s!\n", fileName);
40            exit(0);
41        }
42        fprintf(fp, "%d\n", n);       //将参赛国家数写入文件
43        for (int i=0; i<n; i++){
44            fprintf(fp, "%s:%d\n", c[i].name, c[i].medals);
45        }
46        fclose(fp);
47    }
48    //函数功能: 用结构体数组作函数参数, 用交换排序算法实现按国名字典序排序
49    void StructSort(struct country c[], int n){
50        for (int i=0; i<n-1; i++){
51            for (int j=i+1; j<n; j++){
52                if (strcmp(c[j].name, c[i].name) < 0){   //字符串比较
53                    SwapStruct(&c[i], &c[j]);
54                }
55            }
56        }
57    }
58    //函数功能: 两个 struct country 类型的结构体数据互换
59    void SwapStruct(struct country *x, struct country *y){
60        struct country t;
61        t = *x;
62        *x = *y;
63        *y = t;
64    }
```

文件读写和综合应用 / 第 10 章

该程序运行后，屏幕上不会显示任何信息，因为需要输入的信息在文件 input.txt 中，而输出的信息在文件 output.txt 中。运行程序前，需要确保在 D 盘的 program 目录下有 input.txt 这个文件，文件内容如下：

```
6
Norway 37
America 25
China 15
German 27
Holland 17
Sweden 18
```

【温馨提示】C11 的 Annex K 库提供了更安全的版本——fprintf_s()和 fscanf_s()。除了需要用户多指定一个指向待读写文件的 FILE 型指针外，fprintf_s()和 fscanf_s()与第 8 章介绍的 printf_s()和 scanf_s()基本上是相同的。若编译器标准库中包含这些函数，应尽量用这些更安全函数来代替不那么安全的 fprintf()和 fscanf()。

10.5.2　按字符读写文件

函数 fputc()和 fgetc()分别用来向文件中写入和从文件中读取一个字符。

fputc()的函数原型为

```
int fputc(int c, FILE *fp);
```

其中，fp 是由函数 fopen()返回的文件指针，c 是要输出的字符（尽管 c 定义为 int 型，但只写入其低位字节）。该函数的功能是将字符 c 写到文件指针 fp 所指的文件中。若写入失败，则返回 EOF，否则返回字符 c。

fgetc()的函数原型为

```
int fgetc(FILE *fp);
```

其中，fp 是由函数 fopen()返回的文件指针，该函数的功能是从 fp 所指的文件中读取一个字符，并将位置指针指向下一个字符。若读取成功，则返回该字符，若读到文件末尾或读取失败，则返回 EOF。

EOF 是在 stdio.h 中定义的符号常量，ANSI C 只是将 EOF 定义成一个负数。通常，EOF 是一个 ASCII 值为-1 的不可输出的控制字符，但是在不同的系统中可能会取不同的值。所以，采用符号常量 EOF 而非-1 来测试是否读到文件末尾，有助于增强程序的可移植性。

如何测试是否读到文件末尾？主要有如下两种方法。

（1）使用函数 feof()来检查是否读到文件末尾

feof()的函数原型为

```
int feof(FILE *fp);
```

当文件位置指针指向文件末尾即指向 EOF 时，返回非 0 值（真），否则返回 0 值（假）。当用户按下代表文件结束的组合键时，EOF 将被写入文件中。当检测到 EOF 时，说明已经到达了文件末尾，并且仅当读到 EOF 时，才能判断到达了文件末尾。

例如，可使用如下循环语句从 fp 指向的文件中循环读出字符并显示到屏幕上，直到遇到 EOF 为止。

```
char c = fgetc(fp);
while (!feof(fp)){              //在 EOF 未被检测到之前，循环继续执行
    fputc(c, stdout);          //等价于 putchar(c);
    c = fgetc(fp);
}
fputc('\n', stdout);           //输出一个换行符，等价于 putchar('\n');
```

【温馨提示】函数 feof()总是在读完文件所有内容后再执行一次读文件操作（将 EOF 读走，但不显示）才能返回非 0 值。也就是说，在读完最后一个字符后，feof()仍然没有检测到文件末尾，直到再调用一次 fgetc()执行读操作，feof()才能检测到文件末尾。这样，就会多读出一个字符即 EOF。

（2）通过检查 fgetc()的返回值是否为 EOF，判断是否读到文件末尾

若读到文件末尾，则 fgetc()将返回 EOF，因此可通过检查 fgetc()的返回值是否为 EOF 来判断是否读到了文件末尾。例如：

```
while ((c = fgetc(fp)) != EOF){ //检查 fgetc()返回值是否为 EOF，判断是否读到文件末尾
    putchar(c);
}
putchar('\n');                  //输出一个换行符
```

由于当读到文件末尾或读取失败时，fgetc()都会返回 EOF。因此，当检测到函数 fgetc()返回 EOF 时，我们无法确认是已经读到文件末尾，还是发生了读取错误。因此，不能用 EOF 完全代替 feof()。相比之下，第一种用函数 feof()检查是否读到文件末尾的方法更好。

【温馨提示】函数 fgetc()与 getchar()非常类似，但不同的是，函数 fgetc()需要接收一个指向目标文件的 FILE 指针作为实参。当这个 FILE 指针指向标准输入流 stdin 时，函数调用 fgetc(stdin)将从标准输入流 stdin 中读入一个字符并由函数返回值返回，此时该函数与函数 getchar()等价。同样地，函数 fputc()与 putchar()也很类似，当函数 fputc()的指向目标文件的 FILE 指针实参指向标准输出流 stdout 时，函数调用 fputc(c, stdout)将变量 c 中的字符写入标准输出流 stdout 中，此时该函数与函数 putchar(c)等价。

10.5.3　按字符串读写文件

函数 fputs()和 fgets()分别用来向文件写入和从文件读取一行字符（一个字符串）。

将字符串写入文件中可使用函数 fputs()，其函数原型为

```
int fputs(const char *s, FILE *fp);
```

若出现写入错误，则返回 EOF，否则返回一个非负数。

从文件中读取字符串可使用函数 fgets()，其函数原型为

```
char *fgets(char *s, int n, FILE *fp);
```

fgets()函数从 fp 所指的文件中读取一行字符串并在字符串末尾添加'\n'和'\0'，然后存入 s 指向的存储区，第 2 个参数限制该函数最多读取 n-1 个字符（需要留出一个字节给'\0'）。当读到回车符、换行符、到达文件末尾或读满 n-1 个字符时，函数返回该字符串的首地址，即指针变量 s 的值。当读取失败时，函数返回 NULL。

利用函数 fgets()和 fputs()可以直接从文件中读写字符串，因此不需要使用 while 循环，但是需要定义一个字符数组来保存读出和待写入的字符串。这两个函数中的第一个字符指针参数 s 保存了用于存储字符串的内存首地址。

当函数 fputs()的指向目标文件的 FILE 指针实参指向标准输出流 stdout 时，它与函数 puts()并不完全等价。函数 fputs()不会在写入文件 fp 的字符串末尾自动添加换行符，而函数 puts()会在字符串末尾自动添加一个换行符。

当函数 fgets()的指向目标文件的 FILE 指针实参指向标准输入流 stdin 时，它与函数 gets()也不是完全等价的。函数 fgets()从指定的流读取字符串，读到换行符时，会保留这个换行符，将换行符也作为字符串的一部分，在其后添加'\0'。而函数 gets()虽然可以读走换行符，但不会将换行符作为字符串的一部分放到字符串中，而是直接把它替换为'\0'。

例如：

```
char buf[N];
fgets(buf, N-1, fp);      //从 fp 所指向的文件中读出字符串，最多读 N-1 个字符
fputs(buf, stdout);       //将字符串送到屏幕显示但不会在字符串末尾添加换行符
fputs("\n", stdout);      //单独输出一个换行符
```

上面代码中的最后两条语句，可用下面的一条语句代替：

```
puts(buf);                //将字符串送到屏幕显示，并在字符串末尾自动添加一个换行符
```

【温馨提示】函数 ferror()可用来检测是否出现文件读取错误，如果因读取错误而导致读取失败，则函数返回非 0 值，否则，返回 0 值。

例如，下面的 if 语句用于检查是否发生文件读取错误。

```
if (ferror(fp)){          //检查是否发生文件读取错误
    printf("Error on file\n");   //向屏幕输出文件读取错误提示信息
}
```

10.6 应用实例

幸运大抽奖

10.6.1 幸运大抽奖

【例 10.2】幸运大抽奖。从文件中读取抽奖者的名字和手机号信息，从键盘输入奖品数量 n，然后循环向屏幕输出抽奖者的信息，用户按任意键后清屏并停止循环输出，仅输出一位中奖者信息，从抽奖者中随机抽取 n 个幸运中奖者后结束程序的运行，要求已抽中的中奖者不能重复抽奖。

假设保存抽奖者信息的文本文件中每一行代表一位抽奖者的信息，每一行的格式为

张三 12345678989

问题分析：检测是否有键盘输入可以用在头文件 conio.h 中定义的函数 kbhit()，该函数在用户有键盘输入时返回 1（真），否则返回 0（假）；暂停程序的执行可用语句

```
getchar();
```

或

```
    system("pause");
```

可以定义一个标志变量来记录每位抽奖者是否已经中奖，仅当标志变量为 0 的抽奖者才有可能在下一次被抽中，一旦已经中奖，则将该抽奖者的标志变量标记为 1。

为此，需要定义如下的结构体类型：

```
typedef struct{
    char name[SIZE];        //抽奖者信息，包括姓名和手机号
    short flag;             //标记是否已中奖
}LUCKY;
```

实现代码如下：

```
1    #include <stdio.h>
2    #include <string.h>
3    #include <conio.h>
4    #include <stdlib.h>
5    #define NO 120
6    #define SIZE 20
7    typedef struct{
8        char name[SIZE];
9        short flag;
10   }LUCKY;
11   int ReadFromFile(char fileName[], LUCKY msg[]);
12   void PrizeDraw(LUCKY msg[], int total, int prizesNum);
13   int main(void){
14       LUCKY msg[NO];
15       char fileName[SIZE];
16       printf("请输入保存抽奖者信息的文件名:");
17       scanf("%s", fileName);
18       int total = ReadFromFile(fileName, msg);
19       printf("总计%d 名抽奖者\n", total);
20       int prizesNum;
21       do {
22           printf("请输入小于或等于参与抽奖人数的奖品数量: ");
23           scanf("%d", &prizesNum);
24       }while (prizesNum > total);
25       system("pause");//暂停程序的执行，按任意键继续
26       PrizeDraw(msg, total, prizesNum);
27       system("pause");
28       return 0;
29   }
30   //函数功能：从文件读出抽奖者信息，并返回参与抽奖的人数
31   int ReadFromFile(char fileName[], LUCKY msg[]){
32       FILE *fp = fopen(fileName, "r");
33       if (fp == NULL){
34           printf("can not open file %s\n", fileName);
35           exit(0);
36       }
37       int i = 0;
38       while (fgets(msg[i].name, sizeof(msg[i].name), fp)){
39           i++;
40       }
41       fclose(fp);
```

```
42          return i;
43  }
44  //函数功能: 记录抽奖过程, 并显示中奖者信息
45  void PrizeDraw(LUCKY msg[], int total, int prizesNum){
46      for (int i=0; i<total; i++){
47          msg[i].flag = 0;//标记抽奖者都没有被抽中过
48      }
49      int i = 0, j = 0;
50      while (j != prizesNum){   //奖品尚未抽完, 则继续循环
51          int k = i % total;    //确保循环显示抽奖者信息
52          if (kbhit() && msg[k].flag == 0){ //当有按键, 并且第 k 个人未被抽中过
53              j++;              //计数器记录已中奖人数
54              system("cls");   //清屏
55              printf("第%d 位中奖者:%s", j, msg[k].name);
56              msg[k].flag = 1;//标记其已经被抽中过
57              system("pause");//等待用户按任意键继续
58          }
59          else{
60              printf("%s", msg[k].name); //若没有检测到按键, 则循环显示抽奖者信息
61          }
62          i++;
63      }
64      printf("抽奖结束\n");
65  }
```

请读者自己在计算机上运行此程序, 观察程序运行结果。

10.6.2　人机交互走迷宫

【例 10.3】人机交互走迷宫。从文件读出迷宫地图, 由用户从键盘输入迷宫的入口和出口坐标, 从迷宫入口出发, 并从上、下、左、右 4 个方向中选择一个进行试探, 找到一条到达迷宫出口的通路。请编程实现采用人机交互方式走迷宫。

人机交互
走迷宫

问题分析: 根据题意, 将程序划分为如下 3 个模块。

（1）模块 1: 从文件读出迷宫地图。

假设迷宫地图保存在文本文件 maze.txt 中, 该文本文件的内容如下:

```
12 12
1 1 1 1 1 1 1 1 1 1 1 1
1 0 0 0 0 0 0 0 0 0 0 1
1 0 1 1 1 1 1 1 1 1 1 1
1 0 1 0 0 0 1 0 0 0 1 1
1 0 1 0 1 0 1 0 1 0 1 1
1 0 1 0 1 0 1 0 1 0 0 1
1 0 1 0 1 0 1 0 1 0 0 1
1 0 1 0 1 0 1 0 1 1 0 1
1 0 1 0 1 0 1 0 1 1 0 1
1 0 1 0 1 0 1 0 1 1 0 1
1 0 0 0 1 0 0 0 1 1 0 0
1 1 1 1 1 1 1 1 1 1 1 1
```

其中，第一行的两个数字分别代表迷宫地图的高度（即行数）和宽度（即列数）从第二行开始的数据为迷宫地图数据，在迷宫地图数据中，1 代表该位置不可达即障碍物、墙壁或边界，0 代表该位置可达即路，通常设置迷宫的入口在左上角，迷宫的出口在右下角，用 2 标记游戏者当前所处的位置。

设计从 maze.txt 中读取迷宫地图数据的函数原型如下：

```
void ReadMazeFile(int map[][M], int *high, int *width);
```

该函数以只读模式打开迷宫地图文件后，先读取迷宫地图的行数和列数，然后读取相应行列数的迷宫地图内容，保存到二维整型数组 map 中。

由于要从函数返回从文件读取的迷宫地图的行数和列数，因此将后面两个形参 high 和 width 均定义为指针变量。从文件读取的迷宫地图的行数和列数分别保存到指针形参 high 和 width 指向的实参变量中，调用该函数时需要将相应的实参地址传给这两个指针形参。

（2）模块 2：显示迷宫地图。

显示迷宫地图时，假设将值为 1 的数组元素用■显示，将值为 0 的数组元素用空格显示，将值为 2 的数组元素用★显示。于是，前文文件内容对应的迷宫地图如图 10-1 所示。其中，图 10-1（a）所示为游戏初始界面，假设用户输入的迷宫入口坐标为(1,1)、出口坐标为(10,11)，图 10-1（b）所示为设置迷宫入口、出口坐标后的游戏界面，图 10-1（c）所示为用户到达迷宫出口后的界面。

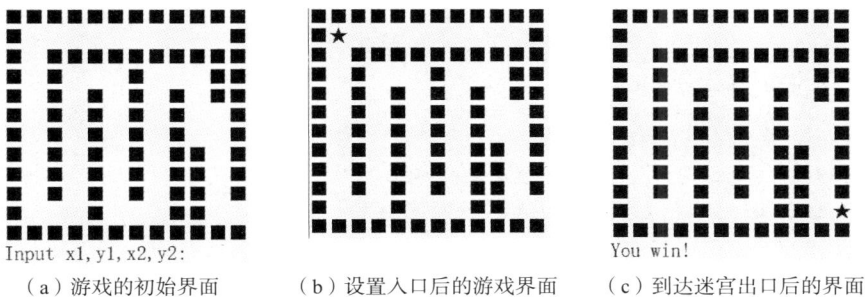

Input x1, y1, x2, y2:
（a）游戏的初始界面　　　　（b）设置入口后的游戏界面　　（c）到达迷宫出口后的界面

You win!

图 10-1　迷宫游戏界面

用于显示迷宫地图的函数的函数原型如下：

```
void ShowMaze(int map[][M], int high, int width);
```

（3）模块 3：人机交互走迷宫，根据用户的输入更新迷宫地图，并判断是否到达出口。

人机交互走迷宫的主要思路为：先获取用户的键盘输入，然后根据用户的键盘输入移动★的位置，同时清屏并显示更新后的迷宫地图。不断重复此过程，直到用户到达迷宫的出口。根据上述思路，设计该函数的基本框架如下：

```
void UpdateMaze(int map[][M], POS current, POS exit){
    …
        while (未到达出口){
            使用函数 getch() 获取用户的键盘输入
            根据用户的键盘输入（w、s、a、d）确定★移动的位置
            清屏
            显示更新后的迷宫地图
```

延时，避免画面闪烁，并控制画面更新速度

   }

   输出"You win!\n"

 }

  利用 w、s、a、d 这 4 个键分别控制★向上、向下、向左、向右移动。用 if 语句判断用户按下了哪个键，根据用户的按键输入，确定★移动的方向。用户按 a 键表示左移，即 y 坐标值减 1；用户按 d 键表示右移，即 y 坐标值加 1；用户按 w 键表示上移，即 x 坐标值减 1；用户按 s 键表示下移，即 x 坐标值加 1。坐标系如图 10-2 所示。

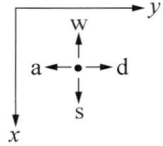

图 10-2 屏幕坐标系

  在游戏设计中，通常使用 getch() 来获得用户的按键输入，以避免用户输入数据时频繁地按 Enter 键并将输入的字符回显到屏幕上扰乱游戏的画面内容，因为不同于 getchar() 函数，getch() 函数无须按 Enter 键、也不进行屏幕字符回显，使用该函数需要包含头文件 conio.h。

  为了避免每次刷新屏幕造成的闪烁，需要调用 Sleep() 函数延时一定的毫秒数，使用该函数需要包含头文件 windows.h，其基本原理是利用人眼的视觉暂留效应。这种清屏后显示更新并延时的方法并不能从根本上解决闪烁问题，更好的方法是：擦除原有位置显示的★，也就是将其修改为空字符，然后在移动后的新坐标位置显示★。这种方法留给读者自己去思考并实现相应的代码。

  按照上述模块分解编写的完整程序代码如下：

```
1   #include <stdio.h>
2   #include <stdlib.h>
3   #include <conio.h>
4   #include <windows.h>
5   #define N 50    //迷宫地图的最大高度（行数）
6   #define M 50    //迷宫地图的最大宽度（列数）
7   typedef struct position{
8       int x;
9       int y;
10  }POS;
11  int map[N][M];     //保存迷宫地图
12  int high;          //迷宫地图的行数（高度）
13  int width;         //迷宫地图的列数（宽度）
14  void ReadMazeFile(int map[][M], int *high, int *width);
15  void ShowMaze(int map[][M], int high, int width);
16  void UpdateMaze(int map[][M], POS current, POS exit);
17  int main(void){
18      POS entry, exit;
19      ReadMazeFile(map, &high, &width); //从文件中读取迷宫地图数据
20      ShowMaze(map, high, width);          //显示 high 行 width 列的迷宫地图
21      printf("Input x1,y1,x2,y2:");
22      scanf("%d,%d,%d,%d", &entry.x, &entry.y, &exit.x, &exit.y); //输入起点和终点
23      map[entry.x][entry.y] = 2;         //初始位置为(x,y)
24      UpdateMaze(map, entry, exit);       //与用户输入有关的位置更新
25      return 0;
26  }
```

```
27    //函数功能：从 maze.txt 中读取迷宫地图数据
28    void ReadMazeFile(int map[][M], int *high, int *width){
29        FILE *fp = fopen("maze.txt", "r");   //读入保存在 maze.txt 中的迷宫地图
30        if (fp == NULL){
31            printf("can not open the file\n");
32            exit(0);
33        }
34        fscanf(fp, "%d%d", high, width);   //先从文件中读取迷宫地图的行数和列数
35        for (int i=0; i<*high; i++){
36            for (int j=0; j<*width; j++){
37                fscanf(fp, "%d", &map[i][j]);
38            }
39        }
40        fclose(fp);
41    }
42    //函数功能：显示 high 行 width 列的迷宫地图
43    void ShowMaze(int map[][M], int high, int width){
44        for (int i=0; i<high; ++i){          //遍历 high 行
45            for (int j=0; j<width; ++j){ //遍历 width 列
46                if (map[i][j] == 0){
47                    printf("  ");     //显示路，注意这里是两个空格
48                }
49                else if (map[i][j] == 1){
50                    printf("■");      //显示墙，注意这个字符实际占 2 个字节内存
51                }
52                else if (map[i][j] == 2){
53                    printf("★");      //显示★，注意这个字符实际占 2 个字节内存
54                }
55            }
56            printf("\n");
57        }
58    }
59    //函数功能：更新迷宫地图，若当前位置已到达出口，则用户赢
60    void UpdateMaze(int map[][M], POS current, POS exit){
61        char input;
62        while (current.x != exit.x || current.y != exit.y){
63            system("cls");    //清屏
64            ShowMaze(map, high, width);     //显示更新后的迷宫地图
65            Sleep(200);       //延时 200ms
66            input = getch();
67            if (input == 'a' && map[current.x][current.y-1] != 1) //左移{
68                map[current.x][current.y] = 0;      //由 2 改为 0
69                map[current.x][--current.y] = 2;  //由 0 改为 2
70            }
71            if (input == 'd' && map[current.x][current.y+1] != 1){ //右移
72                map[current.x][current.y] = 0;
73                map[current.x][++current.y] = 2;
74            }
75            if (input == 'w' && map[current.x-1][current.y] != 1){ //上移
76                map[current.x][current.y] = 0;
77                map[--current.x][current.y] = 2;
```

文件读写和综合应用／第10章

```
78                }
79                if (input == 's' && map[current.x+1][current.y] != 1){ //下移
80                    map[current.x][current.y] = 0;
81                    map[++current.x][current.y] = 2;
82                }
83            }
84        system("cls");    //清屏
85        ShowMaze(map, high, width);    //显示更新后的迷宫地图
86        Sleep(200);       //延时200ms
87        printf("You win!\n");
88    }
```

10.7 本章知识点思维导图

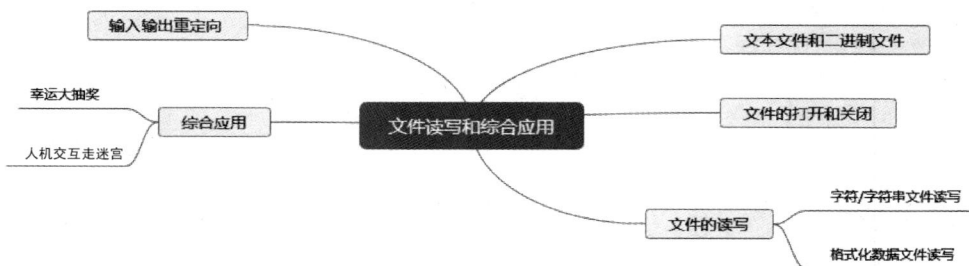

习题 10

10.1 文件内容拆分。 *Yesterday once more* 是美国卡朋特乐队的代表作,这首歌的歌名可译为"昨日重现"或"昔日重来",曾入围奥斯卡百年金曲,歌词娓娓道来自己的故事,并不十分伤感,但又有淡淡忧伤情绪,加上怀旧风格的旋律,令人陷入歌曲营造的昔日美好气氛里,沉醉不已。从 1973 年到今天,这首歌已经成为世界范围内经典的英文歌曲之一。这首歌的部分歌词和大意如下:

When I was young
当我年轻时
I'd listen to the radio
我喜欢听收音机
Waiting for my favorite songs
等待着我最喜欢的歌曲
When they played I'd sing along
当歌曲播放时我和着它轻轻吟唱
It made me smile
脸上洋溢着幸福的微笑
Those were such happy times
那时的时光多么幸福
and not so long ago

就在不久之前

How I wondered

我记不清

Where they'd gone

它们何时消逝

But they're back again

但是它们再次造访

just like a long lost friend

像一个久无音讯的老朋友

All the songs I love so well

所有我喜爱万分的歌曲

Every shalalala every wo'wo

每一声 sha-la-la-la 每一声 wo-wo

still shines

仍然光芒四射

Every shing-a-ling-a-ling

每一声 shing-a-ling-a-ling

that they're starting to sing

当他们开始唱时

so fine

都如此悦耳

When they get to the part

当他们唱到

where he's breaking her heart

他让她伤心那段时

It can really make me cry

真的令我哭了出来

just like before

像从前那样

It's yesterday once more

这是昨日的重现

请编程将上面的歌词复制粘贴到一个文本文件中，然后从文本文件中读取这首歌的英文歌词和中文大意，将英文歌词和中文大意分开，分别保存到另外两个文本文件中。

10.2 单词数统计。在习题 10.1 的基础上，从文本文件中读取这首歌的英文歌词（假设每句词的字符数不超过 800），然后统计并输出其中的单词数。注意，仅统计以空格符和换行符为分隔符的单词，类似 they'd 和 shing-a-ling-a-ling 这样的词都当作一个单词来统计。

10.3 单词替换。在习题 10.2 的基础上，从文本文件中读取这首歌的英文歌词（假设每句词的字符数不超过 800），将其中出现的 I'd 替换为 I would，将 they'd 替换为 they would，将 they're 替换为 they are，将 It's 替换为 It is，将 he's 替换为 he is，然后保存到一个新的文件中，再从中读取这些英文歌词，然后重新统计并输出其中的单词数。

10.4　**词频统计**。在习题 10.3 的基础上，从文本文件中读取这首歌的英文歌词（假设每句词的字符数不超过 800），然后输入一个指定的英文单词，统计并输出该单词在英文歌词中出现的频次。

10.5　**点名神器**。请分别使用定长的结构体数组和一维动态数组编写一个点名神器，从文件中读取学生名单，每按一次 Enter 键，就从学生名单中随机抽取 1 个学生，直到按 Esc 键或学生名单中的学生全部抽完为止，要求每个学生最多只能被抽中一次，即不能重复点名。

```
typedef struct{
    char name[N];  //被点名者的信息（例如学号和姓名）
    short flag;     //标记是否被点过名
}ROLL;
```

使用上述定长的结构体数组来实现点名神器，请使用如下函数原型：

//函数功能：从文件 filename 中读取名单存入结构体数组 msg，并返回名单中的实际人数
```
int ReadFromFile(char fileName[], ROLL msg[]);
```
//函数功能：随机点名，名单中总计有 total 个学生
```
void MakeRollCall(ROLL msg[], int total);
```

使用一维动态数组来实现点名神器，请使用如下函数原型：

//函数功能：从文件 filename 中读取名单存入一维动态数组 msg，并返回名单中的实际人数
```
int ReadFromFile(char fileName[], ROLL *msg, int n);
```
//函数功能：随机点名，名单中总计有 total 个学生
```
void MakeRollCall(ROLL *msg, int total);
```

auto	break	case	char	const
continue	default	do	double	else
enum	extern	float	for	goto
if	int	long	register	return
short	signed	sizeof	static	struct
switch	typedef	union	unsigned	void
volatile	while			

C89 定义的关键字为 32 个。C99 新增了 inline、restrict、_Bool、_Complex、_Imaginary 等 5 个关键字。C11 新增了一个关键字_Generic。C18 新增了_Alignas、_Alignof、_Atomic、_Noreturn、_Static_assert、_Thread_local 等 6 个关键字。

C99 支持**复数类型**和复数运算，在头文件 complex.h 中定义了表示复数类型的宏 complex，程序编译时会用 C99 关键字_Complex 替换 complex，因此可直接在程序中使用 complex 来定义复数类型的变量。在该头文件中还定义了 creal()、cimag()等数学函数，其中，creal()表示取复数的实部，cimag()表示取复数的虚部。包含头文件 complex.h 后，可用如下方式来定义和使用复数类型的变量：

```
double complex a = 1.5 + 2.5 * I;
double complex b = 2.4 + 3.6 * I;
printf("a is %f + %fi\n", creal(a), cimag(a));
printf("b is %f + %fi\n", creal(b), cimag(b));
printf("a + b is %f + %fi\n", creal(a+b), cimag(a+b));
```

从 C11 开始，新增了一个对齐运算符_Alignof，可用_Alignof 来得到指定类型的对齐值。运算符_Alignof 的操作数是用圆括号括起来的类型名，例如_Alignof(char)。该运算返回的结果类型是 size_t。从 C11 开始还新增了一个对齐指定符_Alignas，通常在变量的声明语句里使用，强制被声明的变量按指定的要求对齐。例如，下面语句是强制结构体类型 struct sample 的成员变量 b 按 8 字节对齐：

```
struct sample{
    int a;
    int _Alignas(8) b;
};
```

在程序中包含头文件 stdalign.h 后，可用 alignas 和 alignof 分别代替_Alignas 和_Alignof。

附录 B GCC 中数据类型占内存的字节数和取值范围

数 据 类 型	所占字节数/Byte	取 值 范 围
char signed char	1	−128 ~ 127
unsigned char	1	0 ~ 255
short int signed short int	2	−32768 ~ 32767
unsigned short int	2	0 ~ 65535
unsigned int	4	0 ~ 4294967295
int signed int	4	−2147483648 ~ 2147483647
unsigned long int	4	0 ~ 4294967295
long int signed long int	4	−2147483648 ~ 2147483647
long long int	8	−9223372036854775808 ~ 9223372036854775807 即 $−2^{63} \sim 2^{63}−1$
unsigned long long int	8	0 ~ 1844674407370955161 即 $0 \sim 2^{64}−1$
float	4	$−3.4 \times 10^{38} \sim 3.4 \times 10^{38}$
double	8	$−1.7 \times 10^{308} \sim 1.7 \times 10^{308}$
long double	8	$−1.7 \times 10^{308} \sim 1.7 \times 10^{308}$

注：每种数据类型的取值范围都是与编译器相关的。例如，很多编译器都未按 IEEE 标准将 10 个字节（80 位）视为 long double，而将其视为 double。在 Visual C++6.0 中，双精度和长双精度型变量都占 8 个字节。而在 Code::Blocks 的 GCC 下，双精度型变量占 8 个字节，长双精度型变量则占 12 个字节。

由于 ANSI C 对每种浮点型的长度、精度和数值范围未明确定义，因此在不同环境下，其表数范围有所不同。有的系统使用更多的位来存储小数部分，以达到增加数值有效数字位数、提高数值精度的目的，但相应的表数范围会缩小。也有的系统使用更多的位存储指数部分，以达到扩大变量值域（即表数范围）的目的，但精度会降低。

ANSI C 对于 int 型数据所占内存的字节数未明确定义，只规定其所占内存的字节数大于 short 型但不大于 long 型，通常与程序执行环境的字长相同。在当今大多数平台上，int

型和 long int 型的取值范围相同。

注意，C99 新增了 long long int、unsigned long long int 和 long double，某些早期的编译器（如 Visual C++6.0 等）不支持该类型，虽然现有的大多数编译器都支持 C99 和 C11，但很多编译器默认使用 C89，需在集成开发环境下设置编译器使其支持 C99 或 C11。

无符号字符型的 ASCII 值在 0 到 255 之间。有符号字符型的 ASCII 值在−128 到 127 之间。C 标准并未规定普通 char 型数据是 signed 类型还是 unsigned 类型，具体是哪种类型依赖于编译器，在大多数编译器下为 signed 类型。在用字符型变量存储字符时，一般很少关心它是有符号型的还是无符号型的。字符型变量仅用于存储一个单字节整数，或者需要编译器将其值转换为整数的上下文中（转换后的整数有可能是负数）时，需显式声明它是 unsigned char 型还是 signed char 型。

优 先 级	运 算 符	含 义	运 算 类 型	结 合 方 向
1	（ ） [ ] -> . ++、--	圆括号、函数参数表 指明数组元素索引 指向结构体成员 引用结构体成员 后缀增1、后缀减1		自左向右
2	! ~ ++、-- - * & （类型关键字） sizeof	逻辑非 按位取反 前缀增1、前缀减1 求负 间接寻址 取地址 强制类型转换 计算字节数	单目运算	自右向左
3	*、/、%	乘、除、整数求余	双目算术运算	自左向右
4	+、-	加、减	双目算术运算	自左向右
5	<<、>>	左移、右移	位运算	自左向右
6	<、<= > >=	小于、小于或等于 大于、大于或等于	关系运算	自左向右
7	==、!=	等于、不等于	关系运算	自左向右
8	&	按位与	位运算	自左向右
9	^	按位异或	位运算	自左向右
10	|	按位或	位运算	自左向右
11	&&	逻辑与	逻辑运算	自左向右
12	||	逻辑或	逻辑运算	自左向右
13	?:	条件运算	三目运算	自右向左
14	= +=、-=、*=、/=、%=、 &=、^=、|=、<<=、>>=	赋值运算 复合赋值运算	双目运算	自右向左
15	,	逗号运算符	顺序求值运算	自左向右

字符十进制编码的 ASCII 值

十进制 ASCII 值	字　符	十进制 ASCII 值	字　符	十进制 ASCII 值	字　符	十进制 ASCII 值	字　符
0	NUL	43	+	86	V		
1	SOH（^A）	44	,	87	W		
2	STX（^B）	45	-	88	X		
3	ETX（^C）	46	.	89	Y		
4	EOT（^D）	47	/	90	Z		
5	ENQ（^E）	48	0	91	[		
6	ACK（^F）	49	1	92	\		
7	BEL（bell）	50	2	93	]		
8	BS（^H）	51	3	94	^		
9	HT（^I）	52	4	95	–		
10	LF（^J）	53	5	96	`		
11	VT（^K）	54	6	97	a		
12	FF（^L）	55	7	98	b		
13	CR（^M）	56	8	99	c		
14	SO（^N）	57	9	100	d		
15	SI（^O）	58	:	101	e		
16	DLE（^P）	59	;	102	f		
17	DC1（^Q）	60	<	103	g		
18	DC2（^R）	61	=	104	h		
19	DC3（^S）	62	>	105	i		
20	DC4（^T）	63	?	106	j		
21	NAK（^U）	64	@	107	k		
22	SYN（^V）	65	A	108	l		
23	ETB（^W）	66	B	109	m		
24	CAN（^X）	67	C	110	n		
25	EM（^Y）	68	D	111	o		
26	SUB（^Z）	69	E	112	p		
27	Esc	70	F	113	q		
28	FS	71	G	114	r		
29	GS	72	H	115	s		
30	RS	73	I	116	t		
31	US	74	J	117	u		
32	Space（空格）	75	K	118	v		
33	!	76	L	119	w		
34	"	77	M	120	x		
35	#	78	N	121	y		
36	$	79	O	122	z		
37	%	80	P	123	{		
38	&	81	Q	124	|		
39	'	82	R	125	}		
40	(	83	S	126	~		
41	)	84	T	127	del		
42	*	85	U				

补充说明：

北美地区主要使用 ASCII 字符集及其扩展，但其他地区的情况较为复杂。不同的国家和地区都制定了自己的语言文字编码标准（例如，汉字采用国标码进行编码，通常用 2 个字节表示一个汉字），它们互不兼容，无法实现将不同语言文字存储在同一段编码的文本中，不便于国际信息交流、不能跨语言和跨平台转换及处理文本。为了使 C 语言更加国际化，国际标准化组织（ISO）制定了更强大的编码标准即 **Unicode 字符集**。C 语言支持两种对扩展字符集进行编码的方法：**多字节字符（Multibyte Character）和宽字符（Wide Character）**。

多字节字符编码用一个或多个字节表示一个扩展字符，根据字符的不同，字节的数量可能发生变化。不同于长度可变的多字节字符，宽字符是将所有字符统一用 2 个字节编码，C99 的头文件 wchar.h 提供了可以用于处理宽字符的函数，包括宽字符输入输出函数。宽字符具有 wchar_t 类型（在 stddef.h 和其他一些头文件中声明）。C 语言中的宽字符常量类似于普通的字符常量，但需要用字母 L 作为前缀，例如 L'a'。

另一种流行的编码是采用 8 位的通用字符集（Universal Character Set，UCS）转换格式的 UTF-8，它使用长度可变的多字节字符。UTF-8 具有以下几个有用的性质。

（1）128 个 ASCII 字符中的每一个字符都可以用一个字节表示。仅由 ASCII 字符组成的字符串在 UTF-8 中保持不变。

（2）对于 UTF-8 字符串中的任意字节，如果其最左边的位是 0，那么它一定是 ASCII 字符，因为其他所有字节都从 1 开始。

（3）多字节字符的第一个字节指明了该字符的长度。如果字节开头 1 的个数为 2，那么这个字符的长度为 2 个字节。如果字节开头 1 的个数为 3 或 4，那么这个字符的长度分别为 3 个字节或 4 个字节。

（4）在多字节序列中，每隔 1 个字节就以 10 作为最左边的位。UTF-8 对 ASCII 字符的良好兼容性使得设计用于读取 UTF-8 数据的软件同样可以处理 ASCII 数据，而无须做任何改变。正因如此，UTF-8 被广泛用于因特网上基于文本的应用程序（如网页和电子邮件）。

二进制补码的计算方法

　　负数在计算机中都是以二进制**补码**（Complement）形式存储的。**补码的计算方法**为：先计算负数的反码，即在保持符号位不变的情况下，将负数原码中的 0 变成 1、1 变成 0，然后再将其加 1 就得到负数的补码。与负数不同的是，正数的反码、补码与其原码都是相同的。

　　以计算−1 的补码为例，其补码的计算方法如下：

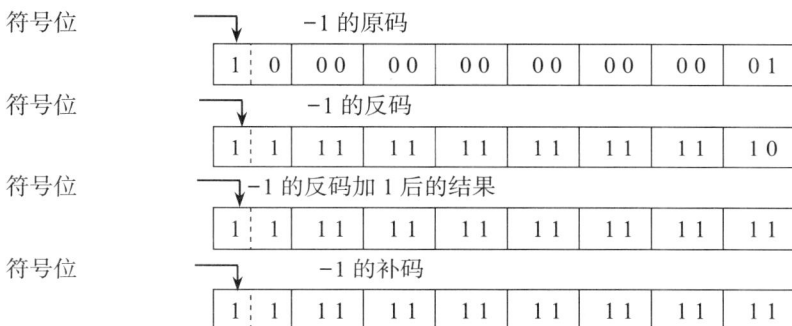

符号位　　　　　　　　−1 的原码

| 1 | 0 | 0 0 | 0 0 | 0 0 | 0 0 | 0 0 | 0 0 | 0 1 |

符号位　　　　　　　　−1 的反码

| 1 | 1 | 1 1 | 1 1 | 1 1 | 1 1 | 1 1 | 1 1 | 1 0 |

符号位　　　　　　−1 的反码加 1 后的结果

| 1 | 1 | 1 1 | 1 1 | 1 1 | 1 1 | 1 1 | 1 1 | 1 1 |

符号位　　　　　　　　−1 的补码

| 1 | 1 | 1 1 | 1 1 | 1 1 | 1 1 | 1 1 | 1 1 | 1 1 |

　　由于−1 的补码为全 1，因此若将最高位解释为符号位（有符号数），则该数就是−1；若将最高位解释为数据位（无符号数），则该数就是 $1×2^0+1×2^1+1×2^2+1×2^3+1×2^4+1×2^5+1×2^6+1×2^7+1×2^8+1×2^9+1×2^{10}+1×2^{11}+1×2^{12}+1×2^{13}+1×2^{14}+1×2^{15}=65535$。

　　由于有符号数的最高位为符号位，所以双字节有符号整数所能表示的最小值为（ 1000000000000000 ）$_2$，即−32768（-2^{15}），最大值为（ 0111111111111111 ）$_2$，即 32767（$2^{15}-1$）。而双字节无符号整数的最高位也是数据位，所以它所能表示的最小值为（0000000000000000 ）$_2$，即 0，最大值为（ 1111111111111111 ）$_2$，即 65535（$2^{16}-1$）。

　　负数之所以在计算机内存中用补码来表示，其主要原因如下。

　　（1）采用补码便于将减法运算转为加法运算来处理。

　　以计算 7−6 为例，+7 的补码就是其原码 00000000 00000111，−6 的补码是 11111111 11111010，对 00000000 00000111 和 11111111 11111010 执行加法运算的结果为 00000000 00000001（舍掉了最高位的进位的结果），这个值就是+1。于是 7−6 这个减法运算就转化为 (+7) + (−6)的加法运算，此时符号位可当作数值位一起参与运算。

　　（2）采用补码便于用统一的形式来表示 0，不会出现+0 和−0。

　　以双字节整数 0 为例，由于其原码有+0 和−0 两种形式，即 00000000 00000000 和 10000000 00000000，导致 0 的表示不具备唯一性。若根据原码计算设计相应的门电路，因在计算过程中需要根据符号位判断其是+0，还是−0，电路设计的复杂度会大大增加。0 的反码同样有+0 和−0 两种形式，即 00000000 00000000 和 11111111 11111111。

补码可以解决 0 表示的唯一性问题，即不会存在+0 和−0，因为+0 的原码是 00000000 00000000，其补码是 00000000 00000000，−0 的原码是 10000000 00000000，其反码是 11111111 11111111，再加 1 得到其补码为 100000000 00000000，舍去溢出的最高位就是 00000000 00000000，这样+0 和−0 的补码表示就是唯一的了。

以单字节有符号整型为例，一个字节有 8 位，可以表示 00000000～11111111 共 256 个数，由于最高位表示符号位，其余 7 位为数据位，则正数的补码表数范围是从 00000000～01111111，即 0～127，而负数的补码表数范围为 10000000～11111111，其中的 11111111 为 −1 的补码，10000001 为−127 的补码，那么 10000000 表示什么呢？在 8 位二进制数中，最小数的补码形式为 10000000，它的数值绝对值应该是各位取反再加 1，即 01111111+1= 10000000 = 128，又因为是负数，所以它表示的是−128，即单字节有符号整型的取值范围是 −128～127。

计算机内存中的数据都以二进制形式来表示，一个二进制位的取值要么为 0，要么为 1。二进制位（bit）是计算机存储数据的最基本单元，也是衡量物理存储器容量的最小单位。8 个二进制位构成一个字节（Byte），字节是计算机最小的可寻址的存储器单位，通常用字节数来衡量内存的大小。C 语言既具有高级语言的特点，又具有低级语言的特性，支持位运算等汇编操作就是这一特点的具体体现。位运算就是对字节或字内的二进制位进行测试、抽取、设置或移位等操作。其操作对象只能是 char 型和 int 型。

常用的位运算符如表 1 所示，其优先级和结合性如表 2 所示。其中，除<<和>>以外的位运算符的运算规则（真值表）如表 3 所示。注意，关系运算和逻辑运算的结果要么为 0，要么为 1，而位运算的结果可为任何值，但每一位的结果只能是 0 或 1。因此，从每一位来看，位运算与相应的逻辑运算非常相似。

表 1　常用位运算符及其含义

运算符		说明
&	按位与	仅当两个操作数相应的二进制数位都是 1 时，按位与运算结果的相应二进制数位才会被置 1
|	按位或	如果两个操作数相应的二进制数位至少有一个是 1，则按位或运算结果的相应二进制数位就被置 1
^	按位异或	仅当两个操作数相应的二进制数位只有一个是 1 时，按位异或运算结果的相应二进制数位才被置 1
<<	左移	将第一个操作数按位向左移动，移动的位数由第二个操作数指定。右边腾空的数位补 0
>>	右移	将第一个操作数按位向右移动，移动的位数由第二个操作数指定。左边腾空的数位的填补方式取决于所使用的计算机
~	按位取反	将操作数中所有为 0 的数位置 1、所有为 1 的数位置 0

表 2　常用位运算符及其优先级和结合性

运算符	类　型	优先级	结合性
~	一元	高	右结合
<<、>>	二元	↓	左结合
&	二元	↓	左结合
^	二元	↓	左结合
|	二元	低	左结合

（1）按位与：可用于对字节中的某位置 0

当两个操作数相应的二进制数位都是 1 时，按位与运算符才会将运算结果相应的二进制数位置 1，即两个操作数相应二进制数位只要有一位为 0，运算结果相应位就会被置 0。

表 3　位运算符的运算规则

a	b	a & b	a | b	a ^ b	~a
0	0	0	0	0	1
0	1	0	1	1	1
1	0	0	1	1	0
1	1	1	1	0	0

（2）按位或：可用于对字节中的某位置 1

只要两个操作数相应的二进制数位有一个是 1(或者两个都是 1)，按位或运算符就会将运算结果相应的二进制数位置为 1。

（3）按位异或

当两个操作数相应的二进制数位的值不同时，按位异或运算结果的相应二进制数位置为 1，否则置为 0。按位异或常用于对屏幕上像素的写操作，第一次进行异或写操作，可将屏幕像素置成前景色，第二次进行异或写操作，可将屏幕像素恢复成背景色，相当于擦除了前景色。

（4）按位取反

按位取反是对操作数的各位取反，即将 1 变为 0、0 变为 1，常被称为翻转。按位取反常用于加密处理。对文件加密时，一种简单的方法就是对每个字节按位取反，经连续两次求反后，将恢复初值，因此第一次求反可用于加密，第二次求反可用于解密。

（5）左移位：常用于硬件实现乘 2 运算

左移运算符是将其左边的操作数按位向左移动，移动的位数由其右边的操作数指定。例如，x<<n 表示把 x 的每一位向左平移 n 位，右边空位补 0。每左移一位相当于乘 2，左移 n 位相当于乘 2^n。

（6）右移位：常用于硬件实现除 2 运算

右移运算符是将其左边的操作数按位向右移动，移动的位数由其右边的操作数指定。例如，x>>n 表示把 x 的每一位向右移 n 位。每右移一位相当于除以 2，右移 n 位相当于除以 2^n。当 x 为有符号数时，左边空位补符号位上的值，这种移位称为算术移位；当 x 为无符号数时，左边空位补 0，这种移位称为逻辑移位。注意：无论是左移还是右移，从一端移走的位不会移入另一端，移出的位的信息都丢失了。

附录 **G** 输入输出格式转换说明符

1. 函数 printf() 的一般格式

printf(格式控制字符串，输出值参数表);

格式控制字符串（Format Control String）是用双引号引起来的字符串，一般包括两个部分：格式转换说明符、需原样输出的普通文本字符。格式转换说明符以%开始并以一个格式字符作为结束，用于指定各输出值参数的输出格式，具体如表 1 所示。输出值参数表是需要输出的数据项的列表，输出值参数之间用逗号分隔。输出值的数据类型应与格式转换说明符相匹配。每个格式转换说明符和输出值参数一一对应，相当于每个输出值参数在输出格式中的占位符。

表 1 函数 printf() 的格式转换说明符

格式转换说明符	用　　法
%d 或%i	输出带符号的十进制整数，正数的符号省略
%u	以无符号十进制整数形式输出
%o	以无符号八进制整数形式输出，不输出前导符 0
%x	以无符号十六进制整数形式（小写）输出，不输出前导符 0x
%X	以无符号十六进制整数形式（大写）输出，不输出前导符 0x
%c	输出一个字符
%s	输出字符串
%f	以十进制小数形式输出实数（包括单、双精度），整数部分全部输出，输出的数字并非全部是有效数字，单精度实数的有效位数一般为 7 位，双精度实数的有效位数一般为 16 位。默认输出精度是 6，即小数点后保留 6 位小数。输出时，会对输出数据进行舍入处理
%e	以指数形式（小写 e 表示指数部分）输出实数，要求小数点前必须有且仅有 1 位非 0 数字。默认输出精度是 6，即小数点后保留 6 位小数。不会对输出数据进行舍入处理
%E	以指数形式（大写 E 表示指数部分）输出实数。默认输出精度是 6，即小数点后保留 6 位小数。不会对输出数据进行舍入处理
%g	根据数据的绝对值大小，自动选取 f 或 e 格式中输出宽度较小的一种使用，且不输出无意义的 0，输出精度是指包含小数点左边数字在内的有效数字的最多个数。不会对输出数据进行舍入处理
%G	根据数据的绝对值大小，自动选取 f 或 E 格式中输出宽度较小的一种使用，且不输出无意义的 0，输出精度是指包含小数点左边数字在内的有效数字的最多个数
%p	以主机的格式显示变量的地址

格式转换说明符	用　　法
%n	令 printf()把到%n 位置已经输出的字符总数放到后面相应的输出项所指向的整型变量中，printf()函数返回后，%n 对应的输出项指向的变量中存放的整型值为出现%n 时已经由 printf()函数输出的字符总数，%n 对应的输出项是记录该字符总数的整型变量的地址
%%	显示百分号%

注：采用某些编译器时，浮点数输出结果的指数部分的+后边只显示两位数字。

在函数 printf()的格式转换说明符中，在%和格式符之间可插入表 2 所示的格式修饰符，用于指定输出数据的最小域宽（Field Width）、精度（Precision）、对齐方式等。

表 2　函数 printf()的格式修饰符

格式修饰符	用　　法
英文字母 l	加在格式符 d、i、o、x、u 之前用于输出 long 型数据
英文字母 ll 或 I64	加在格式符 d、i、o、x、u 之前用于输出 long long 型数据； 在 GCC（MinGw32）和 G++（MinGw32）编译器下需使用%I64d 输出 long long 型数据； 在 GCC（Linux i386）和 G++（Linux i386）编译器下需使用%lld 输出 long long 型数据
英文字母 L	加在格式符 f、e、g 之前用于输出 long double 型数据
英文字母 h	加在格式符 d、i、o、x 之前用于输出 short 型数据
最小域宽 m （整数）	指定输出项输出时所占的列数； 当 m 为正整数时，若输出数据宽度小于 m，则在域内向右靠齐，左边多余位补空格；当输出数据宽度大于 m 时，按实际宽度全部输出；若 m 有前导符 0，则左边多余位补 0 若 m 为负整数，则输出数据在域内向左靠齐
显示精度.n （大于或等于 0 的整数）	精度修饰符位于最小域宽修饰符之后，由一个圆点及其后的整数构成； 对于浮点数，用于指定输出的浮点数的小数位数； 对于字符串，用于指定从字符串左侧开始截取的子串字符个数
*	当最小域宽 m 和显示精度 .n 用*代替时，表示它们的值不是常数，而是由 printf()函数的输出项按顺序依次指定
空格	在没有输出加号的正数前面输出一个空格
+（加号）	在正数前面输出一个加号，在负数前面输出一个减号。这样可以对齐输出具有相同数字位数的正数和负数
0（零）	在输出的数据前面加上前导符 0，以填满域宽
#	当使用八进制格式符 o 时，在输出数据前面加上前导符 0； 当使用十六进制格式符 x 或 X 时，在输出数据前面加上前导符 0x 或 0X； 当以格式符 e、E、f、g 或 G 输出的浮点数没有小数部分时，强制输出一个小数点（通常，只有小数点后有数字时才会输出小数点）； 对于 g 或 G 格式符，末尾的 0 不会被删除

注：%f 可以输出 double 和 float 两种类型的数据，或者说，输出 double 型数据可以使用%lf 或%f。

2．函数 scanf()的一般格式

scanf(格式控制字符串，参数地址表)；

格式控制字符串包括两个部分：格式转换说明符和分隔符。格式转换说明符以%开始并以一个格式字符作为结束，用于指定各参数的输入格式，具体如表 3 所示。

表 3 函数 scanf() 的格式转换说明符

格式转换说明符	用 法
%d 或%i	输入十进制整数
%o	输入八进制整数
%x	输入十六进制整数
%c	输入一个字符，空白字符（包括空格符、换行符、制表符）也作为有效字符输入
%s	输入字符串，遇到第一个空白字符（包括空格符、换行符、制表符）时结束
%f 或%e	输入实数，以小数或指数形式输入均可
%%	输入一个百分号%

用 scanf() 输入数据时，除格式转换说明符以外的其他字符，都必须原样输入。用函数 scanf() 输入非字符型数据时，输入空格符、换行符、制表符（Tab），达到指定域宽，或者输入非数字字符时，都被认为是结束数据的输入。

参数地址表是由若干变量的地址组成的列表，这些参数之间用逗号分隔。函数 scanf() 要求必须指定用来接收数据的变量的地址，每个格式转换说明符都对应一个存储数据的目标地址。如果没有指定存储数据的目标地址，将会导致数据无法正确地读入指定的内存单元中。

在函数 scanf() 的%与格式符之间也可插入表 4 所示的格式修饰符。

表 4 函数 scanf() 的格式修饰符

格式修饰符	用 法
英文字母 l	加在格式符 d、i、o、x、u 之前用于输入 long 型数据； 加在格式符 f、e 之前用于输入 double 型数据
英文字母 ll 或 I64	加在格式符 d、i、o、x、u 之前用于输出 long long 型数据； 在 GCC（MinGw32）和 G++（MinGw32）编译器下需使用%I64d 输入 long long 型数据； 在 GCC（Linux i386）和 G++（Linux i386）编译器下需使用%lld 输入 long long 型数据
英文字母 L	加在格式符 f、e 之前用于输入 long double 型数据
英文字母 h	加在格式符 d、i、o、x 之前用于输入 short 型数据
域宽 m（正整数）	指定输入数据的宽度（列数），系统自动按此宽度截取所需数据
忽略输入修饰符*	表示对应的输入项在读入后不赋给相应的变量，即让 scanf() 函数从输入流中读取任意类型的数据并将其丢弃，而不是将其赋值给一个变量，因此也称为赋值抑制字符（Assignment Suppression Character）

注：函数 scanf() 没有显示精度的.n 格式修饰符，即用函数 scanf() 输入实数时不能指定显示精度。

通常非数字字符的输入会导致输入数值型数据时不能成功读入，例如，要求输入的数据是数值型数据，而用户输入的是字符，字符相对数值型数据而言就是非数字字符，但是反之不然，因为数值型数据可被当作有效字符读入。

当函数 scanf() 调用成功时，返回值为成功读入的数据项数；出错时，则返回 EOF，EOF 是 "End Of File" 的缩写词，表示文件结尾，它是一个在头文件 stdio.h 中定义的整型符号常量，C 标准仅将 EOF 定义为一个负整数，通常被定义为-1，但并不一定是-1，因为在不同的系统中，EOF 可能取不同的值。0 和-1 是 C 语言中最常用到的函数调用失败后的返回值。注意，函数 scanf() 的返回值是在遇到非数字字符之前已成功读入的数据项数，不一定为-1，也不一定为 0。因此，不能依靠检查函数 scanf() 的返回值是否为-1 或 0 来判断是否所有数据都已正确读入，应该检查函数 scanf() 的返回值是否为应该读入的数据项数。

1. 数学函数

使用数学函数时，应在源文件中包含头文件 math.h。

函数名	函数原型	功　能
acos	double acos(double x);	计算 $\cos^{-1}(x)$ 的值，返回计算结果。注意，x 应在 -1 到 1 范围内
asin	double asin(double x);	计算 $\sin^{-1}(x)$ 的值，返回计算结果。注意，x 应在 -1 到 1 范围内
atan	double atan(double x);	计算 $\tan^{-1}(x)$ 的值，返回计算结果
atan2	double atan2(double x, double y);	计算 $\tan^{-1}(x/y)$ 的值，返回计算结果
cos	double cos(double x);	计算 $\cos(x)$ 的值，返回计算结果。注意，x 的单位为弧度
cosh	double cosh(double x);	计算 $\cosh(x)$（x 的双曲余弦）的值，返回计算结果
exp	double exp(double x);	计算 e^x 的值，返回计算结果
fabs	double fabs(double x);	计算 x 的绝对值，返回计算结果
floor	double floor(double x);	计算不大于 x 的最大整数，返回计算结果
fmod	double fmod(double x, double y);	计算 x 除以 y 的浮点余数，返回计算结果。x=i*y+f，其中 i 为整数，f 与 x 有相同的符号，且 f 的绝对值小于 y 的绝对值，当 y=0 时，返回 NaN
frexp	double frexp(double val, int *eptr);	把双精度数 val 分解为小数部分（尾数）x 和以 2 为底的指数 n（阶码），即 $val=x*2^n$，n 存放在 eptr 指向的变量中，函数返回小数部分 x，$0.5 \leq x < 1$
log	double log(double x);	计算 $\log_e x$，即 lnx，返回计算结果。注意，x > 0
log10	double log10(double x);	计算 $\log_{10}x$，返回计算结果。注意，x > 0
modf	double modf(double val, double *iptr);	把双精度数 val 分解为整数部分和小数部分，把整数部分存到 iptr 指向的单元。返回 val 的小数部分
pow	double pow(double base, double exp);	返回以 base 为底的 exp 次幂，即 $base^{exp}$，返回计算结果。当 base 等于 0 而 exp 小于 0 时或 base 小于 0 而 exp 不为整数时，出现结果错误。该函数要求参数 base 和 exp，以及函数的返回值为 double 类型，否则有可能出现数值溢出问题
sin	double sin(double x);	计算 sinx 的值，返回计算结果。注意，x 单位为弧度
sinh	double sinh(double x);	计算 $\sinh(x)$（x 的双曲正弦）的值，返回计算结果
sqrt	double sqrt(double x);	计算 $\sqrt{x}$ 的值，返回计算结果。注意，$x \geq 0$
tanh	double tanh(double x);	计算 $\tanh(x)$（x 的双曲正切）的值，返回计算结果

2. 字符处理函数

使用字符处理函数时，应在源文件中包含头文件 ctype.h。

函 数 名	函数原型	功　　能
isalnum	int isalnum(int ch);	检查 ch 是否为字母或数字。是，则返回 1；不是，则返回 0
isalpha	int isalpha(int ch);	检查 ch 是否为字母。是，则返回 1；不是，则返回 0
iscntrl	int iscntrl(int ch);	检查 ch 是否为控制字符（ASCII 值在 0 到 0x1F 之间）。是，则返回 1；不是，则返回 0
isdigit	int isdigit(int ch);	检查 ch 是否为数字（0~9）。是，则返回 1；不是，则返回 0
isgraph	int isgraph(int ch);	检查 ch 是否为可输出字符（ASCII 值在 33 到 126 之间，不包括空格）。是，则返回 1；不是，则返回 0
islower	int islower(int ch);	检查 ch 是否为小写字母（a~z）。是，则返回 1；不是，则返回 0
isprint	int isprint(int ch);	检查 ch 是否为可输出字符（ASCII 值在 32 到 126 之间，包括空格）。是，则返回 1；不是，则返回 0
ispunct	int ispunct(int ch);	检查 ch 是否为标点字符（不包括空格），即除字母、数字和空格以外的所有可输出字符。是，则返回 1；不是，则返回 0
isspace	int isspace(int ch);	检查 ch 是否为空格符、制表符或换行符等空白字符。是，则返回 1；不是，则返回 0
isupper	int isupper(int ch);	检查 ch 是否为大写字母（A~Z）。是，则返回 1；不是，则返回 0
isxdigit	int isxdigit(int ch);	检查 ch 是否为一个十六进制数字字符（即 0~9，或 A~F，或 a~f）。是，则返回 1；不是，则返回 0
tolower	int tolower(int ch);	将 ch 字符转换为小写字母。返回 ch 对应的小写字母
toupper	int toupper(int ch);	将 ch 字符转换为大写字母。返回 ch 对应的大写字母

3. 字符串处理函数

使用字符串处理函数时，应在源文件中包含头文件 string.h。

函 数 名	函数原型	功　　能
memcmp	int memcmp(const void *buf1, const void *buf2, unsigned int count);	比较 buf1 和 buf2 指向的数组的前 count 个字符。若 buf1<buf2，则返回负数。若 buf1=buf2，则返回 0。若 buf1>buf2，则返回正数
memcpy	void *memcpy(void *to, const void *from, unsigned int count);	从 from 指向的数组向 to 指向的数组复制 count 个字符，如果两个数组重叠，就不定义该数组的行为。函数返回指向 to 的指针
memmove	void *memmove(void *to, const void *from, unsigned int count);	从 from 指向的数组向 to 指向的数组复制 count 个字符；如果两个数组重叠，则复制仍进行，但把内容放入 to 指向的数组后修改 from。函数返回指向 to 的指针
memset	void *memset(void *buf, int ch, unsigned int count);	把 ch 的低字节复制到 buf 指向的数组的前 count 个字节处，常用于把某个内存区域初始化为已知值。函数返回指向 buf 的指针
strcat	char *strcat(char *str1, const char *str2);	把字符串 str2 连接到 str1 后面，在新形成的 str1 后面添加一个'\0'，原 str1 后面的'\0'被覆盖。因无边界检查，调用时应保证 str1 的空间足够大，能存放原始 str1 和 str2 两个串的内容。函数返回指向 str1 的指针

函 数 名	函数原型	功　　能
strcmp	int strcmp(const char *str1, const char *str2);	按字典序比较两个字符串 str1 和 str2。若 str1<str2，则返回负数。若 str1=str2，则返回 0。若 str1>str2，则返回正数
strcpy	char *strcpy(char *str1, const char *str2);	把 str2 指向的字符串复制到 str1 中去，str2 必须是结束符为'\0'的字符串的指针。函数返回指向 str1 的指针
strlen	unsigned int strlen(const char *str);	统计字符串 str 中实际字符的个数（不包括结束符'\0'）。函数返回字符串 str 中实际字符的个数
strncat	char *strncat(char *str1, const char *str2, unsigned int count);	把字符串 str2 中不多于 count 个字符连接到 str1 后面，并以'\0'终止该串，原 str1 后面的'\0'被 str2 的第一个字符覆盖。函数指向返回 str1 的指针
strncmp	int strncmp(const char *str1, const char *str2, unsigned int count);	按字典序比较两个字符串 str1 和 str2 的不多于 count 个字符。若 str1<str2，则返回负数。若 str1=str2，则返回 0。若 str1>str2，则返回正数
strstr	char *strstr(char *str1, char *str2);	找出 str2 字符串在 str1 字符串中第一次出现的位置（不包括 str2 的串结束符）。函数返回指向该位置的指针。若找不到，则返回空指针
strncpy	char *strncpy(char *str1, const char *str2, unsigned int count);	把 str2 指向的字符串中的 count 个字符复制到 str1 指向的字符串中去，str2 必须是结束符为'\0'的字符串的指针。如果 str2 指向的字符串少于 count 个字符，则将 "\0" 加到 str1 指向的字符串的尾部，直到满足 count 个字符为止。如果 str2 指向的字符串的长度大于 count，则结果串即 str1 指向的字符串不用'\0'结尾。函数返回 str1

注：根据 C 标准，size_t 代表无符号整数类型。在某些编译器中，size_t 代表 unsigned int；而在另一些编译器中，size_t 代表 unsigned long。该类型被推荐用于定义表示数组长度或索引的变量。size_t 类型的定义包含在头文件 stddef.h 中，而该头文件又常常包含在其他头文件中（例如 stdio.h）。

4．缓冲文件系统的输入输出函数

使用缓冲文件系统的输入输出函数时，应在源文件中包含头文件 stdio.h。

函数名	函数原型	功　　能
clearerr	void clearerr(FILE *fp);	清除文件指针错误指示器。函数无返回值
fclose	int fclose(FILE *fp);	关闭 fp 所指的文件，释放所占用的资源。成功则返回 0，否则返回非 0 值
feof	int feof(FILE *fp);	检查文件是否结束。若遇 EOF，则返回非 0 值，否则返回 0。注意，在读完最后一个字符后，feof()并不能检测到文件尾，直到再次调用 fgetc()执行读操作，feof()才能检测到文件尾
ferror	int ferror(FILE *fp);	检查 fp 指向的文件中的错误。若无错，则返回 0。若有错，则返回非 0 值

函数名	函数原型	功 能
fflush	`int fflush(FILE *fp);`	如果 fp 指向输出流，即 fp 所指向的文件是"写打开"的，则将输出缓冲区中的内容物理地写入文件。若函数调用成功，则返回 0；若出现写错误，则返回 EOF。若 fp 指向输入流，即 fp 所指向的文件是"读打开"的，则 fflush()函数的行为是不确定的。某些编译器（如 VC6）支持用 fflush(stdin) 来清空输入缓冲区中的内容，fflush()操作输入流是对 C 标准的扩充。但是并非所有编译器都支持这个功能（Linux 下的 GCC 就不支持），因此使用 fflush(stdin)来清空输入缓冲区会影响程序的可移植性
fgetc	`int fgetc(FILE *fp);`	从 fp 指向的文件中取得下一个字符。函数返回所得到的字符；若读入出错，则返回 FOF
fgets	`char *fgets(char *buf, int n, FILE *fp);`	从 fp 指向的文件读取一个长度为 n-1 的字符串，存入起始地址为 buf 的空间。函数返回地址 buf；若遇文件结束或出错，则返回 NULL。注意，与 gets()不同的是，fgets()从指定的流读字符串，读到换行符时将换行符也作为字符串的一部分读到字符串中
fopen	`FILE *fopen(const char *filename, const char *mode);`	以 mode 指定的方式打开名为 filename 的文件。若成功，则返回一个文件指针。若失败，则返回 NULL，错误代码在 errno（errno 是一个全局变量，用于表示最近一次发生的错误代码。在 C 语言中，当系统调用或某些库函数执行失败时，系统会将一个错误代码存放在这个变量中。这个错误代码是一个整数，代表特定类型的错误。通过检查 errno 的值，程序员可以确定导致函数调用失败的具体错误类型，从而进行相应的错误处理）中
freopen	`FILE *freopen(const char *filename, const char *mode, FILE *stream);`	用于重定向输入输出流，以指定模式将输入或输出重定向到另一个文件。该函数可在不改变代码原貌的情况下改变输入输出环境。filename 指定需重定向到的文件名或文件路径。mode 指定文件的访问方式。stream 指定需被重定向的文件流。如果函数调用成功，则返回指向该输出流的文件指针，否则返回 NULL
fprintf	`int fprintf(FILE *fp, const char *format, …);`	把输入参数列表中的值以 format 指定的格式输出到 fp 指向的文件中。函数返回实际输出的字符数
fputc	`int fputc(int ch, FILE *fp);`	将字符 ch 输出到 fp 指向的文件中（尽管 ch 为 int 型，但只写入低字节）。若成功，则返回该字符；否则返回 EOF
fputs	`int fputs(const char *str, FILE *fp);`	将 str 指向的字符串输出到 fp 指向的文件中。若成功，则返回 0；若出错则返回非 0 值。注意，与 puts()不同的是，fputs()不会在写入文件的字符串末尾加上换行符
fread	`int fread(char *pt, unsigned int size, unsigned int n, FILE *fp);`	从 fp 指向的文件中读取长度为 size 的 n 个数据项，并存到 pt 指向的内存区。函数返回所读的数据项个数，若遇文件结束或出错，则返回 0
fscanf	`int fscanf(FILE *fp, char format, …);`	从 fp 指向的文件中按 format 给定的格式将输入数据送到输入参数列表所指向的内存单元（args 是指针）。函数返回已输入的数据个数
fseek	`int fseek(FILE *fp, long offset, int base);`	将 fp 指向的文件的位置指针移到以 base 所指出的位置为基准、以 offset 为偏移量的位置。函数返回当前位置；否则，返回-1
ftell	`long  ftell(FILE *fp);`	返回 fp 指向的文件中的读写位置

函数名	函数原型	功　能
fwrite	unsigned int fwrite(const char *ptr, unsigned int size, unsigned int n, FILE *fp);	把 ptr 指向的 n*size 个字节数据输出到 fp 指向的文件中。函数返回写到 fp 指向文件中的数据项的个数
getc	int getc(FILE *fp);	从 fp 指向的文件中读入一个字符。函数返回所读的字符；若遇文件结束或出错，则返回 EOF
getchar	int getchar();	从标准输入设备读取并返回下一个字符。函数返回所读字符；若遇文件结束或出错，则返回−1
gets	char *gets(char *str);	从标准输入设备读入字符串，放到 str 指向的字符数组中，一直读到换行符或 EOF 时为止，换行符不作为读入串的内容，变成'\0'后作为该字符串的结束符。若成功，则返回 str 指针；否则，返回 NULL
perror	void perror(const char *str);	向标准错误输出字符串 str，并随后附上冒号及全局变量 errno 代表的错误消息的文字说明。函数无返回值
printf	int printf(const char *format, …);	将输入参数列表中输出列表的值输出到标准输出设备。函数返回输出字符的个数；若出错，则返回负数
putc	int putc(int ch, FILE *fp);	把一个字符 ch 输出到 fp 指向的文件中。函数返回输出的字符 ch；若出错，则返回 EOF
putchar	int putchar(char ch);	把字符 ch 输出到标准输出设备。函数返回输出的字符 ch；若出错，则返回 EOF
puts	int puts(const char *str);	把 str 指向的字符串输出到标准输出设备，将'\0'转换为换行符。若成功，则返回非负数；若失败，则返回 EOF
rename	int rename(const char *oldname, const char *newname);	把 oldname 所指的文件名改为 newname 所指的文件名。若成功，则返回 0；若出错，则返回−1
rewind	void rewind(FILE *fp);	将 fp 指向的文件中的位置指针置于文件开头位置，并清除 EOF。函数无返回值
scanf	int scanf(const char *format, …);	从标准输入设备按 format 指向的字符串规定的格式，输入数据给输入参数列表中所指向的单元。 以 s 格式符输入字符串，遇到空白字符（包括空格符、换行符、制表符）时，系统认为读入结束（但在开始读之前遇到的空白字符会被系统自动跳过）。 函数返回读入并赋给输入参数列表中的数据个数。若遇文件结束，则返回 EOF；若出错，则返回 0

5. 动态内存分配函数

使用动态内存分配相关的函数时，应在源文件中包含头文件 stdlib.h（有的编译系统要求包含 malloc.h）。

函　数　名	函数原型	功　能
calloc	void *calloc(unsigned int n, unsigned int size);	分配 n 个数据项的连续内存空间，每个数据项的大小为 size 个字节，与 malloc()不同的是，calloc()能自动将分配的内存初始化为 0。如果分配成功，则返回所分配的内存的起始地址；如果内存不够导致分配不成功，则返回 NULL
free	void free(void *p);	释放 p 指向的存储空间。函数无返回值

函 数 名	函数原型	功 能
malloc	`void *malloc(unsigned int size);`	分配 size 个字节的存储空间。如果分配成功，则返回所分配的内存的起始地址；如果内存不够导致分配不成功，则返回 NULL
realloc	`void *realloc(void *p, unsigned int size);`	将 p 所指的已分配内存区的大小改为 size。size 可比原来分配的空间大或小。返回指向该内存区的指针

6. 其他常用函数

函 数 名	头文件及函数原型	功 能
atof	`#include <stdlib.h>` `double atof(const char *str);`	把 str 指向的字符串转换成双精度浮点值，串中必须含合法的浮点值，否则返回值无定义。函数返回转换后的双精度浮点值
atoi	`#include <stdlib.h>` `int atoi(const char *str);`	把 str 指向的字符串转换成整型值，串中必须含合法的整型值，否则返回值无定义。函数返回转换后的整型值
atol	`#include <stdlib.h>` `long int atol(const char *str);`	把 str 指向的字符串转换成长整型值，串中必须含合法的整型值，否则返回值无定义。函数返回转换后的长整型值
exit	`#include <stdlib.h>` `void exit(int code);`	该函数使程序立即终止，清空和关闭任何打开的文件。程序正常退出状态由 code 等于 0 或 EXIT_SUCCESS 表示，非 0 值或 EXIT_FAILURE 表明定义实现错误。函数无返回值
rand	`#include <stdlib.h>` `int rand(void);`	产生伪随机数序列。函数返回 0 到 RAND_MAX 之间的随机整数，RAND_MAX 至少是 32767
srand	`#include <stdlib.h>` `void srand(unsigned int seed);`	为函数 rand()生成的伪随机数序列设置起点种子值。函数无返回值
time	`#include <time.h>` `time_t time(time_t *time);`	调用时可使用空指针，也可使用指向 time_t 类型变量的指针，若使用后者，则该变量可被赋予日历时间。函数返回系统的当前日历时间；如果系统丢失时间设置，则函数返回−1
ctime	`#include <time.h>` `char *ctime(const time_t *time);`	把由年、月、日、时、分、秒等时间分量构成的日期和时间转换为用 YYYY-MM-DD hh:mm:ss 格式表示的字符串
clock	`#include <time.h>` `clock_t clock(void);`	clock_t 其实就是 long 类型。该函数返回值是硬件滴答数，要换算成秒或者毫秒，需要除以 CLK_TCK 或者 CLOCKS_PER_SEC。例如，在 VC6.0 下，这两个量的值都是 1000，表示硬件滴答 1000 次是 1 秒，因此计算一个进程的时间用 clock()除以 1000。 注意：本函数仅能返回毫秒级的计时精度
Sleep	`#include <stdlib.h>` `Sleep(unsigned long second);`	在 ANSI C 中和 Linux 下函数的首字母不大写。但在 VC 和 Code::Blocks 环境下首字母要大写。 Sleep()函数的功能是将进程挂起一段时间，即起到延时的作用。参数的单位是毫秒
system	`#include <stdlib.h>` `int system(char *command);`	发出一个 DOS 命令。例如，system("CLS")可以实现清屏操作
kbhit	`#include <conio.h>` `int kbhit(void);`	检查当前是否有键盘输入，若有则返回一个非 0 值，否则返回 0
getch	`#include <conio.h>` `int getch(void);`	用户无须按 Enter 键即可得到用户的输入，只要按下一个键，就立刻返回用户输入字符的 ASCII 值，但输入的字符不会回显在屏幕上，出错时返回−1，该函数在游戏中比较常用

7．非缓冲文件系统的输入输出函数

使用非缓冲文件系统的输入输出函数时，应在源文件中包含头文件 io.h 和 fcntl.h，因为这些函数是 UNIX 系统的一员，不是由 ANSI C 定义的。

函 数 名	函数和形参类型	功　　能
close	int close(int handle);	关闭 handle 说明的文件。若关闭失败，则返回–1，外部变量 errno 说明错误类型；否则，返回 0
creat	int creat(const char *pathname, unsigned int mode);	专门用来建立并打开新文件的，相当于 access 为 O_CREAT|O_WRONLY|O_TRUNC 的 open()函数。若成功，则返回一个文件句柄；否则，返回–1，外部变量 errno 说明错误类型
open	int open(const char *pathname, int access, unsigned int mode);	以 access 指定的方式打开 pathname 指向的文件，mode 为文件类型及权限标志，仅在 access 包含 O_CREAT 时有效，一般用常数 0666。若成功，则返回一个文件句柄；否则，返回–1，外部变量 errno 说明错误类型
read	int read(int handle, void *buf, unsigned int len);	从 handle 说明的文件中读取 len 个字节的数据存放到 buf 指向的内存。返回实际读入的字节数。0 表示读到文件末尾；–1 表示出错，外部变量 errno 说明错误类型
lseek	long lseek(int handle, long offset, int fromwhere);	从 handle 说明的文件中的 fromwhere 开始，移动位置指针 offset 个字节。offset 为正，表示向文件末尾移动；offset 为负，表示向文件头部移动。移动的字节数是 offset 的绝对值。返回移动后的指针位置。–1L 表示出错，外部变量 errno 说明错误类型
write	int write(int handle, void *buf, unsigned int len);	把从 buf 指向的数据开始的 len 个字节写入 handle 说明的文件中。返回实际写入的字节数。–1 表示出错，外部变量 errno 说明错误类型

基本编码规范

编码规范其实就是一种"一致性"要求。在团队协作进行软件开发和维护长周期软件时，代码更应具有一致性。养成良好的代码风格，确保编码风格的一致性，和写出正确的程序一样重要，它代表了程序员的基本素养。

1．标识符命名

函数的命名规则与变量的命名规则相同，应使用英文单词的组合。为确保直观、易于拼读和"见名知意"，函数名通常使用"动词"或"动词+名词"（动宾词组）的形式，而变量名使用"名词"或"形容词+名词"的形式，例如 old Value、newValue 等。为了便于与以小写字母开头的变量名相区分，函数名通常采用以大写字母开头的单词组合。Windows 风格的函数名采用大小写混排的单词组合形式，例如 GetMax()。而 Linux/UNIX 风格的标识符通常采用"小写加下画线"的方式，例如 get_max()。

2．代码版式

代码版式包括代码块的对齐与缩进、语句行的编排、适当位置插入空行和空格等。

首先，程序的分界符{和}一般独占一行，且位于同一列，同时与引用它们的语句左对齐，这样便于查看{与}的配对情况。有的代码规范采用将{放在前一行的末尾的方式。本书的代码全部采用后一种方式。无论采用哪种方式，位于嵌套结构内层的代码都应在外层的{右边数格处左对齐。一般用设置为 4 个空格的 Tab 键进行缩进。现在的许多开发环境、编辑软件都支持自动缩进，即根据用户代码的输入，智能判断是应该缩进还是反缩进，替用户完成调整缩进的工作。

其次，建议在一行内只写一条语句，在一条语句内只定义一个变量，并且在定义变量的同时初始化该变量。这样的代码更容易阅读，便于程序测试和注释。如果语句行太长，则要考虑在适当位置进行拆分，拆分出的新行要进行适当的缩进，使排版整齐。此外，if、for、while、do 等语句各自占一行，即使分支或循环体内的语句只有一条，也建议用{和}括起来，这样更有利于代码的维护。注意，在单步调试程序时，每次执行的单位是行，而不是语句。若一行中有多条语句，则将连续执行这些语句。因此，为了提高程序的可测试性（Testability），建议不要在一行内写多条语句。

最后，为了使程序的布局更加美观、整洁和清晰，通常会在相邻的两个函数定义之间或两个语句块之间加一个空行。为了节省篇幅，本书所有的程序都没有加空行。此外，为了提高单行的清晰度，通常在赋值、算术、关系、逻辑等运算符的前后各加一个空格，但一元运算符前后不加。对表达式较长的 for 语句和 if 语句，为了紧凑起见，可在适当位置去掉一些空格。一般地，在 int、float 等类型关键字后至少加一个空格，而在 if、for、while 等关键字后只加一个空格。函数参数的逗号分隔符和 for 语句中的分号后面也应加一个空格，但在函数名后不加空格。一般原则是左圆括号向后紧跟，右圆括号、逗号和分号向前紧跟，紧跟处不留空格。

3．代码注释

程序员开发程序的思维主要体现在注释和规范的代码本身。写注释最重要的作用在于传承，即让继任者能够轻松阅读、复用、修改代码。注释对于程序员个人而言也会起到记录和提示的作用。程序越复杂，注释越有价值。

良好的注释应使用简明易懂的语言来对程序的功能和设计思路进行说明，既能精确地表述和清晰地展现程序的设计思想，又能揭示代码背后隐藏的重要信息。通常会在以下地方写注释。

（1）在重要的程序文件的首部，对程序的功能、编程者、编程日期，以及其他相关信息（如版本号等）加以注释说明。

（2）在用户自定义函数的前面，对函数接口进行注释，描述函数的功能、形参和返回值，目的是让其他复用该函数的程序员能够快速了解如何使用该函数。

（3）在一些包含重要语义的语句行的右方，如在定义一些非通用的变量、函数调用、较长的多重嵌套的语句块结束处，加注释说明。

（4）在一些重要的语句块的上方，尤其是在语义转折处，对代码的功能、原理进行解释。

写注释时要注意的是，不是写做了什么，要写想做什么，如何做。注释可长可短，但应画龙点睛，重点加在语义转折处。一定要养成边写代码边注释的习惯，在修改代码的同时也应修改注释。供别人使用的函数必须严格注释，特别是入口参数和出口参数，内部使用的函数及某些简单的函数可以简单注释。

4．其他规范

（1）避免使用依赖编译器特性编写的程序。

在函数调用中，尤其需要注意的是求值顺序的问题，即对实参表中的各个参数是自左至右使用、还是自右至左使用的问题。对此，不同编译系统的规定不一定相同，这将导致当参数表中出现自增自减运算时，例如

```
printf("%d", ++x, x+y);
```

在不同的编译系统中有可能会输出不同的结果，因此应尽量避免这种不良的编码风格。

（2）尽量避免使用全局变量。

当多个函数必须共享同一个变量，或者少数几个函数必须共享大量变量时，使用全局变量可以使函数间的数据交换更容易、更高效。但全局变量可在任何函数中被访问的特性使得数据交换变得方便的同时，也会给程序带来一些副作用。

首先，全局变量破坏了函数的封装性，不能实现信息隐藏，任何函数都可以对它进行改写，很难保证其不会被意外改写，也很难推断变量的值究竟是在哪个地方被谁改写的，而且任何一个函数对它的改写都会作用到全局，同样，依赖全局变量的函数也会被全局变量所影响，这些必然会给程序的调试和维护带来困难。其次，依赖全局变量的函数很难在

其他程序中被复用，因为依赖全局变量的函数不是"独立"的，为了在另一程序中复用这个函数，不得不带上函数所需的全局变量。最后，使用全局变量的程序难以维护，这是因为在修改程序时，若改变全局变量（如类型），则需检查同一文件中的每个函数，以确认该变化对函数的影响程度。

因此，建议在可能的情形下尽量不要使用全局变量，多数情况下，通过形参和返回值进行数据交流比共享全局变量的方法更好。不得不使用时一定要严格限制，尽量不要在多个地方随意修改全局变量的值。

（3）函数设计。

函数设计要遵循模块独立性（即高内聚、低耦合）的基本原则，确保"单一函数单一功能"，并且函数名应能准确地表达函数功能，这样有助于实现过程抽象、控制函数的规模、提高程序的可重用性。如果不能为自己编写的函数起一个简明的函数名，则说明这个函数具有多种不同的功能，此时需要将函数进一步拆分成若干个功能独立、规模更小的函数。

在程序中包含所有函数的函数原型，这样有利于编译器进行类型匹配的检查。可以用 #include 编译预处理指令从相应标准库的头文件中获得标准库函数的函数原型，或者获得包含你与你的同事开发的函数原型的头文件。

基本编码规范　附录 I

参 考 文 献

[1] PAUL DEITEL, HARVEY DEITEL. C 语言大学教程[M]. 苏小红, 王甜甜, 李佩琦, 等, 译. 8 版. 北京: 电子工业出版社, 2017.

[2] 尹宝林. C 程序设计思想与方法[M]. 北京: 机械工业出版社, 2009.

[3] 尹宝林. C 程序设计导引[M]. 北京: 机械工业出版社, 2013.

[4] 裘宗燕. 从问题到程序 程序设计与 C 语言引论[M]. 2 版. 北京: 机械工业出版社, 2011.

[5] 唐培和, 徐奕奕. 数据结构与算法——理论与实践[M]. 北京: 电子工业出版社, 2015.

[6] 左飞. 代码揭秘 从 C/C++的角度探秘计算机系统[M]. 北京: 电子工业出版社, 2009.

[7] 苏小红, 叶麟, 张彦航, 等. 程序设计基础（C 语言）慕课版[M]. 北京: 人民邮电出版社, 2024.

[8] 苏小红, 张彦航, 赵玲玲, 等. C 语言程序设计[M]. 5 版. 北京: 高等教育出版社, 2023.

[9] 苏小红, 陈惠鹏, 郑贵滨, 等. C 语言大学实用教程[M]. 5 版. 北京: 电子工业出版社, 2022.

[10] 苏小红, 邱景, 郑贵滨. 程序设计实践教程 C 语言版[M]. 北京: 机械工业出版社, 2021.